混沌修正函数投影同步

方 洁 著

科学出版社
北 京

内 容 简 介

本书主要针对近几年刚刚发展起来的一种新型混沌同步方式——修正函数投影同步展开研究. 全书共9章. 第1章介绍了混沌修正函数投影同步基本知识. 第2章构建了一个Fang超混沌系统并分析其动力学行为. 第3章研究了混沌系统同阶和降阶修正函数投影同步. 第4章基于单向耦合混沌同步原理,设计了两种混沌函数投影同步响应系统. 第5章研究了同结构和异结构混沌系统的修正函数投影同步. 第6章研究了输入受限的混沌系统的修正函数投影同步. 第7章研究了混沌系统的组合函数投影同步. 第8章研究了以混沌系统作为复杂网络节点的复杂动态网络的修正函数投影同步. 第9章将混沌修正函数同步应用于保密通信,研究了基于错位函数投影同步的混沌保密通信.

本书可作为高等院校信息科学与系统科学、控制工程、通信工程、应用数学等专业硕士研究生的教学参考书,也可供从事信息与控制等领域工作的教师、科研人员以及有关工程技术人员参考.

图书在版编目(CIP)数据

混沌修正函数投影同步/方洁著. —北京:科学出版社,2018.12
ISBN 978-7-03-060120-9

Ⅰ. ①混⋯ Ⅱ. ①方⋯ Ⅲ. ①混沌理论-应用-保密-通信 Ⅳ. ①TN918.6

中国版本图书馆 CIP 数据核字(2018) 第 289550 号

责任编辑:李静科 李 萍/责任校对:彭珍珍
责任印制:张 伟/封面设计:无极书装

科学出版社 出版
北京东黄城根北街16号
邮政编码:100717
http://www.sciencep.com

北京盛通商印快线网络科技有限公司 印刷
科学出版社发行 各地新华书店经销

*

2018年12月第 一 版 开本:720×1000 1/16
2019年 6 月第二次印刷 印张:10 1/2 插页:1
字数:208 000
定价:69.00元
(如有印装质量问题,我社负责调换)

前　　言

　　混沌现象是指发生在确定性系统中的貌似随机的不规则运动, 它具有内在随机性、分形性质、标度不变性、敏感依赖性等特点. 混沌是非线性动力系统的固有特性, 它揭示了自然界及人类社会中普遍存在的复杂性, 反映了自然界有序和无序的统一、确定性与随机性的统一. 混沌理论与相对论、量子力学并列为 20 世纪物理学的三大发现. 近年来, 混沌理论得到迅猛发展, 混沌科学正在猛烈冲击着当今几乎所有的自然科学, 并且拓展到工程技术领域, 甚至社会科学等众多领域. 这促进了各种学科之间的融合, 为科学研究提供了良好的机遇, 并提出了空前的挑战.

　　在混沌研究中, 混沌同步因为在通信领域广阔的应用前景成为诸多领域研究的热点. 1990 年, 美国海军实验室的 Pecora 和 Carroll 提出了混沌自同步方法, 首次利用驱动–响应法实现了两个混沌系统同步, 从而拉开了混沌同步方法研究与应用的序幕. 在随后的几十年里, 混沌同步方法不断涌现, 其应用领域也从物理学迅速扩大到生物学、力学、脑科学、化学、电子学、信息科学和保密通信等领域, 混沌同步的理论和实验研究均取得了蓬勃发展.

　　混沌同步, 指的是两个或两个以上从不同的初始条件出发的具有相互作用的混沌系统, 经过一个暂态的过渡之后, 状态或者输出按某种确定的函数关系达到一致, 并且这种函数关系不对初值敏感. 根据混沌同步的定义, 目前已有的混沌同步方式主要有: 完全同步、相位同步、广义同步、延迟同步、投影同步、组合同步、修正投影同步、函数投影同步、修正函数投影同步等. 混沌修正函数投影同步是近几年刚刚发展起来的一种新型同步方式. 其实现同步的同步尺度因子是一个函数矩阵, 而不是常量, 这意味着驱动系统和响应系统的状态变量能按照不同的函数比例关系进行同步, 这种特性对加强数字保密通信的安全性具有重要意义. 修正函数投影同步是一种更广义的同步概念, 完全同步、投影同步、函数投影同步都是它的特例, 对修正函数投影同步研究更具普遍意义.

　　本书是作者近年来在混沌函数投影同步控制领域研究工作的积累, 主要针对近几年刚刚兴起的新的混沌同步方法——修正函数投影同步, 研究了在系统不确定、受扰、输入受限等情况下实现混沌修正函数投影同步的一些方法及其保密通信应用.

　　本书的研究得到国家自然科学基金重点项目 (61632002)、国家自然科学基金联合基金重点支持项目 (U1804262)、国家自然科学基金面上项目 (61775198, 61472372)、国家自然科学基金青年项目 (616003348)、河南省科技创新人才计划 (杰出人才)

(174200510012,184200510015)、河南省高校科技创新团队支持计划(15IRTSTHN012, 19IRTSTHN013)、 河南省科技攻关计划项目 (172102210066, 182102210609, 182102210160)、河南省高等学校青年骨干教师培养计划(2016GGJS090),以及郑州轻工业大学重点学科建设资助项目的资助,在此表示深深的感谢!

在撰写本书过程中,作者得到了郑州轻工业大学电工理论与新技术科研团队王慰教授、王延峰教授、姜利英教授、吴青娥教授、邓玮教授、孙军伟副教授、刘娜讲师、张培讲师,研究生朱飞、娄新杰的帮助,在此表示衷心的感谢!同时感谢科学出版社的编辑们为本书的出版付出的辛勤劳动!

在撰写本书过程中,作者参阅了国内外的许多同类著作和相关文献,并引用了他们的成果和论述.作者在此对书中所引文献的所有作者表示衷心的感谢!

限于水平,书中不妥之处,敬请读者指正.

作 者

2018 年 4 月

目　　录

第 1 章　混沌同步概述··1
　1.1　混沌与混沌同步··1
　1.2　混沌函数投影同步··2
　1.3　混沌同步控制方法··4
　1.4　基于混沌同步的保密通信··6

第 2 章　混沌系统构建及动力学分析···9
　2.1　引言···9
　2.2　Fang 超混沌系统分析···9
　　2.2.1　Fang 超混沌系统··9
　　2.2.2　Fang 系统的基本动力学特性···11
　2.3　超混沌系统电路实现··18
　2.4　结论··21

第 3 章　基于状态反馈的混沌同阶和降阶修正函数投影同步············22
　3.1　引言···22
　3.2　具有未知参数的同阶混沌系统修正函数投影同步····················22
　　3.2.1　问题描述··22
　　3.2.2　自适应状态反馈控制器设计··23
　　3.2.3　数值仿真··25
　3.3　具有未知参数的混沌系统降阶修正函数投影同步····················30
　　3.3.1　问题描述··30
　　3.3.2　自适应状态反馈控制器设计··31
　　3.3.3　数值仿真··33
　3.4　结论··41

第 4 章　耦合混沌系统自适应修正函数投影同步······························42
　4.1　引言···42
　4.2　问题描述···42
　4.3　数值仿真···47
　4.4　结论··51

第 5 章　混沌系统滑模自适应修正函数投影同步······························52
　5.1　引言···52

5.2 同结构混沌系统滑模控制器设计 ································· 52
   5.2.1 问题描述 ··· 52
   5.2.2 鲁棒自适应滑模控制器设计 ································· 54
   5.2.3 数值仿真 ··· 58
5.3 异结构混沌系统滑模控制器设计 ································· 64
   5.3.1 问题描述 ··· 64
   5.3.2 鲁棒自适应滑模控制器设计 ································· 65
   5.3.3 数值仿真 ··· 68
5.4 结论 ·· 73

第 6 章 输入受限的混沌系统修正函数投影同步 ··············· 75
6.1 引言 ·· 75
6.2 问题描述 ·· 75
6.3 扇区已知的受扰混沌系统修正函数投影同步 ················· 77
   6.3.1 鲁棒自适应滑模控制器设计 ································· 77
   6.3.2 数值仿真 ··· 81
6.4 扇区未知的受扰混沌系统修正函数投影同步 ················· 86
   6.4.1 鲁棒自适应滑模控制器设计 ································· 86
   6.4.2 数值仿真 ··· 91
6.5 结论 ·· 95

第 7 章 混沌系统组合函数投影同步 ······························· 96
7.1 引言 ·· 96
7.2 受扰混沌系统组合函数投影同步 ································ 96
   7.2.1 问题描述 ··· 96
   7.2.2 自适应状态反馈控制器设计 ································· 97
   7.2.3 数值仿真 ··· 99
7.3 受扰混沌系统双重组合函数投影同步 ·························· 103
   7.3.1 问题描述 ··· 103
   7.3.2 自适应反馈控制器设计 ······································ 106
   7.3.3 数值仿真 ··· 108
7.4 结论 ·· 112

第 8 章 复杂网络的修正函数投影同步 ···························· 113
8.1 引言 ·· 113
8.2 变时滞耦合复杂网络修正函数投影同步 ······················· 114
   8.2.1 问题描述 ··· 114
   8.2.2 控制器设计 ·· 115

		8.2.3　数值仿真 ·· 118
	8.3　多时滞耦合复杂网络修正函数投影同步 ······································· 120
		8.3.1　问题描述 ·· 120
		8.3.2　同步控制器设计 ··· 121
		8.3.3　数值仿真 ·· 124
	8.4　结论 ·· 130
第9章　混沌修正函数投影同步在保密通信中的应用 ·························· 131
	9.1　引言 ·· 131
	9.2　基于修正函数投影同步和参数调制的混沌保密通信 ····················· 132
		9.2.1　系统描述及保密通信原理 ·· 132
		9.2.2　非线性状态反馈控制器设计 ·· 133
		9.2.3　数值仿真 ·· 136
		9.2.4　安全性分析 ·· 137
	9.3　错位修正函数投影同步及保密通信实现 ······································· 138
		9.3.1　问题描述 ·· 138
		9.3.2　Fang 超混沌系统的错位修正函数投影同步实现 ············ 139
		9.3.3　数值仿真 ·· 143
		9.3.4　混沌遮掩调制保密通信 ··· 144
		9.3.5　安全性和实用性分析 ··· 147
	9.4　结论 ·· 147
参考文献 ·· 149
彩图

第 1 章 混沌同步概述

1.1 混沌与混沌同步

混沌是自然界及人类社会中的一种普遍现象, 它是在一个确定性系统中出现的一种貌似不规则的、内在的随机性运动, 反映了自然界有序和无序的统一, 确定性与随机性的统一[1-5]. 混沌理论经过几十年的发展, 已不再是独立存在的科学, 它与其他各门科学互相促进、互相依靠, 由此派生出许多交叉学科, 如混沌气象学、混沌经济学、混沌数学等. 混沌科学同任何一场科技革命一样, 正在猛烈冲击着当今几乎所有的自然科学, 并且拓展到工程技术领域, 甚至社会科学等众多领域, 极大地拓宽了人们的视野. 目前, 国内外研究人员关注的方向和研究的重点主要有如下几个方面. ①典型混沌系统的实际应用, 即如何将典型的混沌系统: Lorenz 系统、Chua 电路、Duffing 振子、Rossler 系统、Hénon 映射、Logistic 映射、Tent 映射等应用于各种混沌研究领域中. ②开发新的混沌系统. 对新混沌系统的开发和研究, 可以挖掘混沌信号产生的本质, 拓展混沌研究的范围, 以便更好地应用到各个不同领域. 构建新混沌系统的主要方法有典型混沌系统的改进和构建新型的超混沌系统. ③时滞混沌系统开发和同步研究. ④混沌同步控制的研究.

迄今, 基于混沌系统对初始值极端敏感以及在混沌奇怪吸引子内存在无穷多的不稳定周期轨道、平衡点、恒定态及非周期轨道等各种可能运动形态, 如何抑制和利用混沌, 使得已有的混沌研究成果能服务于人类, 是我们迫切要解决的问题. 对混沌进行控制和利用的目标总体上有三种类型: 混沌控制、混沌同步和混沌反控制. 其中混沌同步由于其在生物学、电子学、信息科学和保密通信中的应用前景, 引起了中外学者的广泛关注[1-6].

同步现象普遍存在于自然界及实验室里. 早在 17 世纪, 惠更斯 (Huygens) 就实现了两个钟摆的完全同步振荡. 自此, 科学工作者在随后的几百年里广泛和深入地研究了各个学科领域中的同步问题, 但这些研究无论是同步对象、同步概念还是同步方法大都是建立在周期运动的基础上. 由于混沌运动具有对初始值极端敏感的特性, 初始值的微小变化就会导致混沌系统完全不同的行为, 因此长期以来学术界认为混沌运动不能实现同步, 直到美国海军实验室学者 Pecora 和 Carroll 于 1990 年在国际上首次提出混沌自同步原理[7], 并在电子线路上首次观察到混沌同步现象后, 混沌同步的研究才引起广泛关注并迅速发展成为混沌科学研究领域的一个热点问题. 在随后的几十年里, 混沌同步方法不断涌现, 其应用领域也从物理学迅速扩大到生物学、力学、脑科学、化学、电子学、信息科学和保密通信等领域, 混沌同步的理论和实验研究均取得了蓬勃发展.

混沌同步, 从广义角度讲, 也属于混沌控制的范畴, 其目标是将两个或两个以上从不同的初始条件出发的具有相互作用的混沌系统, 经过一个暂态的过渡之后, 状态或者输出按某种确定的函数关系达到一致并且这种函数关系不对初始值敏感. 根据混沌同步的定义, 目前已有的混沌同步方式主要有: 完全同步、相位同步、广义同步、延迟同步、投影同步、修正投影同步、函数投影同步等. 完全同步[8,9] 是研究最早和最多的一类混沌同步. 完全同步是指结构相同、参数相同的两个完全相同的混沌系统在控制信号的作用下, 双方的运动轨迹随时间演化逐渐趋于一致并保持同步. 要实现完全同步, 要求驱动系统和响应系统必须完全相同, 但是在实际中很难产生两个完全相同的混沌系统, 因此有学者提出了条件相对宽松的广义同步[10,11], 即达到混沌同步时, 响应系统的状态变量和驱动系统的状态变量之间存在确定的函数关系. 与广义同步和完全同步不同, 相位同步描述的是两个系统之间的相位关系, 即实现同步时, 驱动系统和响应系统的相位一致[12,13]. 相位同步反映的是混沌系统中的协同行为. 延迟现象是实际工程应用中不可避免的因素, 延迟同步指驱动系统和响应系统状态之间存在一个特定的时间差, 即同步的两个混沌系统之间存在相位滞后[14,15]. 投影同步是 1999 年 Mainieri 等在研究部分线性混沌系统时观察到的一种新的同步现象[16]. 实现投影同步时, 驱动系统和响应系统的状态输出不仅相位锁定, 而且各对应状态的振幅还按某一固定的比例关系演化. 由于投影同步应用于混沌保密通信时, 可以把二进制数扩展到 M 进制以实现更快的传输, 因此已有很多学者对投影同步进行了深入研究. 随后, 一些学者在投影同步的基础上, 提出了一些改进的投影同步方法——修正投影同步[17-21]. 修正投影同步方法结合了广义同步和投影同步的特点, 能够使驱动系统与响应系统的所有状态向量都按照不同的比例因子投影同步, 且相位锁定. 同相位同步、反相位同步、完全同步以及投影同步都是修正投影同步的特例.

1.2 混沌函数投影同步

函数投影同步是指驱动系统和响应系统的状态按照一个给定的比例函数进行同步, 函数投影同步是投影同步的拓广, 是一种更为广义的同步方式. 相对于投影同步和修正投影同步, 函数投影同步的同步尺度因子是一个函数, 而不是常量, 这意味着驱动系统和响应系统能按照一定的函数比例关系进行同步, 这种特性对加强数字保密通信的安全性具有重要意义. 自函数投影同步提出以来, 已有多位学者对这种同步方式进行了研究[22-33]. 最近, 文献 [34,35] 又将修正投影同步和函数投影同步相结合, 提出了一种新的同步方式——修正函数投影同步, 即驱动系统按照期望的函数比例因子矩阵同步到响应系统. 修正函数投影同步是一种更广义的同步概念, 当其函数比例因子矩阵取常数矩阵时, 即为修正投影同步; 当函数比例因子矩阵中各函数比例因子表达式相同时, 即为函数投影同步. 修正函数投影同步具有不可预测的函数比例因子, 能更有效地提高保密通信的安全性, 因此它在保密通信中有着非常诱人的应用前景. 自混沌修正函数投影同步提出以来, 其研究已引起了中外学者的广泛兴趣[36-45].

考虑具有如下形式的混沌驱动系统和响应系统

$$\dot{\boldsymbol{x}}(t) = \boldsymbol{f}(\boldsymbol{x}) \tag{1.1}$$

$$\dot{\boldsymbol{y}}(t) = \boldsymbol{g}(\boldsymbol{y}, \boldsymbol{u}(\boldsymbol{x}, \boldsymbol{y})) \tag{1.2}$$

其中 $\boldsymbol{x}$ 为驱动系统的状态向量, $\boldsymbol{x} = (x_1(t), x_2(t), \cdots, x_n(t))^{\mathrm{T}} \in R^n$; $\boldsymbol{y}$ 为响应系统的状态向量, $\boldsymbol{y} = (y_1(t), y_2(t), \cdots, y_n(t))^{\mathrm{T}} \in R^n$; $\boldsymbol{f}, \boldsymbol{g} \in R^n$ 为可微连续函数向量; $\boldsymbol{u}(\boldsymbol{x}, \boldsymbol{y})$ 为待设计的控制向量, $\boldsymbol{u}(\boldsymbol{x}, \boldsymbol{y}) = (u_1(\boldsymbol{x}, \boldsymbol{y}), u_2(\boldsymbol{x}, \boldsymbol{y}), \cdots, u_n(\boldsymbol{x}, \boldsymbol{y}))^{\mathrm{T}}$.

定义 1.1 对系统 (1.1) 和系统 (1.2) 构成的驱动–响应系统, 如果存在合适的控制器 $\boldsymbol{u}(\boldsymbol{x}, \boldsymbol{y})$ 使得从任意初始值出发的系统 (1.1) 和系统 (1.2) 满足

$$\lim_{t \to \infty} \|\boldsymbol{e}(t)\| = \lim_{t \to \infty} \|\boldsymbol{y}(t) - \boldsymbol{M}(t)\boldsymbol{x}(t)\| = 0 \tag{1.3}$$

或

$$\lim_{t \to \infty} \|\boldsymbol{e}(t)\| = \lim_{t \to \infty} \|\boldsymbol{x}(t) - \boldsymbol{M}(t)\boldsymbol{y}(t)\| = 0 \tag{1.4}$$

则称系统 (1.1) 和系统 (1.2) 实现了修正函数投影同步, 其中 $\boldsymbol{e}(t) = \boldsymbol{y}(t) - \boldsymbol{M}(t)\boldsymbol{x}(t)$ 或 $\boldsymbol{e}(t) = \boldsymbol{x}(t) - \boldsymbol{M}(t)\boldsymbol{y}(t)$ 为系统 (1.1) 和系统 (1.2) 之间的修正函数投影同步误差, $\boldsymbol{e}(t) = (e_1, e_2, \cdots, e_n)^{\mathrm{T}}$; $\boldsymbol{M}(t) \in R^{n \times n}$ 是函数比例因子矩阵, $\boldsymbol{M}(t) = \mathrm{diag}(m_1(t), m_2(t), \cdots, m_n(t))$, $m_i(t) \neq 0$ 为函数比例因子, $m_i(t)$ 是连续可微有界函数.

注 1.1 当上面误差定义中的函数比例因子矩阵 $\boldsymbol{M} = \sigma \boldsymbol{I}(\sigma \in R)$, 其中 $\boldsymbol{I}$ 为 $n \times n$ 的单位矩阵时, 此定义就为投影同步. 特别地, 当 $\sigma = 1$ 和 $\sigma = -1$ 时, 修正函数投影同步就分别被简化为完全同步和反同步; 当 $m_1, m_2, \cdots, m_n$ 为常值, 且其中至少有一个 $m_i \neq m_j (i \neq j)$ 时, 此定义为修正投影同步; 当 $m_1 = m_2 = \cdots = m_n$ 且 $m_i(i = 1, 2, \cdots, n)$ 为连续函数时, 此定义为函数投影同步.

注 1.2 如果函数比例因子矩阵 $\boldsymbol{M} = 0 (\boldsymbol{M} \in R^{n \times n})$, 则混沌同步问题转化为混沌控制问题.

注 1.3 混沌修正函数投影同步的定义有两种表示形式, 如式 (1.3) 和式 (1.4), 在后面的章节中我们可以只定义其中的任意一种, 然后进行讨论.

1.3 混沌同步控制方法

混沌同步,从广义角度讲,也属于一种混沌控制,就是将系统引导到需要的混沌轨道上去. 所以,混沌同步实际上代表着对混沌之"利"的利用. 迄今,人们已在混沌同步领域做出了大量的研究,近年来关于这方面的研究又呈现出新的研究趋势,主要表现为: ①研究对象由低维混沌系统向高维超混沌系统转变,由连续混沌系统向离散混沌系统转变; ②新的同步方法不断提出,如利用模糊控制实现同步、自适应控制实现同步、神经网络实现同步、基于遗传算法实现同步等; ③为了更切合实际应用,研究对象由确定的混沌系统向不确定混沌系统转变,同结构混沌同步研究转向异结构混沌同步研究,理想条件下的混沌同步转向非理想条件下的混沌同步研究.

实现混沌同步,主要就是运用各种控制方法,通过设计合适的同步控制器,实现结构相同或者结构不同的混沌系统同步. 关于混沌同步的研究已经取得了相当丰富的研究成果,已有的混沌同步控制方法归纳起来有以下几类: 驱动-响应同步法、主动-被动同步法、线性和非线性反馈法、耦合同步法、自适应同步控制法、脉冲同步法、滑模同步控制法、智能同步控制法等. 现将一些主要方法介绍如下.

(1) 驱动-响应同步法和主动-被动同步法.

驱动-响应同步法是 Pecora 和 Carroll 在 1990 年最先提出的一种混沌同步方法,简称 PC 同步法,或称替换同步法,该同步法已经应用到许多典型的混沌系统同步中,如 Lorenz 系统、Chua 电路和 Lure 系统等. PC 同步法最大的特点是: 实现同步的两个非线性动力学系统之间存在驱动-响应关系,即响应系统的行为受制于驱动系统,而驱动系统的行为与响应系统无关. PC 同步法的缺点是其只适用于多变量可分解和能复制的动力学系统. 然而在实际应用中,由于生物的、物理的或内在的原因,在某些情况下,系统无法分解为两个部分,这样就无法构造响应系统. 鉴于此,Kocarev 及 Parlitz 提出了改进的同步方法,即主动-被动同步法. 该法采取十分灵活的一般分解法,更具有普及性,适用于大部分混沌和超混沌同步. 该法的最大优点就是可以自由选择驱动信号的函数,几乎不受任何限制,因而该方法更具有普遍性和灵活性以及更高的安全性和同步性能.

(2) 线性和非线性反馈法.

线性反馈法就是利用响应系统与驱动系统的误差信号,再施加反馈控制增益信号使得响应系统跟踪驱动系统,从而实现响应系统与驱动系统的同步. 线性反馈法无论是理论还是实际操作都是比较容易分析与实现的,因此利用线性反馈法实现两个等同结构的混沌系统同步研究也愈加受到关注和重视. 此方法的缺点就是: 高增益在工程实际中实现难度大; 有时在同步过程中出现非同步的现象,因而同步的稳定性能不是很好; 复杂的系统利用线性反馈法无法实现同步. 为了避免这些缺点, 采用非线性反馈法来实现两个混沌系统的同步. 非线性反馈法就是取反馈项为非线性项, 同时考虑非线性项与系统的非线性特征有关, 再利用渐近稳定性理论来论证可行性. 非线性反馈法可以体现原系统的所有状态量, 非常有利于保密通信的应用.

(3) 耦合同步法.

20 世纪 80 年代, Gaponov-Grekhov 在研究流体湍流时发现了基于相互耦合的混沌同步方法. 耦合同步是指将驱动系统中的全部或部分变量耦合到响应系统中, 使响应系统受到耦合后与驱动系统实现同步的一种方法. 混沌系统的耦合方式可以分为单向耦合和双向耦合两种. 由 A 系统的变量去耦合 B 系统或 A, B 两系统的变量相互耦合. 其中耦合的变量数目可以是部分的或全部的变量, 视不同情形而定. 驱动–响应同步方案可以视为相互耦合同步方法的一种特例. 耦合同步的研究结果表明, 对于有些混沌系统, 只需通过单变量耦合便可实现同步, 对于有些混沌系统, 则需要两个甚至多个变量耦合才能实现同步. 耦合的变量数目越多, 同步能力就越强. 如果是全部变量耦合, 只要耦合系数足够大, 则所有的混沌系统就能实现同步. 耦合系统的同步现象, 不论从理论上还是从实验上都在深入研究中, 具有极其丰富的内容和广阔的应用前景.

(4) 自适应同步控制法.

不确定性干扰是实际混沌系统不可避免存在的因素. 对于存在不确定性的混沌系统, 如果采用常规的控制方法, 可能会达不到理想的控制效果. 自适应控制是处理不确定系统的一个重要方法, 其能修正自己的特性以适应对象和扰动的动态特性变化. 与常规反馈控制一样, 自适应控制也是一种基于数学物理模型的控制方法. 自从 20 世纪 50 年代末, 第一个自适应控制系统被提出以来, 自适应控制已经广泛地应用到各种控制领域. 由于自适应控制对时变参数具有良好的自适应能力, 近年来中外学者已把自适应控制原理广泛地应用在参数不确定混沌系统的控制与同步中. 自适应控制虽然对系统的参数时变具有良好的控制效果, 但也存在一定的缺陷, 即它要求控制对象具有特定的数学模型, 自适应控制器的设计取决于这个数学模型, 而在实际应用中, 许多控制系统难以获得精确的数学模型, 即所谓灰色系统, 这将限制自适应控制方法的应用. 目前的混沌同步控制方法中, 大都将自适应控制方法和其他控制方法相结合使用.

(5) 脉冲同步法.

脉冲同步的基本思想就是把驱动系统的状态信号化为多个脉冲去驱动响应系统达到同步的目的. 在脉冲同步保密通信的应用中, 传输的信号是带有脉冲的混沌信号, 因此难以破译, 具有更好的保密性, 是一种比较好的混沌同步方法. 当然, 现阶段脉冲同步法还未真正深入研究, 但它潜在的优点, 如具有较强鲁棒性, 必然是今后的热点研究问题之一.

(6) 滑模同步控制法.

滑模同步控制的基本原理就是构造合适的滑模面,使驱动系统和响应系统的误差系统状态轨迹到达并保持在滑动面上,使得误差系统趋于渐近稳定,从而实现驱动系统与响应系统的同步. 滑模同步控制策略与常规同步控制方法的根本区别在于控制的不连续性,即一种使系统"结构"随时间变化的开关特性. 由于滑动模态可以按需要设计,且与对象参数及扰动无关,因此滑模控制具有鲁棒性强、响应速度快、无须系统在线辨识、对扰动及参数变化不灵敏、物理实现简单等优点. 近年来已有很多中外学者将滑模同步控制法引入具有不确定性混沌系统的控制与同步研究中. 滑模同步控制法的缺点是,实际滑模切换装置的不连续开关特性将会引起系统的抖振现象,从而降低混沌系统的同步稳定性. 抖振问题已成为滑模变结构控制在实际系统中应用的突出障碍. 近年来,为了消除滑模控制带来的抖振,研究者已做了大量的工作,并提出了一些消减抖振的方法[46]: ①准滑动模态方法 (a. 连续函数近似法; b. 边界层的设计); ②趋近律方法; ③滤波方法; ④观测器方法; ⑤动态滑模方法; ⑥模糊方法; ⑦神经网络方法; ⑧遗传算法优化方法; ⑨切换增益方法; ⑩扇形区域方法; ⑪其他方法. 所有这些方法在一定程度上大大削弱了滑模变结构控制的抖振的影响. 上述每种方法都有自己的优点和局限性,在实际应用中,应该针对具体的问题具体分析.

(7) 智能同步控制法.

智能控制技术以智能控制理论、计算机技术、人工智能和运筹学等为基础,适用于被控对象和环境具有未知或不确定因素,或者其数学模型难以建立,或者其运行环境、工况发生不可预测的变化等场合. 尽管智能控制体系的形成只有十几年的历史,理论还远未成熟,但现有的应用成果和理论发展都表明智能控制正成为自动控制的前沿学科之一. 近年来,已有不少学者将智能控制技术中人工智能系统、专家系统、模糊系统、神经网络系统及遗传算法等应用于具有高度不确定性的混沌系统的同步控制中,显示出良好的自适应性、鲁棒性及容错性. 但由于函数投影同步的复杂性,如何将智能同步控制法与混沌函数投影同步相结合目前还未有人涉足.

1.4 基于混沌同步的保密通信

混沌保密通信的研究起步于 20 世纪 90 年代. 随着混沌动力学系统在物理、数学和电子工程中的研究进展,混沌保密通信作为通信研究中的一个新领域,也迅速发展起来. 目前,已有的混沌保密通信研究方案,大多数只是进行实验仿真研究,而应用研究还处于刚刚起步阶段,目前各国学者都在竞相研究新的混沌系统理论和混沌保密通信应用技术,以期望取得国际领先水平的混沌保密通信研究成果. 混沌在保密通信中的应用优势主要有如下三点: ①混沌信号的不可预测性、宽频谱性、隐蔽性及高度复杂性等都特别适用于保密通信; ②在混沌同步保密通信中的密钥不唯一, 提高了抗破译性能; ③区别于传统静态加密方式, 混沌加密是一种动态加密, 进一步提高了保密性. 混沌应用于保密通信, 主要有三种方式: 第一种是直接利用混沌系统进行保密通信; 第二种是利用混沌同步进行保密通信; 第三种是利用混沌映射自身的复杂性构造密码, 以达到对信息加密的目的.

混沌同步现象的发现为混沌在通信领域中的应用研究奠定了基础, 混沌同步已成为混沌保密通信的关键技术. 混沌同步应用于保密通信系统主要包括三个技术: 一是构造混沌系统; 二是设计合适的混沌同步控制器; 三是传输信号的加密解密. 只要处理好这三个技术, 就能实现信号的保密传输. 目前基于混沌同步原理的保密通信方式主要有以下几种[47].

(1) 混沌遮掩.

混沌遮掩保密通信是最早提出来的混沌通信方式, 其原理是以混沌同步为前提, 通信时, 发送端将信息信号作为小信号叠加在混沌载波上形成混合信号, 然后将该混合信号通过信道发送到接收端, 实现同步后, 在接收端从接收到的混沌载波里减去相对应的混沌同步信号, 即可得到所传输的信息信号. 混沌遮掩保密通信要求同步系统具有一定的稳健性, 即在混沌载波上附加一个小信号, 不会影响接收系统和发送系统的同步性能. 混沌遮掩保密通信既可以传输模拟信号也可以传递数字信号, 其原理图如图 1.1 所示.

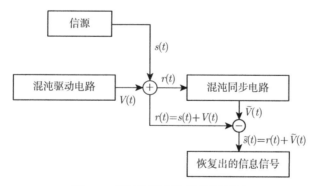

图 1.1 混沌遮掩保密通信原理图

(2) 混沌调制.

混沌调制的基本原理是将信息信号加密后调制到发送端系统中的某个状态变量, 混沌电路产生的混沌载波信号中含有信息信号, 实现同步后, 在接收端提取出相应的状态变量, 解调出所发送的信息. 同步混沌调制保密通信原理如图 1.2 所示. 在发送端, 信息信号 s 通过一个可逆变换 C, 调制到混沌驱动电路的状态分量中; 在接收端, 实现混沌同步后, 检测相应的状态分量 $\tilde{I}$ 并进行反变换 C^{-1} 恢复出信息信号. 与混沌遮掩相比, 混沌调制将信息信号直接耦合到混沌系统中, 整个混沌信号谱都用来隐藏信息, 所以提高了对参数变化的敏感性, 保密性有所提高.

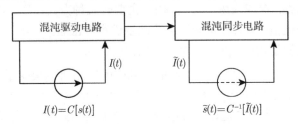

图 1.2　混沌调制保密通信原理图

(3) 混沌切换.

混沌切换是一种基于混沌同步传输数字信号的方法. 其原理是发送端和接收端拥有对应类型和数目的多个混沌系统, 根据所传送的信号, 选择不同的混沌系统或不同的混沌电路参数产生载波信号, 在信道中传输的信号由代表不同的混沌系统的混沌信号组成, 接收端在一个码元周期里, 只有一个系统可以实现混沌同步, 同时解码, 由此恢复出发送端发送的信息. 图 1.3 为二进制的混沌切换保密通信原理示意图.

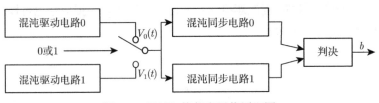

图 1.3　混沌切换保密通信原理图

第 2 章 混沌系统构建及动力学分析

2.1 引　言

自混沌理论被提出以来, 混沌科学在电子学、信息学、数学、物理及工程应用领域都得到了极大的发展. 开发新的混沌系统, 并研究其动力学特性, 可以挖掘混沌信号产生的本质, 拓展混沌研究的范围, 以便更好地应用到各个不同领域. 相比于具有一个正的 Lyapunov 指数的低维混沌系统, 超混沌系统因具有两个或两个以上正的 Lyapunov 指数, 具有比一般混沌系统更复杂的动力学行为, 这使其在保密通信及信息安全等领域中具有更高的开发价值和应用前景. 因此, 研究如何构成超混沌系统, 并将其应用于工程实际具有重要的理论价值和现实意义. 目前构建新的超混沌系统的主要方法有: ①通过对典型混沌系统的改进[48−51], 如改变典型混沌系统的非线性项, 增加状态量, 或者将两个典型的混沌系统复合等方式, 得到新的超混沌系统; ②基于产生超混沌系统要满足的必要条件构建新型的超混沌系统[52−56].

本章在前人工作的基础上, 主要研究了两个方面的内容. 首先, 基于产生超混沌系统要满足的两个必要条件构建了一个新的四维超混沌系统并将其命名为 Fang 超混沌系统. 其次, 对该系统进行了理论推导和数值模拟, 研究了该系统的基本动力学特性, 并分析了参数改变时系统的动力学行为的变化, 从多方面验证了该系统的混沌行为. 该系统具有 5 个参数, 系统处于混沌状态时参数变化范围较大, 具有非常丰富的动力学行为, 有利于应用到混沌加密系统中.

2.2　Fang 超混沌系统分析

2.2.1　Fang 超混沌系统

超混沌系统的产生必须满足两个必要条件: ①对于自治系统而言, 至少是四维的; ②至少有两个正的 Lyapunov 指数且所有 Lyapunov 指数之和小于零. 基于上述两个必要条件, 构造四维超混沌系统 (Fang 超混沌系统) 如下:

$$\begin{aligned} \dot{x} &= a(y-x) + 3.5w \\ \dot{y} &= dx - cy - xz^2 + 3.5w \\ \dot{z} &= -bz + (x+y)x \\ \dot{w} &= rw - \frac{1}{3}(x+y)z \end{aligned} \quad (2.1)$$

式中 a,b,c,d,r 为实常数. 当参数 $a=17.5, b=1.5, c=5, d=43, r=0.5$ 时, 系统存在一典型的混沌吸引子, 如图 2.1 所示.

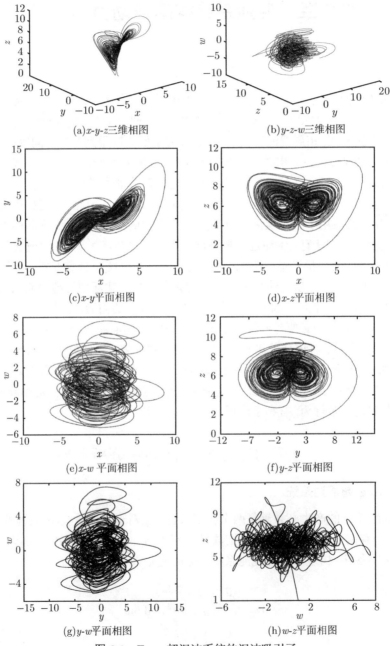

图 2.1 Fang 超混沌系统的混沌吸引子

2.2.2 Fang 系统的基本动力学特性

2.2.2.1 耗散性和吸引子的存在性

系统 (2.1) 的梯度 (能量函数) 为

$$\nabla V = \frac{\partial \dot{x}}{\partial x} + \frac{\partial \dot{y}}{\partial y} + \frac{\partial \dot{z}}{\partial z} + \frac{\partial \dot{w}}{\partial w} = -a - c - b + r \tag{2.2}$$

要想确保系统 (2.1) 是耗散的, 必须满足 $-a - c - b + r < 0$, 且以下列指数形式收敛

$$\frac{dV}{dt} = e^{-(a+c+b-r)} \tag{2.3}$$

即体积元 V_0 在 t 时刻收缩为体积元 $V_0 e^{-(a+c+b-r)}$.

对于本章设计的 Fang 系统, 当 $a = 17.5, b = 1.5, c = 5, d = 43, r = 0.5$ 时, $\nabla V = \frac{\partial \dot{x}}{\partial x} + \frac{\partial \dot{y}}{\partial y} + \frac{\partial \dot{z}}{\partial z} + \frac{\partial \dot{w}}{\partial w} = -a - c - b + r = -23.5 < 0$, 满足耗散性条件, 即当 $t \to \infty$ 时, 系统的轨迹最终以指数速率渐近地收缩到一个特定的零体积的极限集中, 并最终被固定在一个吸引子上.

2.2.2.2 平衡点及稳定性

由于非线性混沌系统不能严格地求出解析解, 即使能求出严格的解析解, 又因解的复杂性, 也不能清晰地说明问题的实质, 因此对非线性混沌系统只能定性分析. 平衡点的分布和线性化特性直接影响系统的动力学特性, 因此求解和分析一个连续混沌系统的平衡点是定性分析其特性的重要内容, 令系统 (2.1) 的右边等于零, 即

$$\begin{cases} a(y-x) + 3.5w = 0 \\ dx - cy - xz^2 + 3.5w = 0 \\ -bz + (x+y)x = 0 \\ rw - \frac{1}{3}(x+y)z = 0 \end{cases} \tag{2.4}$$

求解 (2.4) 式, 可得系统唯一的实平衡点: $S_0(0,0,0)$. 在平衡点 $S_0(0,0,0)$ 处, 对系统 (2.1) 进行线性化得其 Jacobian 矩阵为

$$\boldsymbol{J}_0 = \begin{bmatrix} -17.5 & 17.5 & 0 & 3.5 \\ 43 & -5 & 0 & 3.5 \\ 0 & 0 & -1.5 & 0 \\ 0 & 0 & 0 & 0.5 \end{bmatrix} \tag{2.5}$$

其特征根为

$$\lambda_1 = -39.3846, \quad \lambda_2 = 16.8847, \quad \lambda_3 = -1.5, \quad \lambda_4 = 0.5 \tag{2.6}$$

对应的特征向量
$$\begin{aligned}\boldsymbol{v}_1 &= [-0.6245, 0.7810, 0, 0]^{\mathrm{T}} \\ \boldsymbol{v}_2 &= [0.1163, -0.3084, 0, 0.9441]^{\mathrm{T}} \\ \boldsymbol{v}_3 &= [0, 0, 1.0000, 0]^{\mathrm{T}} \\ \boldsymbol{v}_4 &= [-0.1163, -0.3084, 0, 0.9441]^{\mathrm{T}}\end{aligned} \quad (2.7)$$

由于 λ_1, λ_3 为负且 λ_2, λ_4 为正, 这表明平衡点 S_0 为不稳定的鞍点. 在 S_0 处线性化后的稳定流形和不稳定流形可表述为

$$\begin{aligned}E^s(S_0) &= \mathrm{span}\{\boldsymbol{v}_1, \boldsymbol{v}_3\} \\ E^u(S_0) &= \mathrm{span}\{\boldsymbol{v}_2, \boldsymbol{v}_4\}\end{aligned} \quad (2.8)$$

2.2.2.3 状态变量的时域波形

当参数取 $a = 17.5, b = 1.5, c = 5, d = 43, r = 0.5$ 时, 系统 (2.1) 存在一典型的混沌吸引子, 如图 2.1 所示. 容易看出其相轨迹在特定的吸引域内具有遍历性和有界性. Fang 超混沌系统具有与之前的混沌系统完全不同的奇怪吸引子和拓扑结构. 系统 (2.1) 的时域波形如图 2.2 所示, 其所产生的序列具有非周期性, 说明该系统是混沌的.

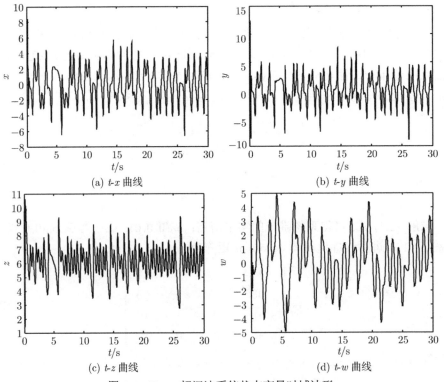

图 2.2 Fang 超混沌系统状态变量时域波形

2.2.2.4 Lyapunov 指数及 Lyapunov 维数

Lyapunov 指数是衡量系统动力学特性的一个重要定量指标, 它表征了系统在相空间中相邻轨道间收敛或发散的平均指数率. 系统是否存在混沌动力学行为, 可以由最大 Lyapunov 指数是否大于零非常直观地判断出来: 一个正的 Lyapunov 指数, 意味着在系统相空间中, 无论初始两条轨线的间距多么小, 其差别都会随着时间的演化而成指数率的增加以致达到无法预测, 这就是混沌现象. Lyapunov 指数的和表征了椭球体积的增长率或减小率, 对 Hamilton 系统, Lyapunov 指数的和为零; 对耗散系统, Lyapunov 指数的和为负. 不管系统是不是耗散的, 只要有一个 Lyapunov 指数 $\lambda > 0$ 就会出现混沌, 指数越大, 说明混沌特性越明显, 混沌程度越高. 四维系统的 Lyapunov 指数和系统状态的关系如表 2.1 所示.

表 2.1 四维系统的 Lyapunov 指数和系统状态的关系

Lyapunov 指数	Lyapunov 指数值的正负号	系统状态
$\lambda_1, \lambda_2, \lambda_3, \lambda_4$	$-,-,-,-$	稳定的不动点
$\lambda_1, \lambda_2, \lambda_3, \lambda_4$	$0,-,-,-$	周期轨
$\lambda_1, \lambda_2, \lambda_3, \lambda_4$	$0,0,-,-$	准周期
$\lambda_1, \lambda_2, \lambda_3, \lambda_4$	$+,0,-,-$	混沌吸引子
$\lambda_1, \lambda_2, \lambda_3, \lambda_4$	$+,+,0,-$	超混沌吸引子

对于本章的 Fang 超混沌系统, 其 Lyapunov 指数计算公式为

$$\begin{cases} \text{LE}_1 = \sigma_1 = \lim_{t \to \infty} \frac{1}{t} \ln \frac{|\sigma x(t)|}{|\sigma x(0)|} \\ \text{LE}_2 = \sigma_2 = \lim_{t \to \infty} \frac{1}{t} \ln \frac{|\sigma y(t)|}{|\sigma y(0)|} \\ \text{LE}_3 = \sigma_3 = \lim_{t \to \infty} \frac{1}{t} \ln \frac{|\sigma z(t)|}{|\sigma z(0)|} \\ \text{LE}_4 = \sigma_4 = \lim_{t \to \infty} \frac{1}{t} \ln \frac{|\sigma w(t)|}{|\sigma w(0)|} \end{cases} \tag{2.9}$$

计算可知这个系统的四个 Lyapunov 指数分别为: $\lambda_1 = 0.807587, \lambda_2 = 0.289090, \lambda_3 = -0.009274, \lambda_4 = -24.277757$. 该系统有两个正的 Lyapunov 指数, 且四个 Lyapunov 指数之和小于零, 因此所设计的 Fang 系统是一个超混沌系统. 其 Lyapunov 指数图如图 2.3 所示.

维数是几何对象的一个重要特征量, Lyapunov 维数是经典维数的拓扑发展, 其定义为

$$D_L = j + \frac{1}{|\lambda_{j+1}|} \sum_{j=1}^{j} \lambda_j \tag{2.10}$$

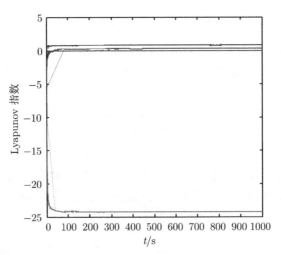

图 2.3 Fang 超混沌系统的 Lyapunov 指数

其中 j 是保证 $\sum_{j=1}^{j} \lambda_j \geqslant 0$ 的最大 j 值.

混沌系统的一个典型特征就是其 Lyapunov 维数为分数维. Fang 超混沌系统的 Lyapunov 维数为

$$D_L = j + \frac{1}{|\lambda_{j+1}|}\sum_{j=1}^{j}\lambda_j = 2 + \frac{\lambda_1 + \lambda_2}{\lambda_3 + \lambda_4} = 2 + \frac{0.807587 + 0.289090}{|-0.009274 - 24.277757|} = 2.04515 \tag{2.11}$$

显然, Fang 系统的 Lyapunov 维数为分数维的, 因此进一步说明 Fang 系统是混沌的.

2.2.2.5 参数变化对系统的影响

随着参数的改变, 系统平衡点的稳定性将会发生变化, 从而使系统处于不同的状态. 用 Lyapunov 指数谱及分岔图可以对照分析系统参数改变时系统的状态变化.

(1) 固定参数 $b = 1.5, c = 5, d = 43, r = 0.5$, 改变 $a, a \in (10, 25)$. Fang 系统的 Lyapunov 指数谱及分岔图分别如图 2.4 所示. 由图 2.4 可知, 当 $a \in (10, 13)$ 时, Fang 系统的 Lyapunov 指数有两个正值、一个零值、一个负值, 系统是超混沌的; 当 $a \in (13, 15)$ 时, Fang 系统的 Lyapunov 指数有一个正值、一个零值、两个负值, 系统是混沌的; $a \in (15, 25)$ 时, Fang 系统的 Lyapunov 指数有两个正值、一个零值、一个负值, 系统是超混沌的.

(2) 固定参数 $a = 17.5, c = 5, d = 43, r = 0.5$, 改变 $b, b \in (0, 6)$. Fang 系统的 Lyapunov 指数谱及分岔图如图 2.5 所示. 由图 2.5 可知, 当 $b \in (0, 1)$ 时, Fang 系统的 Lyapunov 指数有一个正值、一个零值、两个负值, 系统是混沌的; 当 $b \in (1, 3.9)$

2.2 Fang 超混沌系统分析

时, Fang 系统的 Lyapunov 指数有两个正值、一个零值、一个负值, 系统是超混沌的; 当 $b \in (3.9, 5.3)$ 时, Fang 系统的 Lyapunov 指数有一个零值、三个负值, 系统是周期轨; 当 $b \in (5.3, 6)$ 时, Fang 系统的 Lyapunov 指数全为负值, 系统是稳定的不动点.

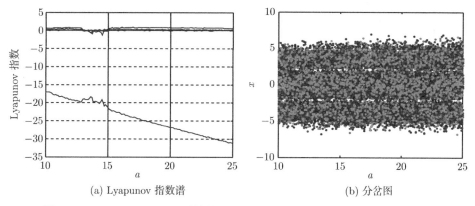

图 2.4　$a \in (10, 25)$, Fang 系统的 Lyapunov 指数谱和分岔图 (文后附彩图)

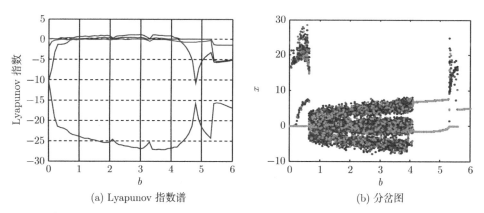

图 2.5　$b \in (0, 6)$, Fang 系统的 Lyapunov 指数谱和分岔图 (文后附彩图)

(3) 固定参数 $a = 17.5, b = 1.5, d = 43, r = 0.5$, 改变 $c, c \in (0, 10)$. Fang 系统的 Lyapunov 指数谱及分岔图如图 2.6 所示. 从图 2.6 可知: 当 $c \in (0, 2.3)$ 时, Fang 系统的 Lyapunov 指数有两个正值、一个零值、一个负值, 系统是超混沌的; 当 $c \in (2.3, 3)$ 时, Fang 系统的 Lyapunov 指数有一个零值、三个负值, 系统是周期轨; 当 $c \in (3, 7)$ 时, Fang 系统的 Lyapunov 指数有两个正值、一个零值、一个负值, 系统是超混沌的; 当 $c \in (7, 10)$ 时, Fang 系统的 Lyapunov 指数有一个正值、一个零值、两个负值, 系统是混沌的.

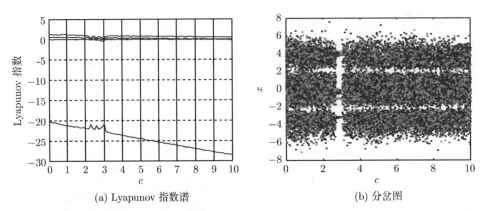

图 2.6 $c \in (0, 10)$, Fang 系统的 Lyapunov 指数谱和分岔图 (文后附彩图)

(4) 固定参数 $a = 17.5, b = 1.5, c = 5, r = 0.5$, 改变 d, $d \in (20, 60)$. Fang 系统的 Lyapunov 指数谱及分岔图如图 2.7 所示. 从图 2.7 可知: 当 $d \in (20, 33)$ 时, Fang 系统的 Lyapunov 指数有一个正值、一个零值、两个负值, 系统是混沌的; 当 $d \in (33, 60)$ 时, Fang 系统的 Lyapunov 指数有两个正值、一个零值、一个负值, 系统是超混沌的.

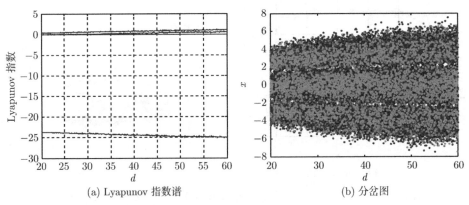

图 2.7 $d \in (20, 60)$, Fang 系统的 Lyapunov 指数谱和分岔图 (文后附彩图)

(5) 固定参数 $a = 17.5, b = 1.5, c = 5, d = 43$, 改变 $r, r \in (0, 1)$. Fang 系统的 Lyapunov 指数谱及分岔图分别如图 2.8 所示. 由图 2.8 可知: 当 $r \in (0, 0.83)$ 时, Fang 系统的 Lyapunov 指数有两个正值、一个零值、一个负值, 系统是超混沌的; 当 $r \in (0.83, 1)$ 时, Fang 系统的 Lyapunov 指数有一个正值、一个零值、两个负值, 系统是混沌的.

由于分析参数变化对系统状态的影响时, 对系统的参数变换范围没有固定要求, 因此本书只是在系统 (2.1) 处于一个典型超混沌吸引子时, 对其在参数值附近

2.2 Fang 超混沌系统分析

进行了动力学分析. 由分析结果可知, Fang 系统的动力学特征十分丰富. 而 Fang 系统的参数多至 5 个, 系统处于混沌状态的参数变化范围较大, 这更加有利于将该 Fang 超混沌系统应用到保密通信及加密系统中.

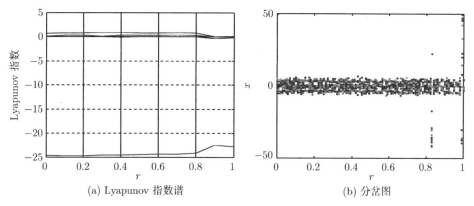

图 2.8　$r \in (0,1)$, Fang 系统的 Lyapunov 指数谱和分岔图 (文后附彩图)

2.2.2.6　Poincaré 截面图

Poincaré 截面是 19 世纪末由法国著名数学家和物理学家 Poincaré 提出的一种几何方法, 它适用于分析多变量的自治系统. 在多维相空间中适当选取一截面, 称为 Poincaré 截面. 这样, 可以利用计算机画出 Poincaré 截面上的截点, 然后观察截点的分布情况, 从而得知运动的性质. 当 Poincaré 截面上只有一个不动点或少数离散点时, 其运动是周期的; 当 Poincaré 截面为一条封闭的连续曲线时, 其运动是拟周期的; 当 Poincaré 截面是一段连续的曲线或是一些成片的密集点时, 运动则是混沌的.

图 2.9 展示了 Fang 系统在不同截面上的 Poincaré 映像. 由图可见, 截面上的

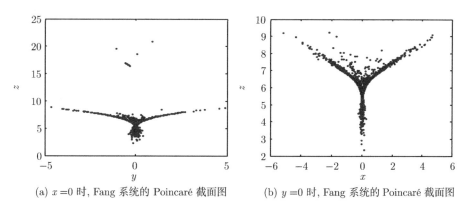

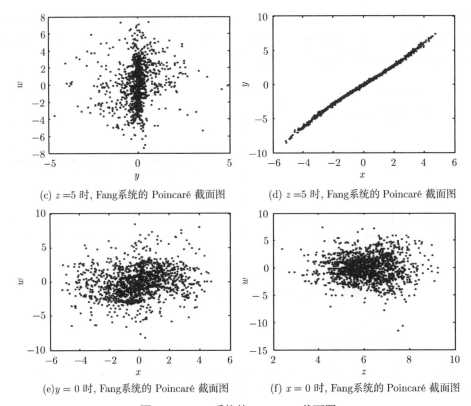

(c) $z=5$ 时，Fang系统的 Poincaré 截面图 (d) $z=5$ 时，Fang系统的 Poincaré 截面图

(e) $y=0$ 时，Fang系统的 Poincaré 截面图 (f) $x=0$ 时，Fang系统的 Poincaré 截面图

图 2.9　Fang 系统的 Poincaré 截面图

截点形成连续的线状或片状的稠密点集，进一步验证了 Fang 系统的混沌特性. 并且由图 2.9 可以看出吸引子的一些叶片被折叠，这导致了系统复杂的动力学行为.

2.3　超混沌系统电路实现

因直接以系统 (2.1) 的状态变量作为电压量将超过运算放大器、乘法器等器件的电源电压范围，故将变量进行比例压缩变换，即 $x_1 = 50x$, $y_1 = 50y$, $z_1 = 50z$, $w_1 = 50w$. 由于变量替换并不会改变系统状态和特性，可以定义 $x = x_1$, $y = y_1$, $z = z_1$, $w = w_1$，超混沌系统 (2.1) 可以描述为

$$\begin{aligned}\dot{x} &= a(y-x) + 3.5w \\ \dot{y} &= dx - cy - 50xz^2 + 3.5w \\ \dot{z} &= -bz + 50(x+y)x \\ \dot{w} &= rw - \frac{50}{3}(x+y)z \end{aligned} \quad (2.12)$$

2.3 超混沌系统电路实现

系统 (2.12) 的电路设计如图 2.10 所示. 在图 2.10 中, 通过运算放大器 LM741 及其辅助电路来实现加、减和积分运算. 系统 (2.12) 的非线性乘积项通过乘法器 AD633 实现. 由此, 可得相应的电路方程如下

$$\begin{cases} \dot{x} = -\dfrac{R_4}{R_1 R_5 C_1} x + \dfrac{R_4}{R_2 R_5 C_1} y + \dfrac{R_4}{R_3 R_5 C_1} w \\ \dot{y} = \dfrac{R_{12}}{R_8 R_{13} C_2} x - \dfrac{R_{12}}{R_9 R_{13} C_2} y - \dfrac{R_{12}}{R_{10} R_{13} C_2} xz^2 + \dfrac{R_{12}}{R_{11} R_{13} C_2} w \\ \dot{z} = -\dfrac{R_{19}}{R_{16} R_{20} C_3} z + \dfrac{R_{19}}{R_{17} R_{20} C_3} xy + \dfrac{R_{19}}{R_{18} R_{20} C_3} x^2 \\ \dot{w} = \dfrac{R_{26}}{R_{23} R_{27} C_4} w - \dfrac{R_{26}}{R_{24} R_{27} C_4} xz - \dfrac{R_{26}}{R_{25} R_{27} C_4} yz \end{cases} \quad (2.13)$$

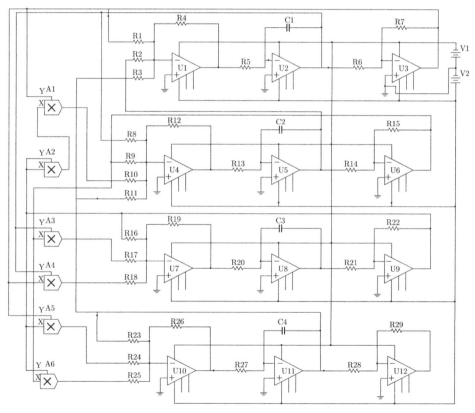

图 2.10 Fang 超混沌系统的电路实现

在 MULTISIM 仿真电路中, 选取 $C_1 = C_2 = C_3 = C_4 = 1\mu\text{F}, R_1 = R_2 = R_6 = R_7 = R_{14} = R_{15} = R_{21} = R_{22} = R_{26} = R_{28} = R_{29} = 1\text{k}\Omega, R_3 = 5\text{k}\Omega, R_4 = 17.5\text{k}\Omega, R_5 = R_{13} = R_{20} = R_{27} = 10\text{k}\Omega, R_8 = 7\text{k}\Omega, R_9 = 60.2\text{k}\Omega, R_{10} = 6.02\text{k}\Omega, R_{11} = $

$86\mathrm{k}\Omega, R_{12} = 301\mathrm{k}\Omega, R_{16} = R_{23} = 2\mathrm{k}\Omega, R_{17} = R_{18} = R_{24} = R_{25} = 60\Omega, R_{19} = 3\mathrm{k}\Omega$. 当 $a = 17.5, b = 1.5, c = 5, d = 43, r = 0.5$ 时，电路方程 (2.13) 等价于系统方程 (2.12). 电路频率通过调节电容 $C_i(i = 1, 2, 3, 4)$ 实现. 参数变量 a, b, c, d, r 通过调节电阻 $R_1, R_2, R_8, R_9, R_{16}$ 和 R_{23} 实现. 电源电压为 ±15V, 初始电压为随机值. 在示波器上观察到吸引子的平面相图如图 2.11 所示. 可见, 在系统参数取值范围内, 系统吸引子表现出丰富的混沌动力学行为, 与图 2.1 数值仿真的吸引子相图相符.

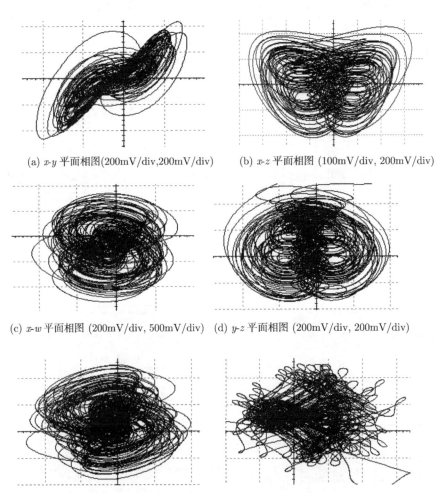

(a) x-y 平面相图 (200mV/div, 200mV/div) (b) x-z 平面相图 (100mV/div, 200mV/div)

(c) x-w 平面相图 (200mV/div, 500mV/div) (d) y-z 平面相图 (200mV/div, 200mV/div)

(e) y-w 平面相图 (200mV/div, 500mV/div) (f) z-w 平面相图 (200mV/div, 500mV/div)

图 2.11 Fang 超混沌系统电路实验吸引子相图

2.4 结 论

本章基于产生超混沌系统要满足的两个必要条件设计了一种新的超混沌系统. 该混沌系统含有五个参数. 通过对该系统的平衡点、Lyapunov 指数谱、分岔图、Poincaré 截面图等动力学特性的理论分析和数值模拟, 验证了该系统的混沌行为, 证实了该新四维系统可以产生超混沌现象. 该实现电路结构简单、便于集成, 在信息传递、超导、保密通信等领域具有广泛的潜在应用价值.

第 3 章 基于状态反馈的混沌同阶和降阶修正函数投影同步

3.1 引 言

降阶同步是指响应系统和驱动系统的一部分实现同步. 在实际应用中, 很多同步都是发生在具有不同阶数的系统之间, 如脑神经元系统、心肺同步系统、不同阶电路同步系统等. 对降阶混沌同步的研究对实际生产和生活都具有非常重要的意义. 然而, 已有的对具有不同阶数混沌系统的同步研究却比较少[57-65]. 本章将函数投影同步与降阶同步相结合, 提出了降阶修正函数投影同步的概念; 基于 Lyapunov 稳定性理论和状态反馈控制方法, 给出了具有参数扰动的同阶混沌系统修正函数投影同步和不同阶混沌系统降阶修正函数投影同步的一般方法, 通过设计合适的状态反馈控制器和参数自适应律实现混沌系统的 (降阶) 修正函数投影同步及对未知参数的估计; 并在数值仿真中将修正函数投影同步的函数比例因子矩阵由给定的可微函数拓展到在相空间中具有平衡点、周期轨道、混沌状态的混沌吸引子. 该方法对系统没有任何限制条件, 适用于任意混沌系统. 数值仿真验证了该设计方法的有效性.

3.2 具有未知参数的同阶混沌系统修正函数投影同步

3.2.1 问题描述

考虑具有如下形式的混沌驱动系统和响应系统

$$\dot{x}(t) = f_1(x) + f_2(x)\theta \tag{3.1}$$

$$\dot{y}(t) = g_1(y) + g_2(y)\eta + u(t) \tag{3.2}$$

其中 $f_1, g_1 \in R^n$ 为连续函数向量; $f_2 \in R^{n \times p}$ 和 $g_2 \in R^{n \times q}$ 为函数矩阵; $\theta \in R^p$ 和 $\eta \in R^q$ 为受扰参数向量; $u(t)$ 为控制器. 定义驱动系统 (3.1) 和响应系统 (3.2) 之间的修正函数投影同步误差为

$$e(t) = y(t) - M(t)x(t) \tag{3.3}$$

其中 $M(t)$ 是函数比例因子矩阵，$M(t) = \mathrm{diag}(m_1(t), \cdots, m_n(t)), m_i(t) \neq 0, m_i(t)$ 为函数比例因子. 由式 (3.3) 可得误差动力系统方程为

$$\begin{aligned}\dot{e}(t) &= \dot{y}(t) - M(t)\dot{x}(t) - \dot{M}(t)x(t) \\ &= g_1(y) + g_2(y)\eta + u(t) - M(t)f_1(x) - M(t)f_2(x)\theta - \dot{M}(t)x(t)\end{aligned} \quad (3.4)$$

于是，系统 (3.1) 和系统 (3.2) 的修正函数投影同步问题转化为误差式 (3.4) 的稳定性问题，我们的目标是设计合适的自适应控制器 $u(t)$，使得误差系统满足 $\lim\limits_{t\to\infty} \|e(t)\| = 0$.

3.2.2 自适应状态反馈控制器设计

状态反馈的原理是将系统的状态变量通过比例环节反馈到输入端. 由于状态变量能够全面地反映系统的内部特性，因此相对于输出反馈，状态反馈能更有效地改善系统的性能.

为了实现上述控制目标，可基于状态反馈思想和自适应控制方法设计如下的非线性状态反馈控制器

$$u(t) = -g_1(y) - g_2(y)\hat{\eta} + \dot{M}(t)x(t) + M(t)f_1(x) + M(t)f_2(x)\hat{\theta} - Ke(t) \quad (3.5)$$

相应的参数自适应律为

$$\begin{cases} \dot{\hat{\theta}} = -f_2^\mathrm{T}(x)M(t)e(t) - P\tilde{\theta} \\ \dot{\hat{\eta}} = g_2^\mathrm{T}(y)e(t) - Q\tilde{\eta} \end{cases} \quad (3.6)$$

其中 $K = \mathrm{diag}(k_1, k_2, \cdots, k_n)(k_i > 0, i = 1, 2, \cdots, n)$ 为控制增益，其大小将影响同步速度；P, Q 为正定的对角矩阵，$P = \mathrm{diag}(p_1, p_2, \cdots, p_p)(p_i > 0, i = 1, 2, \cdots, p)$，$Q = \mathrm{diag}(q_1, q_2, \cdots, q_q)(q_i > 0, i = 1, 2, \cdots, q)$；$\hat{\theta}$ 和 $\hat{\eta}$ 分别为不确定参数向量 θ 和 η 的估计值，$\tilde{\theta} = \hat{\theta} - \theta$，$\tilde{\eta} = \hat{\eta} - \eta$ 分别为不确定参数向量的估计值和真实值之间的误差向量.

定理 3.1 对于由驱动系统 (3.1) 和响应系统 (3.2) 构成的具有不确定参数的混沌同步系统，若选取系统的控制器为 (3.5)，参数自适应律为 (3.6)，则对给定的函数比例因子矩阵 $M(t)$ 和任意初始条件 $x(0), y(0)$，系统 (3.1) 和系统 (3.2) 可实现修正函数投影同步.

证明 选择误差系统 (3.4) 的 Lyapunov 函数为

$$V(t) = \frac{1}{2}(e^\mathrm{T}(t)e(t) + \tilde{\theta}^\mathrm{T}\tilde{\theta} + \tilde{\eta}^\mathrm{T}\tilde{\eta}) \quad (3.7)$$

对上式求导可得

$$\dot{V}(t) = e^\mathrm{T}(t)\dot{e}(t) + \tilde{\theta}^\mathrm{T}\dot{\tilde{\theta}} + \tilde{\eta}^\mathrm{T}\dot{\tilde{\eta}} \quad (3.8)$$

将误差动力系统方程 (3.4) 代入上式可得

$$\dot{V}(t) = e^{\mathrm{T}}(t)[g_1(y) + g_2(y)\eta + u(t) - M(t)f_1(x) \\ - M(t)f_2(x)\theta - \dot{M}(t)x(t)] + \tilde{\theta}^{\mathrm{T}}\dot{\tilde{\theta}} + \tilde{\eta}^{\mathrm{T}}\dot{\tilde{\eta}} \quad (3.9)$$

将控制器 (3.5) 代入式 (3.9) 可得

$$\dot{V}(t) = e^{\mathrm{T}}(t)[-g_2(y)\tilde{\eta} + M(t)f_2(x)\tilde{\theta} - Ke(t)] + \tilde{\theta}^{\mathrm{T}}\dot{\tilde{\theta}} + \tilde{\eta}^{\mathrm{T}}\dot{\tilde{\eta}} \quad (3.10)$$

将参数自适应律 (3.6) 代入上式可得

$$\dot{V}(t) = e^{\mathrm{T}}(t)[-g_2(y)\tilde{\eta} + M(t)f_2(x)\tilde{\theta} - Ke(t)] - \tilde{\theta}^{\mathrm{T}}f_2^{\mathrm{T}}(x)M(t)e(t) \\ - \tilde{\theta}^{\mathrm{T}}P\tilde{\theta} + \tilde{\eta}^{\mathrm{T}}(g_2(y)e(t) - Q\tilde{\eta}) \quad (3.11)$$

因为 $e^{\mathrm{T}}M(t)f_2(x)\tilde{\theta} = \tilde{\theta}^{\mathrm{T}}f_2^{\mathrm{T}}(x)M(t)e$, $e^{\mathrm{T}}(t)g_2(y)\tilde{\beta} = \tilde{\beta}^{\mathrm{T}}g_2^{\mathrm{T}}(y)e(t)$, 上式可简化为

$$\dot{V}(t) = -e^{\mathrm{T}}(t)Ke(t) - \tilde{\theta}^{\mathrm{T}}P\tilde{\theta} - \tilde{\eta}^{\mathrm{T}}Q\tilde{\eta} \quad (3.12)$$

因为 K, P, Q 为正定的对角矩阵, 则 $\dot{V}(t) \leqslant 0$, 当且仅当 $e(t) = \mathbf{0}, \tilde{\theta} = \mathbf{0}, \tilde{\eta} = \mathbf{0}$ 时, 等号成立. 由 Lyapunov 稳定性理论可知, 当 $t \to \infty$ 时, 误差向量渐近稳定于零点, 即驱动系统 (3.1) 和响应系统 (3.2) 实现了修正函数投影同步. 同时, 参数误差向量随着时间演化也将趋于零点, 即受扰参数 θ 和 η 也趋于其真实值. 定理证毕.

定理 3.2 当驱动系统 (3.1) 和响应系统 (3.2) 结构相同, 外界扰动也相同时, 即 $f_1(x) = g_1(y)$, $f_2(x) = g_2(y)$, $\theta = \eta$, 则系统 (3.1) 和系统 (3.2) 可在控制器 (3.13) 和参数自适应律 (3.14) 的作用下实现修正函数投影同步.

控制器可设计为

$$u(t) = -f_1(y) - f_2(y)\hat{\theta} + \dot{M}(t)x(t) + M(t)f_1(x) + M(t)f_2(x)\hat{\theta} - Ke(t) \quad (3.13)$$

相应的参数自适应律为

$$\dot{\hat{\theta}} = [g_2(y) - M(t)f_2(x)]^{\mathrm{T}}e(t) - P\tilde{\theta} \quad (3.14)$$

证明 当系统 (3.1) 和系统 (3.2) 同构时, 误差动态系统方程可写为

$$\dot{e}(t) = \dot{y}(t) - M(t)\dot{x}(t) - \dot{M}(t)x(t) \\ = g_1(y) + g_2(y)\theta + u(t) - M(t)f_1(x) - M(t)f_2(x)\theta - \dot{M}(t)x(t) \quad (3.15)$$

选择误差系统 (3.15) 的 Lyapunov 函数为

$$V(t) = \frac{1}{2}(e^{\mathrm{T}}(t)e(t) + \tilde{\theta}^{\mathrm{T}}\tilde{\theta}) \quad (3.16)$$

3.2 具有未知参数的同阶混沌系统修正函数投影同步

对上式求导可得

$$\dot{V}(t) = e^{\mathrm{T}}(t)\dot{e}(t) + \tilde{\boldsymbol{\theta}}^{\mathrm{T}}\dot{\tilde{\boldsymbol{\theta}}} \tag{3.17}$$

将误差动力系统方程 (3.15) 代入上式可得

$$\dot{V}(t) = e^{\mathrm{T}}(t)[g_1(y) + g_2(y)\boldsymbol{\theta} + u(t) - M(t)f_1(x) - M(t)f_2(x)\boldsymbol{\theta} - \dot{M}(t)x(t)] + \tilde{\boldsymbol{\theta}}^{\mathrm{T}}\dot{\tilde{\boldsymbol{\theta}}} \tag{3.18}$$

将控制器 (3.13) 代入式 (3.18) 可得

$$\dot{V}(t) = e^{\mathrm{T}}(t)[-g_2(y)\tilde{\boldsymbol{\theta}} + M(t)f_2(x)\tilde{\boldsymbol{\theta}} - Ke(t)] + \tilde{\boldsymbol{\theta}}^{\mathrm{T}}\dot{\tilde{\boldsymbol{\theta}}} \tag{3.19}$$

将参数自适应律 (3.6) 代入上式可得

$$\begin{aligned}\dot{V}(t) =\ & e^{\mathrm{T}}(t)[-g_2(y)\tilde{\boldsymbol{\theta}} + M(t)f_2(x)\tilde{\boldsymbol{\theta}} - Ke(t)] \\ & + \tilde{\boldsymbol{\theta}}^{\mathrm{T}}[g_2(y) - M(t)f_2(x)]^{\mathrm{T}}e(t) - \tilde{\boldsymbol{\theta}}^{\mathrm{T}}P\tilde{\boldsymbol{\theta}} \\ =\ & -e^{\mathrm{T}}(t)Ke(t) - \tilde{\boldsymbol{\theta}}^{\mathrm{T}}P\tilde{\boldsymbol{\theta}}\end{aligned} \tag{3.20}$$

因为 K, P 为正定的对角矩阵，则 $\dot{V}(t) \leqslant 0$，当且仅当 $e(t) = \mathbf{0}, \tilde{\boldsymbol{\theta}} = \mathbf{0}$ 时，等号成立. 由 Lyapunov 稳定性理论可知，同结构的混沌驱动系统 (3.1) 和响应系统 (3.2) 实现了修正函数投影同步. 同时，受扰参数 $\boldsymbol{\theta}$ 也趋于其真实值. 定理证毕.

3.2.3 数值仿真

下面以 Chen 超混沌系统和 Lorenz 超混沌系统为例进行分析，以验证上述方案的有效性. Chen 超混沌系统的微分方程为

$$\begin{aligned}\dot{x} &= f_1(x) + f_2(x)\boldsymbol{\theta} \\ &= \begin{bmatrix} x_4 \\ -x_1 x_3 \\ x_1 x_2 \\ x_2 x_3 \end{bmatrix} + \begin{bmatrix} x_2 - x_1 & 0 & 0 & 0 & 0 \\ 0 & x_1 & x_2 & 0 & 0 \\ 0 & 0 & 0 & -x_3 & 0 \\ 0 & 0 & 0 & 0 & x_4 \end{bmatrix} \begin{bmatrix} a \\ b \\ c \\ d \\ h \end{bmatrix}\end{aligned} \tag{3.21}$$

Lorenz 超混沌系统的微分方程为

$$\begin{aligned}\dot{y} &= g_1(y) + g_2(y)\boldsymbol{\eta} \\ &= \begin{bmatrix} 0 \\ y_2 - y_1 y_3 - y_4 \\ y_1 y_2 \\ 0 \end{bmatrix} + \begin{bmatrix} y_2 - y_1 & 0 & 0 & 0 \\ 0 & y_1 & 0 & 0 \\ 0 & 0 & -y_3 & 0 \\ 0 & 0 & 0 & y_2 y_3 \end{bmatrix} \begin{bmatrix} \alpha \\ \beta \\ \gamma \\ \lambda \end{bmatrix} + u(t)\end{aligned} \tag{3.22}$$

其中 x_1, x_2, x_3, x_4 和 y_1, y_2, y_3, y_4 分别为驱动系统 (3.21) 和响应系统 (3.22) 的状态变量; a, b, c, d, h 和 $\alpha, \beta, \gamma, \lambda$ 分别为驱动系统 (3.21) 和响应系统 (3.22) 的未知参数向量; $u_i(t)(i=1,2,3,4)$ 为待设计的控制器. 当参数 $a=35, b=7, c=12, d=3, h=0.5$ 时, 系统 (3.21) 是超混沌的, 其吸引子如图 3.1(a) 所示. 当参数 $\alpha=10, \beta=28, \gamma=8/3, \lambda=0.1$ 时, 系统 (3.22) 是超混沌的, 其吸引子如图 3.1(b) 所示.

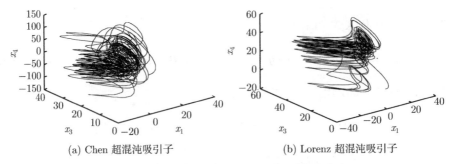

(a) Chen 超混沌吸引子   (b) Lorenz 超混沌吸引子

图 3.1 Chen 超混沌和 Lorenz 超混沌吸引子

3.2.3.1 Chen 超混沌系统基于非线性状态反馈的修正函数投影同步

为了实现同构的 Chen 超混沌系统的修正函数投影同步, 可根据本节设计的同结构混沌系统修正函数投影同步的一般方法, 由式 (3.13) 设计非线性状态反馈控制器如下

$$\begin{cases} u_1 = -y_4 - (y_2-y_1)\hat{a} + \dot{m}_1(t)x_1 + m_1(t)x_4 + \hat{a}m_1(t)(x_2-x_1) - k_1 e_1 \\ u_2 = y_1 y_3 - \hat{b}y_1 - y_2\hat{c} + \dot{m}_2(t)x_2 - m_2(t)x_1 x_3 + m_2(t)(\hat{b}x_1 + \hat{c}x_2) - k_2 e_2 \\ u_3 = -y_1 y_2 + \hat{d}y_3 + \dot{m}_3(t)x_3 + m_3(t)x_1 x_2 - \hat{d}m_3(t)x_3 - k_3 e_3 \\ u_4 = -y_2 y_3 - y_4\hat{h} + \dot{m}_4(t)x_4 + m_4(t)x_2 x_3 + \hat{h}m_4(t)x_4 - k_4 e_4 \end{cases}$$
(3.23)

相应的参数自适应律为

$$\begin{cases} \dot{\tilde{a}} = \dot{\hat{a}} = [y_2 - y_1 - m_1(x_2-x_1)]e_1 - p_1\tilde{a} \\ \dot{\tilde{b}} = \dot{\hat{b}} = (y_1 - m_2 x_1)e_2 - p_2\tilde{b} \\ \dot{\tilde{c}} = \dot{\hat{c}} = (y_2 - m_3 x_2)e_2 - p_3\tilde{c} \\ \dot{\tilde{d}} = \dot{\hat{d}} = (-y_3 + m_3 x_3)e_3 - p_4\tilde{d} \\ \dot{\tilde{h}} = \dot{\hat{h}} = (y_4 - m_4 x_4)e_4 - p_5\tilde{h} \end{cases}$$
(3.24)

其中控制增益 $k_i > 0 (i=1,2,3,4), p_i > 0 (i=1,2,3,4,5)$; $\hat{a}, \hat{b}, \hat{c}, \hat{d}, \hat{h}$ 为未知参数的估计值; $\tilde{a} = \hat{a} - a, \tilde{b} = \hat{b} - b, \tilde{c} = \hat{c} - c, \tilde{d} = \hat{d} - d, \tilde{h} = \hat{h} - h$ 分别为相应的参数估计误差.

系统参数选择为 $a=35, b=7, c=12, d=3, h=0.5$, 驱动系统和响应系统的初始值分别为 $(x_1(0), x_2(0), x_3(0), x_4(0)) = (1,2,2,-1)$ 和 $(y_1(0), y_2(0), y_3(0), y_4(0)) =$

3.2 具有未知参数的同阶混沌系统修正函数投影同步

$(0.1, 0.2, 0.2, 1)$; 未知参数的初始值为 $\hat{a}(0) = \hat{b}(0) = \hat{c}(0) = \hat{d}(0) = \hat{h}(0) = 0$, 控制增益理论上可选任意大于零的常量, 这里选取 $k_i = 5(i = 1, 2, 3, 4)$, $p_i = 5(i = 1, 2, 3, 4, 5)$. 函数比例因子设为 $m_1(t) = 1 + 0.3\sin(2t)$, $m_2(t) = 0.5 + 0.5\sin^2(t)$, $m_3(t) = 0.6 + 0.2\sin(2t) + 0.3\cos(t)$, $m_4(t) = 2 + 0.2\sin(3t)$. 由仿真结果图 3.2 可知, 经过短暂的振荡后, 驱动系统和响应系统实现了修正函数投影同步并估计出未知参数的真值.

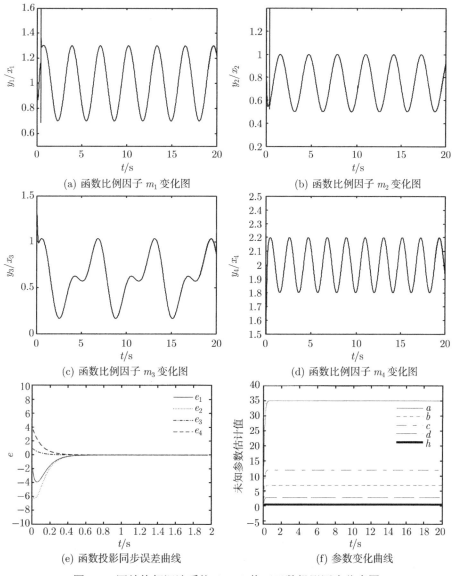

图 3.2 同结构超混沌系统 (3.21) 修正函数投影同步仿真图

3.2.3.2 Chen 超混沌系统和 Lorenz 超混沌系统的修正函数投影同步

为了实现系统 (3.21) 和系统 (3.22) 的修正函数投影同步, 可根据前面设计的异结构混沌系统修正函数投影同步的一般方法, 由式 (3.5) 设计非线性状态反馈控制器如下

$$\begin{cases} u_1 = -(y_2 - y_1)\hat{\alpha} + \dot{m}_1(t)x_1 + m_1(t)x_4 + \hat{a}m_1(t)(x_2 - x_1) - k_1e_1 \\ u_2 = -(y_2 - y_1y_3 - y_4) - \hat{\beta}y_1 + \dot{m}_2(t)x_2 - m_2(t)x_1x_3 + m_2(t)(\hat{b}x_1 + \hat{c}x_2) - k_2e_2 \\ u_3 = -y_1y_2 + \hat{\gamma}y_3 + \dot{m}_3(t)x_3 + m_3(t)x_1x_2 - \hat{d}m_3(t)x_3 - k_3e_3 \\ u_4 = -y_2y_3\hat{\lambda} + \dot{m}_4(t)x_4 + m_4(t)x_2x_3 + \hat{h}m_4(t)x_4 - k_4e_4 \end{cases} \tag{3.25}$$

参数自适应律为

$$\begin{cases} \dot{\tilde{a}} = \dot{\hat{a}} = -m_1(x_2 - x_1)e_1 - p_1\tilde{a} \\ \dot{\tilde{b}} = \dot{\hat{b}} = -m_2x_1e_2 - p_2\tilde{b} \\ \dot{\tilde{c}} = \dot{\hat{c}} = -m_2x_2e_2 - p_3\tilde{c} \\ \dot{\tilde{d}} = \dot{\hat{d}} = m_3x_3e_3 - p_4\tilde{d} \\ \dot{\tilde{h}} = \dot{\hat{h}} = -m_4x_4e_4 - p_5\tilde{h} \\ \dot{\tilde{\alpha}} = \dot{\hat{\alpha}} = (y_2 - y_1)e_1 - q_1\tilde{\alpha} \\ \dot{\tilde{\beta}} = \dot{\hat{\beta}} = y_1e_2 - q_2\tilde{\beta} \\ \dot{\tilde{\gamma}} = \dot{\hat{\gamma}} = -y_3e_3 - q_3\tilde{\gamma} \\ \dot{\tilde{\lambda}} = \dot{\hat{\lambda}} = y_2y_3e_4 - q_4\tilde{\lambda} \end{cases} \tag{3.26}$$

其中控制增益 $k_i > 0(i = 1,2,3,4)$, $p_i > 0(i = 1,2,3,4,5), q_i > 0(i = 1,2,3,4)$; $\hat{a},\hat{b},\hat{c},\hat{d},\hat{h},\hat{\alpha},\hat{\beta},\hat{\gamma},\hat{\lambda}$ 为未知参数的估计值; $\tilde{a} = \hat{a} - a, \tilde{b} = \hat{b} - b, \tilde{c} = \hat{c} - c, \tilde{d} = \hat{d} - d$, $\tilde{h} = \hat{h} - h, \tilde{\alpha} = \hat{\alpha} - \alpha, \tilde{\beta} = \hat{\beta} - \beta, \tilde{\gamma} = \hat{\gamma} - \gamma, \tilde{\lambda} = \hat{\lambda} - \lambda$ 分别为相应的参数估计误差.

系统参数选择为 $a = 35, b = 7, c = 12, d = 3, h = 0.5, \alpha = 10, \beta = 28, \gamma = 8/3, \lambda = 0.1$, 于是在没有控制加入的情况下系统 (3.25) 和系统 (3.26) 将处于超混沌状态. 未知参数的初始值分别为 $\hat{a}(0) = \hat{b}(0) = \hat{c}(0) = \hat{d}(0) = \hat{h}(0) = 0$, $\hat{\alpha}(0) = \hat{\beta}(0) = \hat{\gamma}(0) = \hat{\lambda}(0) = 0.01$; 驱动系统和响应系统的初始值分别为 $(x_1(0), x_2(0), x_3(0), x_4(0)) = (1, 2, 2, -1)$ 和 $(y_1(0), y_2(0), y_3(0), y_4(0)) = (0.1, 0.2, 0.2, 1)$; 函数比例因子分别设为 $m_1(t) = 2 + \sin(2t), m_2(t) = 3 + \cos(t), m_3(t) = 2 + \sin(2t), m_4(t) = 2 + \sin(t)$; 控制增益理论上可选为任意大于零的常量, 这里选取 $k_i = 5(i = 1,2,3,4)$, $p_i = 5(i = 1,2,3,4,5), q_i = 5(i = 1,2,3,4)$. 仿真结果如图 3.3∼ 图 3.5 所示.

图 3.3(a)∼(d) 为驱动系统和响应系统状态变量演化曲线. 图 3.4 为驱动系统 (3.21) 和响应系统 (3.22) 修正函数投影同步误差曲线. 由图 3.3 和图 3.4 可知, 经过

3.2 具有未知参数的同阶混沌系统修正函数投影同步

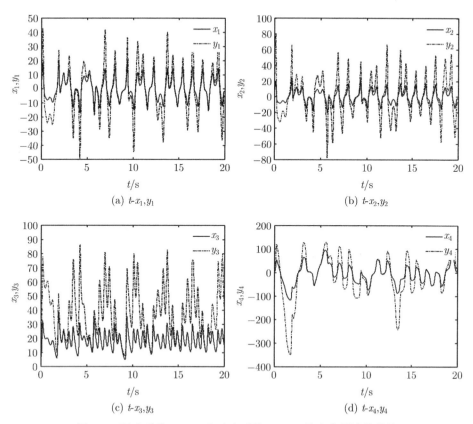

图 3.3 驱动系统 (3.21) 和响应系统 (3.22) 状态变量演化曲线

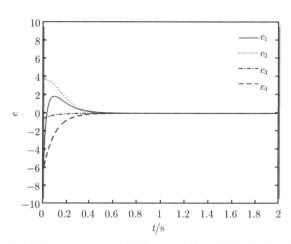

图 3.4 驱动系统 (3.21) 和响应系统 (3.22) 修正函数投影同步误差曲线

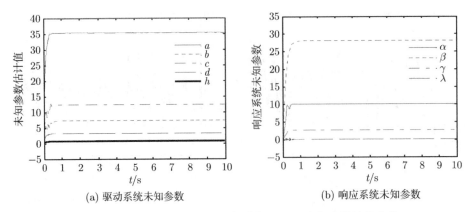

(a) 驱动系统未知参数　　　　(b) 响应系统未知参数

图 3.5　驱动系统 (3.21) 和响应系统 (3.22) 未知参数演化曲线

短暂的振荡后, 驱动系统和响应系统按照相应的函数比例因子实现同步, 即 $y_1 = (2+\sin(2t))x_1$, $y_2 = (3+\cos(t))x_2$, $y_3 = (2+\sin(2t))x_3$, $y_4 = (2+\sin(t))x_4$. 图 3.5(a), (b) 为驱动系统 (3.21) 和响应系统 (3.22) 的未知参数随时间演化曲线, 由图 3.5 易知, 所有的未知参数经过短暂的振荡后都趋于其真实值.

3.3　具有未知参数的混沌系统降阶修正函数投影同步

3.3.1　问题描述

考虑如下的混沌系统

$$\dot{x}(t) = f(x) + F(x)\alpha \qquad (3.27)$$

其中 $x \in R^m$ 为系统 (3.27) 的状态向量; $f \in R^m$ 为包含非线性项的连续函数向量, $F \in R^{m \times p}$ 为函数矩阵, $\alpha \in R^p$ 为不确定参数向量.

将混沌系统 (3.27) 作为驱动系统, 混沌响应系统如下

$$\dot{y}(t) = g(y) + G(y)\beta + u(t) \qquad (3.28)$$

其中 $y \in R^n$ 为响应系统状态向量, $g \in R^n$ 为包含非线性项的连续函数向量, $G \in R^{n \times q}$ 为函数矩阵, $\beta \in R^q$ 为不确定参数向量. 混沌修正函数投影同步的目标是设计合适的控制器 $u(t)(u \in R^n)$, 使得驱动和响应系统的状态变量按函数比例因子实现同步.

当驱动系统和响应系统的阶数 $n = m$ 时, 响应系统和驱动系统同阶, 关于同阶混沌系统的修正函数投影同步已取得了大量研究成果. 当混沌驱动–响应系统的阶数满足 $n < m(f \neq g, F \neq G)$, 即响应系统的阶数小于驱动系统时, 可实现混沌系

3.3 具有未知参数的混沌系统降阶修正函数投影同步

统的降阶修正函数投影同步. 降阶修正函数投影同步的实质就是实现混沌响应系统和部分混沌驱动系统的同步. 鉴于此, 将混沌驱动系统分解为两部分:

$$\dot{\boldsymbol{x}}_r(t) = \boldsymbol{f}_r(\boldsymbol{x}) + \boldsymbol{F}_r(\boldsymbol{x})\boldsymbol{\alpha} \tag{3.29}$$

其中 $\boldsymbol{x}_r \in R^n$, $\boldsymbol{f}_r \in R^n$, $\boldsymbol{F}_r \in R^{n \times p}$, 另一部分为

$$\dot{\boldsymbol{x}}_s(t) = \boldsymbol{f}_s(\boldsymbol{x}) + \boldsymbol{F}_s(\boldsymbol{x})\boldsymbol{\alpha} \tag{3.30}$$

其中 $\boldsymbol{x}_s \in R^s$, $\boldsymbol{f}_s \in R^s$, $\boldsymbol{F}_s \in R^{s \times p}$, n, s 满足 $n + s = m$. 降阶修正函数投影同步可描述为

$$\boldsymbol{e}(t) = \boldsymbol{y}(t) - \boldsymbol{M}(t)\boldsymbol{x}_r(t) \tag{3.31}$$

其中 $\boldsymbol{e}(t) \in R^n$ 为误差向量, $\boldsymbol{M}(t) = \mathrm{diag}(m_1(t), m_2(t), \cdots, m_n(t))$, $m_i(t) \neq 0$ 为函数比例因子, $m_i(t)$ 是连续可微有界函数.

由式 (3.28)、式 (3.29)、式 (3.31) 可得误差动力系统方程为

$$\begin{aligned}\dot{\boldsymbol{e}}(t) &= \dot{\boldsymbol{y}}(t) - \boldsymbol{M}(t)\dot{\boldsymbol{x}}_r(t) - \dot{\boldsymbol{M}}(t)\boldsymbol{x}_r(t) \\ &= \boldsymbol{g}(\boldsymbol{y}) + \boldsymbol{G}(\boldsymbol{y})\boldsymbol{\beta} + \boldsymbol{u}(t) - \boldsymbol{M}(t)\boldsymbol{f}_r(\boldsymbol{x}) - \boldsymbol{M}(t)\boldsymbol{F}_r(\boldsymbol{x})\boldsymbol{\alpha} - \dot{\boldsymbol{M}}(t)\boldsymbol{x}_r(t)\end{aligned} \tag{3.32}$$

于是, 系统 (3.27) 和系统 (3.28) 的降阶修正函数投影同步问题转化为误差式 (3.32) 的稳定性问题, 本节的目标是设计自适应控制器 $\boldsymbol{u}(t)$, 使得误差系统 (3.31) 满足 $\lim\limits_{t \to \infty} \|\boldsymbol{e}(t)\| = 0$.

注 3.1 降阶同步是将响应系统和驱动系统的一部分实现同步, 降阶同步不同于部分同步. 一方面, 部分同步是针对耦合的两个阶数相同的混沌系统而言的, 部分同步最显著的特点是响应系统至少有一个状态变量没实现同步. 另一方面, 在降阶同步中, 所有的响应系统的状态变量都实现了同步, 降阶同步最显著的特点是响应系统的阶数小于驱动系统的阶数.

3.3.2 自适应状态反馈控制器设计

为了实现上述控制目标, 可基于非线性状态反馈控制思想和自适应控制方法设计如下的非线性状态反馈控制器

$$\boldsymbol{u}(t) = -\boldsymbol{g}(\boldsymbol{y}) - \boldsymbol{G}(\boldsymbol{y})\hat{\boldsymbol{\beta}} + \dot{\boldsymbol{M}}(t)\boldsymbol{x}_r(t) + \boldsymbol{M}(t)\boldsymbol{f}_r(\boldsymbol{x}) + \boldsymbol{M}(t)\boldsymbol{F}_r(\boldsymbol{x})\hat{\boldsymbol{\alpha}} - \boldsymbol{K}\boldsymbol{e}(t) \tag{3.33}$$

相应的参数自适应律为

$$\begin{cases} \dot{\hat{\boldsymbol{\alpha}}} = -\boldsymbol{F}_r^{\mathrm{T}}(\boldsymbol{x})\boldsymbol{M}(t)\boldsymbol{e}(t) - \boldsymbol{P}\tilde{\boldsymbol{\alpha}} \\ \dot{\hat{\boldsymbol{\beta}}} = \boldsymbol{G}^{\mathrm{T}}(\boldsymbol{y})\boldsymbol{e}(t) - \boldsymbol{Q}\tilde{\boldsymbol{\beta}} \end{cases} \tag{3.34}$$

其中 $\boldsymbol{K} = \mathrm{diag}(k_1, k_2, \cdots, k_n)(k_i > 0, i = 1, 2, \cdots, n)$ 为控制增益, 其大小将影响同步速度; $\boldsymbol{P}, \boldsymbol{Q}$ 为正定的对角矩阵, $\boldsymbol{P} = \mathrm{diag}(p_1, p_2, \cdots, p_p)(p_i > 0, i = 1, 2, \cdots, p)$, $\boldsymbol{Q} = \mathrm{diag}(q_1, q_2, \cdots, q_q)(q_i > 0, i = 1, 2, \cdots, q)$; $\hat{\boldsymbol{\alpha}}$ 和 $\hat{\boldsymbol{\beta}}$ 分别为不确定参数向量 $\boldsymbol{\alpha}$ 和 $\boldsymbol{\beta}$ 的估计值, $\tilde{\boldsymbol{\alpha}} = \hat{\boldsymbol{\alpha}} - \boldsymbol{\alpha}$, $\tilde{\boldsymbol{\beta}} = \hat{\boldsymbol{\beta}} - \boldsymbol{\beta}$ 分别为不确定参数向量的估计值和真实值之间的误差向量.

定理 3.3 对于由系统 (3.27) 和系统 (3.28) 构成的具有不确定参数的阶数不同的混沌驱动–响应系统, 若选取响应系统的控制器为 (3.33), 参数自适应律为 (3.34), 则对给定的函数比例因子矩阵 $\boldsymbol{M}(t)$ 和任意初始条件 $\boldsymbol{x}(0), \boldsymbol{y}(0)$, 系统 (3.27) 和系统 (3.28) 可实现降阶修正函数投影同步.

证明 选择系统 (3.32) 的 Lyapunov 函数为

$$V(t) = \frac{1}{2}(\boldsymbol{e}^{\mathrm{T}}(t)\boldsymbol{e}(t) + \tilde{\boldsymbol{\alpha}}^{\mathrm{T}}\tilde{\boldsymbol{\alpha}} + \tilde{\boldsymbol{\beta}}^{\mathrm{T}}\tilde{\boldsymbol{\beta}}) \tag{3.35}$$

对上式求导可得

$$\dot{V}(t) = \boldsymbol{e}^{\mathrm{T}}(t)\dot{\boldsymbol{e}}(t) + \tilde{\boldsymbol{\alpha}}^{\mathrm{T}}\dot{\tilde{\boldsymbol{\alpha}}} + \tilde{\boldsymbol{\beta}}^{\mathrm{T}}\dot{\tilde{\boldsymbol{\beta}}} \tag{3.36}$$

将误差动力系统方程 (3.32) 代入上式可得

$$\begin{aligned}\dot{V}(t) = & \boldsymbol{e}^{\mathrm{T}}(t)[\boldsymbol{g}(\boldsymbol{y}) + \boldsymbol{G}(\boldsymbol{y})\boldsymbol{\beta} + \boldsymbol{u}(t) - \boldsymbol{M}(t)\boldsymbol{f}_r(\boldsymbol{x}) - \boldsymbol{M}(t)\boldsymbol{F}_r(\boldsymbol{x})\boldsymbol{\alpha} \\ & - \dot{\boldsymbol{M}}(t)\boldsymbol{x}(t)] + \tilde{\boldsymbol{\alpha}}^{\mathrm{T}}\dot{\tilde{\boldsymbol{\alpha}}} + \tilde{\boldsymbol{\beta}}^{\mathrm{T}}\dot{\tilde{\boldsymbol{\beta}}}\end{aligned} \tag{3.37}$$

将控制器 (3.33) 代入式 (3.37) 可得

$$\dot{V}(t) = \boldsymbol{e}^{\mathrm{T}}(t)[-\boldsymbol{G}(\boldsymbol{y})\tilde{\boldsymbol{\beta}} + \boldsymbol{M}(t)\boldsymbol{F}_r(\boldsymbol{x})\tilde{\boldsymbol{\alpha}} - \boldsymbol{K}\boldsymbol{e}(t)] + \tilde{\boldsymbol{\alpha}}^{\mathrm{T}}\dot{\tilde{\boldsymbol{\alpha}}} + \tilde{\boldsymbol{\beta}}^{\mathrm{T}}\dot{\tilde{\boldsymbol{\beta}}} \tag{3.38}$$

将参数自适应律 (3.34) 代入上式可得

$$\begin{aligned}\dot{V}(t) = & \boldsymbol{e}^{\mathrm{T}}[-\boldsymbol{G}(\boldsymbol{y})\tilde{\boldsymbol{\beta}} + \boldsymbol{M}(t)\boldsymbol{F}_r(\boldsymbol{x})\tilde{\boldsymbol{\alpha}} - \boldsymbol{K}\boldsymbol{e}(t)] - \tilde{\boldsymbol{\alpha}}^{\mathrm{T}}\boldsymbol{F}_r^{\mathrm{T}}(\boldsymbol{x})\boldsymbol{M}(t)\boldsymbol{e} \\ & - \tilde{\boldsymbol{\alpha}}^{\mathrm{T}}\boldsymbol{P}\tilde{\boldsymbol{\alpha}} + \tilde{\boldsymbol{\beta}}^{\mathrm{T}}(\boldsymbol{G}^{\mathrm{T}}(\boldsymbol{y})\boldsymbol{e} - \boldsymbol{Q}\tilde{\boldsymbol{\beta}})\end{aligned} \tag{3.39}$$

因为 $\boldsymbol{e}^{\mathrm{T}}\boldsymbol{M}(t)\boldsymbol{F}_r(\boldsymbol{x})\tilde{\boldsymbol{\alpha}} = \tilde{\boldsymbol{\alpha}}^{\mathrm{T}}\boldsymbol{F}_r^{\mathrm{T}}(\boldsymbol{x})\boldsymbol{M}(t)\boldsymbol{e}$, $\boldsymbol{e}^{\mathrm{T}}\boldsymbol{G}(\boldsymbol{y})\tilde{\boldsymbol{\beta}} = \tilde{\boldsymbol{\beta}}^{\mathrm{T}}\boldsymbol{G}^{\mathrm{T}}(\boldsymbol{y})\boldsymbol{e}$, 上式可简化为

$$\dot{V}(t) = -\boldsymbol{e}^{\mathrm{T}}\boldsymbol{K}\boldsymbol{e}(t) - \tilde{\boldsymbol{\alpha}}^{\mathrm{T}}\boldsymbol{P}\tilde{\boldsymbol{\alpha}} - \tilde{\boldsymbol{\beta}}^{\mathrm{T}}\boldsymbol{Q}\tilde{\boldsymbol{\beta}} \tag{3.40}$$

因为 $\boldsymbol{K}, \boldsymbol{P}, \boldsymbol{Q}$ 为正定对角阵, 则 $\dot{V}(t) \leqslant 0$, 当且仅当 $\boldsymbol{e} = \boldsymbol{0}, \tilde{\boldsymbol{\alpha}} = \boldsymbol{0}, \tilde{\boldsymbol{\beta}} = \boldsymbol{0}$ 时, 等号成立. 由 Lyapunov 稳定性理论可知, 当 $t \to \infty$ 时, 误差向量渐近稳定于零点, 即驱动系统 (3.27) 和响应系统 (3.28) 实现了降阶修正函数投影同步. 同时, 参数误差向量随着时间演化也将趋于零点. 定理证毕.

3.3.3 数值仿真

为了验证上述方案的有效性, 以常见的四阶 Lorenz 超混沌系统和三阶 Lü 混沌系统为例进行仿真实验.

Lorenz 超混沌系统的微分方程为

$$\dot{x} = f(x) + F(x)\alpha = \begin{bmatrix} 0 \\ x_2 - x_1x_3 - x_4 \\ x_1x_2 \\ 0 \end{bmatrix} + \begin{bmatrix} x_2 - x_1 & 0 & 0 & 0 \\ 0 & x_1 & 0 & 0 \\ 0 & 0 & -x_3 & 0 \\ 0 & 0 & 0 & x_2x_3 \end{bmatrix} \begin{bmatrix} a \\ b \\ c \\ d \end{bmatrix} \tag{3.41}$$

其中 x_1, x_2, x_3, x_4 为状态变量, 当参数 $a = 10, b = 28, c = 8/3, d = 0.1$ 时, 系统 (3.41) 是超混沌的.

Lü 混沌系统的微分方程为

$$\dot{y} = g(y) + G(y)\beta = \begin{bmatrix} 0 \\ -y_1y_3 \\ y_1y_2 \end{bmatrix} + \begin{bmatrix} y_2 - y_1 & 0 & 0 \\ 0 & y_2 & 0 \\ 0 & 0 & -y_3 \end{bmatrix} \begin{bmatrix} f \\ g \\ j \end{bmatrix} + u(t) \tag{3.42}$$

其中 y_1, y_2, y_3 为状态变量. 当 $f = 36, g = 20, j = 3$ 时, 系统 (3.42) 是混沌的.

3.3.3.1 Lorenz 超混沌系统的部分状态变量 x_1, x_2, x_3 和 Lü 混沌系统实现修正函数投影同步

为了验证 Lorenz 超混沌系统和 Lü 混沌系统的降阶修正函数投影同步, 可将 Lorenz 超混沌系统的状态变量分为两部分 x_1, x_2, x_3 和 x_4, 将部分状态变量 x_1, x_2, x_3 作为驱动系统, 即系统 (3.41) 可表示为

$$\dot{x}_r = f_r(x) + F_r(x)\alpha = \begin{bmatrix} 0 \\ x_2 - x_1x_3 - x_4 \\ x_1x_2 \end{bmatrix} + \begin{bmatrix} x_2 - x_1 & 0 & 0 & 0 \\ 0 & x_1 & 0 & 0 \\ 0 & 0 & -x_3 & 0 \end{bmatrix} \begin{bmatrix} a \\ b \\ c \\ d \end{bmatrix} \tag{3.43}$$

$$\dot{x}_s(t) = f_s(x) + F_s(x)\alpha = 0 + [0, 0, 0, x_2x_3] \begin{bmatrix} a \\ b \\ c \\ d \end{bmatrix} \tag{3.44}$$

于是, 由驱动系统 (3.43) 和响应系统 (3.44) 构成降阶同步系统. 由定理 3.3, 可

设计非线性状态反馈控制器为

$$\begin{cases} u_1(t) = -(y_2 - y_1)\hat{f} + \dot{m}_1(t)x_1 + m_1(t)(x_2 - x_1)\hat{a} - k_1 e_1(t) \\ u_2(t) = y_1 y_3 - y_2 \hat{g} + \dot{m}_2(t)x_2 + m_2(t)(x_2 - x_1 x_3 - x_4) + m_2(t)x_1 \hat{b} - k_2 e_2(t) \\ u_3(t) = -y_1 y_2 + y_3 \hat{j} + \dot{m}_3(t)x_3 + m_3(t)x_1 x_2 - m_3(t)x_3 \hat{c} - k_3 e_3(t) \end{cases} \quad (3.45)$$

自适应律为

$$\begin{cases} \dot{\hat{a}} = -(x_2 - x_1)m_1 e_1 - p_1 \tilde{a} \\ \dot{\hat{b}} = -x_1 m_2 e_2 - p_2 \tilde{b} \\ \dot{\hat{c}} = x_3 m_3 e_3 - p_3 \tilde{c} \end{cases} \quad (3.46)$$

$$\begin{cases} \dot{\hat{f}} = (y_2 - y_1)e_1 - q_1 \tilde{f} \\ \dot{\hat{g}} = y_2 e_2 - q_2 \tilde{g} \\ \dot{\hat{j}} = -y_3 e_3 - q_3 \tilde{j} \end{cases} \quad (3.47)$$

其中, 控制增益 $k_i > 0 (i = 1, 2, 3), p_i > 0 (i = 1, 2, 3), q_i > 0 (i = 1, 2, 3); \hat{a}, \hat{b}, \hat{c}, \hat{f}, \hat{g}, \hat{j}$ 为未知参数的估计值; $\tilde{a} = \hat{a} - a, \tilde{b} = \hat{b} - b, \tilde{c} = \hat{c} - c, \tilde{f} = \hat{f} - f, \tilde{g} = \hat{g} - g, \tilde{j} = \hat{j} - j$ 分别为相应的参数估计误差. 驱动系统和响应系统的初始值分别为 $(x_1(0), x_2(0), x_3(0), x_4(0)) = (1, 2, 2, -1)$ 和 $(y_1(0), y_2(0), y_3(0)) = (0.1, 0.2, 0.2)$; 未知参数的初始值分别为 $\hat{a}(0) = \hat{b}(0) = \hat{c}(0) = \hat{d}(0) = 0, \hat{f}(0) = \hat{g}(0) = \hat{j}(0) = 0.01$; 函数比例因子分别设为 $m_1(t) = 1 + e^{-t}, m_2(t) = 3 + \cos(t), m_3(t) = 1 + 0.2\sin(2t) + 0.1\cos(5t)$; 控制增益理论上可以选为任意大于零的常量, 这里选取 $k_i = 5(i = 1, 2, 3), p_i = 5(i = 1, 2, 3), q_i = 5(i = 1, 2, 3)$.

仿真结果如图 3.6 和图 3.7 所示. 图 3.6(a)~(c) 为驱动系统 (3.43) 和响应系统 (3.44) 的状态变量曲线, 图 3.6(d) 为修正函数投影同步误差曲线. 图 3.7 为未知参数的估计值随时间变化曲线. 由仿真结果可知, 经过短暂的振荡后, 驱动系统和响应系统按照相应的函数比例因子实现同步, 即 $y_1 = (1 + e^{-t})x_1, y_2 = (3 + \cos(t))x_2, y_3 = (1 + 0.2\sin(2t) + 0.1\cos(5t))x_3$, 同时未知参数也都随时间变化趋于真实值. 即通过本节的设计方法可以实现 4 阶 Lorenz 超混沌系统和 3 阶 Lü 混沌系统的降阶修正函数投影同步.

注 3.2 在已有关于修正函数投影同步的文献中, 在进行数值仿真时, 函数比例因子都是选取为连续、可微、有界的非零函数. 为了验证函数比例因子选取的灵活性, 本章将在前人工作的基础上, 将函数比例因子扩展到在相空间中具有平衡点、周期轨道、混沌状态的混沌吸引子. 即取函数比例因子矩阵 $\boldsymbol{M}(t) = \mathrm{diag}(m_1(t), m_2(t), \cdots, m_n(t))$, 且 $(\dot{m}_1(t), \dot{m}_2(t), \cdots, \dot{m}_n(t))^\mathrm{T} = (G_1(m_1, m_2, \cdots, m_n, t), G_1(m_1, m_2, \cdots, m_n, t), \cdots, G_n(m_1, m_2, \cdots, m_n, t))^\mathrm{T}$, 由函数比例因子组成的微分方程组在相空间中可存在稳定的不动点、周期轨道和混沌吸引子.

3.3 具有未知参数的混沌系统降阶修正函数投影同步

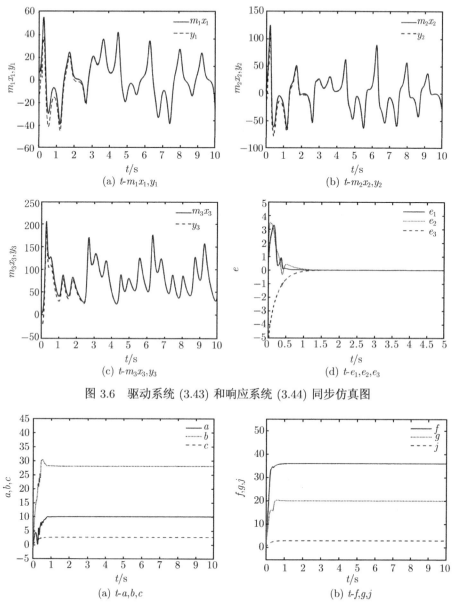

图 3.6 驱动系统 (3.43) 和响应系统 (3.44) 同步仿真图

图 3.7 驱动系统 (3.43) 和响应系统 (3.44) 未知参数演化曲线

根据注 3.2, 再取函数比例因子矩阵为 Rikitake 混沌系统的各状态变量, Rikitake 混沌系统的混沌吸引子如图 3.8 所示, 其在相空间中存在平衡点、周期轨道、混沌吸引子等多种状态. 由 Rikitake 混沌系统的各状态变量构成函数比例因子矩阵:

$$\begin{cases} \dot{m}_1 = m_2 m_3 - 2m_1 \\ \dot{m}_2 = (m_3 - 5)m_1 - 2m_2 \\ \dot{m}_3 = 1 - m_1 m_2 \end{cases} \tag{3.48}$$

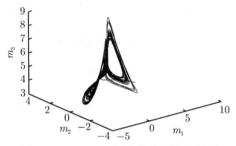

图 3.8 Rikitake 混沌系统混沌吸引子

在仿真中, 驱动系统和响应系统的初始值分别为 $(x_1(0), x_2(0), x_3(0), x_4(0)) = (0.1, 1, 0.6, -1)$ 和 $(y_1(0), y_2(0), y_3(0)) = (0.5, 2, 0.9)$; 未知参数的初始值分别为 $\hat{a}(0) = \hat{b}(0) = \hat{c}(0) = \hat{d}(0) = 0.1$, $\hat{f}(0) = \hat{g}(0) = \hat{j}(0) = 0.1$; 函数比例因子的初始值取为 $(6, 1, 6)$; 控制增益理论上可以选为任意大于零的常量, 这里选取 $k_i = 8(i = 1, 2, 3)$, $p_i = 6(i = 1, 2, 3)$, $q_i = 5(i = 1, 2, 3)$. 仿真结果如图 3.9 和图 3.10 所示.

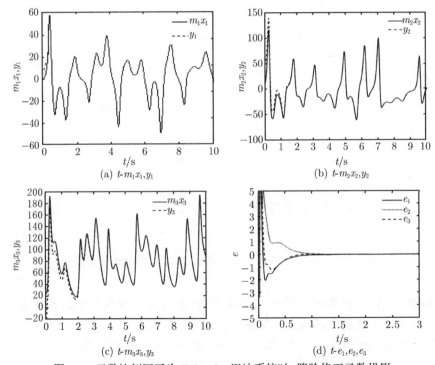

图 3.9 函数比例因子为 Rikitake 混沌系统时, 降阶修正函数投影

3.3 具有未知参数的混沌系统降阶修正函数投影同步

由图 3.9 可知, 当 $t \to \infty$ 时, 有 $y_i = m_i x_i (i = 1, 2, 3)$, 即修正函数投影同步误差趋近于零. 由图 3.10 可知随着 $t \to \infty$, 有 $a = 10, b = 28, c = 8/3, f = 36, g = 20$ 和 $j = 3$, 即所有的未知参数都趋近于其真实值. 由仿真结果可知, 当函数比例因子为 Rikitake 混沌系统时, 通过本节的设计方法同样可以实现 4 阶 Lorenz 超混沌系统和 3 阶 Lü 混沌系统的降阶修正函数投影同步.

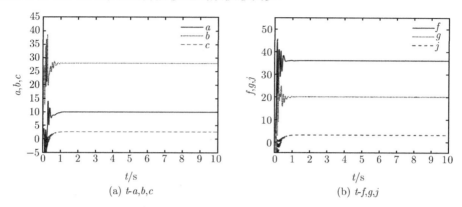

(a) t-a,b,c (b) t-f,g,j

图 3.10 函数比例因子为 Rikitake 混沌系统时, 未知参数演化曲线

3.3.3.2 Lorenz 超混沌系统的部分状态变量 x_1, x_2, x_4 和 Lü 混沌系统实现修正函数投影同步

为了进一步验证本节提出的降阶修正函数投影同步方案的有效性, 可将 Lorenz 超混沌系统的状态变量分为 x_1, x_2, x_4 和 x_3 两部分, 将部分状态变量 x_1, x_2, x_4 作为驱动系统, 即混沌驱动系统 (3.41) 可表示为

$$\dot{\boldsymbol{x}}_r = \boldsymbol{f}_r(\boldsymbol{x}) + \boldsymbol{F}_r(\boldsymbol{x})\boldsymbol{\alpha} = \begin{bmatrix} 0 \\ x_2 - x_1 x_3 - x_4 \\ 0 \end{bmatrix} + \begin{bmatrix} x_2 - x_1 & 0 & 0 & 0 \\ 0 & x_1 & 0 & 0 \\ 0 & 0 & 0 & x_2 x_3 \end{bmatrix} \begin{bmatrix} a \\ b \\ c \\ d \end{bmatrix} \quad (3.49)$$

$$\dot{\boldsymbol{x}}_s(t) = \boldsymbol{f}_s(\boldsymbol{x}) + \boldsymbol{F}_s(\boldsymbol{x})\boldsymbol{\alpha} = x_1 x_2 + [0,\ 0,\ -x_3,\ 0] \begin{bmatrix} a \\ b \\ c \\ d \end{bmatrix} \quad (3.50)$$

根据定理 3.3, 对上述降阶同步系统可设计同步控制器和参数自适应律分别为

$$\begin{cases} u_1(t) = -(y_2 - y_1)\hat{f} + \dot{m}_1(t)x_1 + m_1(t)(x_2 - x_1)\hat{a} - k_1 e_1(t) \\ u_2(t) = y_1 y_3 - y_2 \hat{g} + \dot{m}_2(t)x_2 + m_2(t)(x_2 - x_1 x_3 - x_4) + m_2(t)x_1 \hat{b} - k_2 e_2(t) \\ u_3(t) = -y_1 y_2 + y_3 \hat{j} + \dot{m}_4(t)x_3 + m_4(t)x_2 x_3 \hat{d} - k_4 e_4(t) \end{cases} \quad (3.51)$$

$$\begin{cases} \dot{\hat{a}} = -(x_2 - x_1)m_1 e_1 - p_1 \tilde{a} \\ \dot{\hat{b}} = -x_1 m_2 e_2 - p_2 \tilde{b} \\ \dot{\hat{d}} = -x_2 x_3 m_4 e_4 - p_4 \tilde{d} \\ \dot{\hat{f}} = (y_2 - y_1)e_1 - q_1 \tilde{f} \\ \dot{\hat{g}} = y_2 e_2 - q_2 \tilde{g} \\ \dot{\hat{j}} = -y_3 e_3 - q_3 \tilde{j} \end{cases} \qquad (3.52)$$

在仿真中,驱动系统和响应系统的初始值分别为 $(x_1(0), x_2(0), x_3(0), x_4(0)) = (1, 0.5, 0.6, 1)$ 和 $(y_1(0), y_2(0), y_3(0)) = (0.2, 1, 0.9)$;未知参数的初始值分别为 $\hat{a}(0) = \hat{b}(0) = \hat{c}(0) = \hat{d}(0) = 0.2, \hat{f}(0) = \hat{g}(0) = \hat{j}(0) = 0.1$;函数比例因子分别设为 $m_1(t) = 1 + e^{-t}, m_2(t) = 3 + \cos(t), m_3(t) = 1 + 0.2\sin(2t) + 0.1\cos(5t)$;控制增益选取为 $k_i = 5(i = 1, 2, 4), p_i = 5(i = 1, 2, 4), q_i = 5(i = 1, 2, 4)$. 仿真结果如图 3.11 和图 3.12 所示.

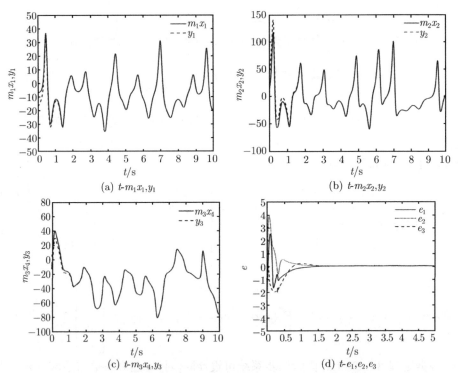

图 3.11 驱动系统 (3.49) 和响应系统 (3.50) 同步仿真图

由仿真结果可知,经过短暂振荡后,驱动系统和响应系统实现了修正函数投影同步并估计出未知参数的真值,即实现了 4 阶 Lorenz 超混沌系统和 3 阶 Lü 混沌系统的降阶修正函数投影同步. 为验证函数比例因子选取的灵活性,再取函数比例

3.3 具有未知参数的混沌系统降阶修正函数投影同步

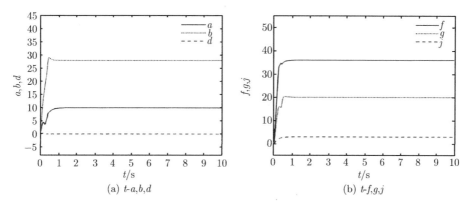

图 3.12 驱动系统 (3.49) 和响应系统 (3.50) 未知参数演化曲线

因子矩阵为 Rikitake 混沌系统, 驱动系统和响应系统的初始值分别为 $(x_1(0), x_2(0), x_3(0), x_4(0)) = (1, 0.5, 0.6, -0.5)$ 和 $(y_1(0), y_2(0), y_3(0)) = (0.5, 0.2, 0.8)$; 未知参数的初始值分别为 $\hat{a}(0) = \hat{b}(0) = \hat{c}(0) = \hat{d}(0) = 0.5$, $\hat{f}(0) = \hat{g}(0) = \hat{j}(0) = 0.2$; 函数尺度因子初值取为 $(2, 2, 1)$; 控制增益选取为 $k_i = 5(i = 1, 2, 3)$, $p_i = 5(i = 1, 2, 3)$, $q_i = 5(i = 1, 2, 3)$. 仿真结果如图 3.13 和图 3.14 所示. 由仿真结果图 3.13 和图 3.14 可知,

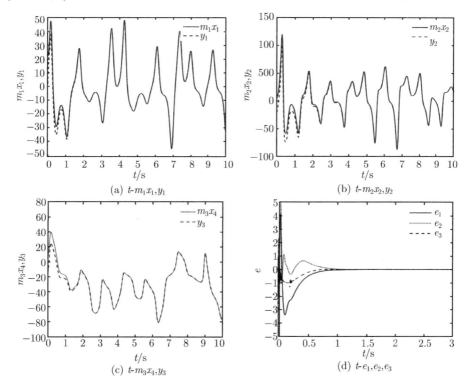

图 3.13 函数比例因子为 Rikitake 系统时, 降阶修正函数投影同步仿真图

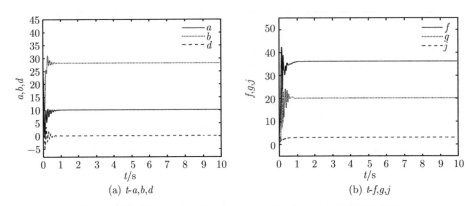

图 3.14 函数比例因子为 Rikitake 系统时，未知参数演化曲线

当 $t \geqslant 1.2\mathrm{s}$ 后, 4 阶超混沌 Lorenz 系统和 3 阶 Lü 混沌系统以 Rikitake 混沌系统为函数比例因子矩阵实现了降阶修正函数投影同步.

为了验证控制增益 $\boldsymbol{K} = \mathrm{diag}(k_1, k_2, \cdots, k_n)(k_i > 0, i = 1, 2, \cdots, n)$ 的大小将影响同步速度, 另取控制增益为 $k_i = 10(i = 1, 2, 4)$ 进行仿真, 其余参数与仿真图 3.13 和图 3.14 的参数设置一样, 仿真结果如图 3.15 所示.

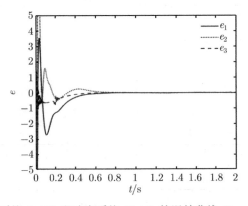

图 3.15 驱动系统 (3.53) 和响应系统 (3.46) 的误差曲线 ($k_i = 10, i = 1, 2, 4$)

对比图 3.15 和图 3.11(d) 可知, 当控制增益取值增加为 $k_i = 10(i = 1, 2, 4)$, $t \geqslant 0.8\mathrm{s}$ 时就实现了同步, 即加快了同步速度. 为了定量地分析控制增益 $k_i > 0(i = 1, 2, \cdots, n)$ 对修正函数投影同步的影响, 将不同控制增益下仿真时达到同步的时间结果列表如表 3.1 所示. 由表 3.1 可知, 通过调整控制增益 $k_i > 0(i = 1, 2, \cdots, n)$ 的大小将得到不同的同步速度. 在其他参数设置相同的情况下, $k_i > 0(i = 1, 2, \cdots, n)$ 越大, 同步速度越大. 但当 $k_i > 0(i = 1, 2, \cdots, n)$ 增大到一定程度后, 同步速度变化就不明显了.

表 3.1　控制增益对同步速度的影响

$k_i(i=1,2,3)$	3	5	6	8	10	15	20	30	40	50	100
同步时间 t/s	1.3	1.2	1.1	1.0	0.8	0.7	0.6	0.5	0.4	0.3	0.3

3.4　结　论

本章首先基于状态反馈控制方法和自适应控制策略,设计了统一的非线性状态反馈控制器和参数自适应律,实现了同阶的参数未知的驱动–响应系统的修正函数投影同步. 然后将该方法扩展到阶数不同的混沌系统, 使得低阶混沌系统可按照期望的函数比例因子矩阵和高阶混沌系统的部分状态变量实现降阶修正函数投影同步并估计出未知参数. 在数值仿真中将函数比例因子拓展到在相空间中具有平衡点、周期轨道、混沌状态的混沌吸引子,由混沌吸引子的状态变量构成函数比例因子. 该方法设计简单, 可适用于任意混沌系统, 通过调整反馈控制增益, 可以获得不同的同步速度, 具有广泛的适用性. 数值仿真结果验证了本章提出的同步控制策略的有效性和正确性.

第4章 耦合混沌系统自适应修正函数投影同步

4.1 引言

相互耦合的非线性系统广泛存在于自然界中,而且具有非常丰富的动力学行为,对相互耦合混沌系统的研究具有重要的理论价值和实际意义[66-73]. 在实际系统中,模型不确定和外界扰动也是需要考虑的因素. 一方面数学模型是对实际系统进行简化后得到的,忽略了环境改变、元器件磨损、参数变动以及外界干扰等不确定因素的影响,这使得数学模型与实际系统之间存在较大的误差. 另一方面系统不可避免地会受到外界环境温度、噪声、器件互扰等不确定因素的影响,这些不确定性在某些情况下可能会破坏或者影响控制效果,因此研究具有模型不确定和外界扰动的耦合混沌系统修正函数投影同步更具有实际意义.

基于以上原因,本章在已有结果的基础上,考虑了实际系统中存在的模型不确定和外界扰动,针对受扰混沌系统,基于修正函数投影同步的两种定义方式,利用单向耦合混沌同步原理,给出了两种响应系统的设计方案,并通过设计鲁棒自适应控制器,实现了驱动–响应混沌系统的修正函数投影同步. 所设计的控制策略对系统未建模动态或未知结构等不确定性以及外界干扰有较强的鲁棒性,且不需要事先已知不确定项的界值. 此外,已有的耦合同步控制方法中,耦合反馈系数的取值需要设计者自己决策. 耦合反馈系数取得太小,达不到控制效果,取得太大,虽然确保了混沌同步的发生,但增加了控制代价,这在实际应用中是不经济的. 鉴于此,本章通过设计合适的自适应律,使得耦合反馈系数可随自适应律自由调整到最佳值,不需要设计者进行调试. 以 CYQY 超混沌系统为例的数值仿真说明了该设计方案的有效性.

4.2 问题描述

考虑系统

$$\dot{x} = f(x) + \Delta f(x,t) + d(t) \tag{4.1}$$

$$\dot{y} = g(y,x) \tag{4.2}$$

其中系统 (4.1) 为驱动系统,$\dot{y} = g(y,x)$ 为系统 (4.1) 的耦合响应系统,$x, y \in R^n$ 为系统状态变量,$\Delta f(x,t)$ 是系统模型不确定性,$d(t)$ 为外部干扰. $f(x), g(y,x) \in R^n$

4.2 问题描述

为连续光滑非线性函数, 且满足条件

$$|f_i(\boldsymbol{x},t) - f_i(\boldsymbol{y},t)| \leqslant l\,|x_i - y_i|, \quad i,j = 1,2,\cdots,n \tag{4.3}$$

式中, $l > 0$ 为 Lipschitz 常数.

由修正函数投影同步的定义, 对于驱动系统 (4.1) 和响应系统 (4.2), 任取初始值, 若存在函数矩阵

$$\boldsymbol{M}(t) = \mathrm{diag}(m_1(t), m_2(t), \cdots, m_n(t))$$

使得

$$\lim_{t\to\infty} \|\boldsymbol{e}\| = \lim_{t\to\infty} \|\boldsymbol{x} - \boldsymbol{M}\boldsymbol{y}\| = 0 \tag{4.4}$$

$$\lim_{t\to\infty} \|\boldsymbol{e}\| = \lim_{t\to\infty} \|\boldsymbol{y} - \boldsymbol{M}\boldsymbol{x}\| = 0 \tag{4.5}$$

则称系统 (4.1) 和系统 (4.2) 获得修正函数投影同步. 其中, $\boldsymbol{M}(t)$ 为函数比例因子矩阵, $m_i(t)$ 为连续可微的有界比例函数且满足 $m_i(t) \neq 0$.

假设 4.1 在一般情况下, 混沌系统的状态轨迹都是有界的, 因此假定模型不确定性 $\Delta f_i(x,t)$ 是有界的, 即存在正常量 $\alpha_i(i=1,2,\cdots,n)$, 使得

$$|\Delta f_i(\boldsymbol{x},t)| < \alpha_i, \quad i = 1,2,\cdots,n \tag{4.6}$$

假设 4.2 外界扰动 $d_i(t)$ 是有界的, 即存在正常数 $\beta_i(i=1,2,\cdots,n)$, 使得

$$|d_i(t)| < \beta_i, \quad i = 1,2,\cdots,n \tag{4.7}$$

注 4.1 假设 4.1 和假设 4.2 中的界值 $\alpha_i, \beta_i, i=1,2,\cdots,n$ 是未知的.

耦合同步是指将驱动系统中的全部或部分变量耦合到响应系统中, 使响应系统受到耦合后与驱动系统实现同步的一种方法. 一般是混沌系统之间同类变量的耦合, 分双向和单向耦合两种方法. 耦合同步的研究表明, 对于有些混沌系统, 只需通过单变量耦合便可实现同步, 对于有些混沌系统, 则需要两个甚至更多个变量耦合才能实现同步. 耦合的变量数目越多, 同步能力就越强. 如果是全部变量耦合, 只需耦合系数足够大, 则所有的混沌系统都能实现同步.

同步方案 1 将 (4.1) 式作为驱动系统, 基于混沌系统的单向耦合同步原理, 构造如下响应系统

$$\dot{\boldsymbol{y}} = \boldsymbol{M}^{-1}[\boldsymbol{f}(\boldsymbol{M}\boldsymbol{y}) + \boldsymbol{K}(\boldsymbol{x} - \boldsymbol{M}\boldsymbol{y}) - \dot{\boldsymbol{M}}\boldsymbol{y} + \boldsymbol{u}] \tag{4.8}$$

其中, $\boldsymbol{M}(t) = \mathrm{diag}(m_1(t), m_2(t), \cdots, m_n(t))$ 为所选的函数比例因子矩阵, $\boldsymbol{K} = \mathrm{diag}(k_1, k_2, \cdots, k_n)$ 为自适应耦合反馈系数矩阵, $\boldsymbol{u} \in R^n$ 为控制器. 定义系统 (4.1) 和系统 (4.8) 的同步误差为

$$\boldsymbol{e} = \boldsymbol{x} - \boldsymbol{M}\boldsymbol{y} = [x_1 - m_1(t)y_1, x_2 - m_2(t)y_2, \cdots, x_n - m_n(t)y_n]^{\mathrm{T}} \tag{4.9}$$

则误差系统为

$$\begin{aligned}\dot{e}_i &= \dot{x}_i - m_i \dot{y}_i - \dot{m}_i y_i \\ &= f_i(\boldsymbol{x}) + \Delta f_i(\boldsymbol{x}) + d_i(t) - m_i m_i^{-1}[f_i(\boldsymbol{My}) + k_i(\boldsymbol{x}-\boldsymbol{My}) - \dot{m}_i y_i + u_i] - \dot{m}_i y_i \\ &= f_i(\boldsymbol{x}) - f_i(\boldsymbol{My}) + \Delta f_i(\boldsymbol{x}) + d_i(t) - k_i e_i - u_i \end{aligned} \quad (4.10)$$

设计自适应控制器

$$u_i = (\hat{\alpha}_i + \hat{\beta}_i)\mathrm{sgn}(e_i) \quad (4.11)$$

自适应律为

$$\begin{aligned}\dot{\hat{\alpha}}_i &= |e_i| \\ \dot{\hat{\beta}}_i &= |e_i| \\ \dot{k}_i &= \gamma_i e_i^2, \quad i=1,2,\cdots,n \end{aligned} \quad (4.12)$$

其中 $\gamma_i > 0$ 为任意取值的正常数, $\hat{\alpha}_i, \hat{\beta}_i$ 分别为 α_i, β_i 的估计值, 估计误差为 $\tilde{\alpha}_i = \hat{\alpha}_i - \alpha_i$, $\tilde{\beta}_i = \hat{\beta}_i - \beta_i$, $i=1,2,\cdots,n$, $k_i, i=1,2,\cdots,n$ 为自适应耦合反馈系数.

定理 4.1 考虑受扰混沌系统 (4.1) 及构造的响应系统 (4.8), 若采用控制器 (4.11) 的及自适应律 (4.12), 则系统 (4.1) 和系统 (4.8) 可实现修正函数投影同步.

证明 定义系统 (4.9) 的 Lyapunov 函数

$$V = \frac{1}{2}\sum_{i=1}^{n}(e_i^2 + \tilde{\alpha}_i^2 + \tilde{\beta}_i^2) + \frac{1}{2}\sum_{i=1}^{n}\frac{1}{\gamma_i}(k_i+L)^2 \quad (4.13)$$

其中 L 是一个常量, $L < -l$, l 为式 (4.3) 中的 Lipschitz 常数. 将 V 沿误差方程 (4.10) 求导可得

$$\begin{aligned}\dot{V} &= \sum_{i=1}^{n}(e_i\dot{e}_i + \tilde{\alpha}_i\dot{\tilde{\alpha}}_i + \tilde{\beta}_i\dot{\tilde{\beta}}_i) + \sum_{i=1}^{n}\frac{1}{\gamma_i}(k_i+L)\dot{k}_i \\ &= \sum_{i=1}^{n}[e_i(f_i(\boldsymbol{x}) - f_i(\boldsymbol{My}) + \Delta f_i(\boldsymbol{x}) + d_i(t) - k_i e_i - u_i) \\ &\quad + \tilde{\alpha}_i\dot{\tilde{\alpha}}_i + \tilde{\beta}_i\dot{\tilde{\beta}}_i] + \sum_{i=1}^{n}\frac{1}{\gamma_i}(k_i+L)\dot{k}_i \end{aligned} \quad (4.14)$$

由式 (4.14) 易得

$$\begin{aligned}\dot{V} &\leqslant \sum_{i=1}^{n}[|e_i|(|f_i(\boldsymbol{x}) - f_i(\boldsymbol{My})| + |\Delta f_i(\boldsymbol{x})| + |d_i(t)|) - k_i e_i^2 - e_i u_i] \\ &\quad + \tilde{\alpha}_i\dot{\tilde{\alpha}}_i + \tilde{\beta}_i\dot{\tilde{\beta}}_i] + \sum_{i=1}^{n}\frac{1}{\gamma_i}(k_i+L)\dot{k}_i \end{aligned} \quad (4.15)$$

4.2 问题描述

由假设 4.1 和假设 4.2 可得

$$\dot{V} \leqslant \sum_{i=1}^{n} [|e_i|(|f_i(\boldsymbol{x}) - f_i(\boldsymbol{My})| + \alpha_i + \beta_i) - k_i e_i^2 - e_i u_i$$

$$+ (\hat{\alpha}_i - \alpha_i)\dot{\hat{\alpha}}_i + (\hat{\beta}_i - \beta_i)\dot{\hat{\beta}}_i] + \sum_{i=1}^{n} \frac{1}{\gamma_i}(k_i + L)\dot{k}_i \quad (4.16)$$

由式 (4.3) 可得 $|f_i(\boldsymbol{x}) - f_i(\boldsymbol{My})| \leqslant l|x_i - m_i y_i|$，将自适应律 (4.12) 代入式 (4.16) 可得

$$\dot{V} \leqslant \sum_{i=1}^{n} [l|e_i|^2 + |e_i|(\alpha_i + \beta_i) - k_i e_i^2 - e_i u_i + (\hat{\alpha}_i - \alpha_i)|e_i|$$

$$+ (\hat{\beta}_i - \beta_i)|e_i|] + \sum_{i=1}^{n}(k_i + L)e_i^2$$

$$\leqslant \sum_{i=1}^{n} (l|e_i|^2 - e_i u_i + \hat{\alpha}_i|e_i| + \hat{\beta}_i|e_i|) + L \sum_{i=1}^{n} e_i^2 \quad (4.17)$$

将控制器 (4.11) 代入上式可得

$$\dot{V} \leqslant \sum_{i=1}^{n} [l|e_i|^2 - e_i(\hat{\alpha}_i + \hat{\beta}_i)\mathrm{sgn}(e_i) + \hat{\alpha}_i|e_i| + \hat{\beta}_i|e_i|] + L\sum_{i=1}^{n} e_i^2 \quad (4.18)$$

用 $\mathrm{sgn}(e_i) = \dfrac{|e_i|}{e_i}$ 代替符号函数 $\mathrm{sgn}(e_i)$，可得

$$\dot{V} \leqslant \sum_{i=1}^{n}(l + L)e_i^2 \quad (4.19)$$

因为 $L < -l$，则 $\dot{V}(t) \leqslant 0$，当且仅当 $e_i = 0$ 时，等号成立. 由 Lyapunov 稳定性定理可知，当 $t \to \infty$ 时，$e_i = 0$. 即系统 (4.1) 和系统 (4.8) 在控制策略 (4.11) 及自适应律 (4.12) 的作用下，实现了修正函数投影同步. 定理证毕.

同步方案 2 将 (4.1) 式作为驱动系统，构造如下响应系统：

$$\dot{\boldsymbol{y}} = \boldsymbol{M}\left[\boldsymbol{f}(\boldsymbol{M}^{-1}\boldsymbol{y}) + \boldsymbol{K}(\boldsymbol{x} - \boldsymbol{M}^{-1}\boldsymbol{y}) - \frac{d}{dt}(\boldsymbol{M}^{-1})\boldsymbol{y} + \boldsymbol{u}\right] \quad (4.20)$$

其中，$\boldsymbol{M}(t) = \mathrm{diag}(m_1(t), m_2(t), \cdots, m_n(t))$ 为所选的函数比例因子矩阵，$\boldsymbol{K} = \mathrm{diag}(k_1, k_2, \cdots, k_n)$ 为自适应耦合反馈系数矩阵，$\boldsymbol{u} \in R^n$ 为控制器. 定义系统 (4.1) 和系统 (4.20) 的同步误差为

$$\boldsymbol{e} = \boldsymbol{x} - \boldsymbol{M}^{-1}\boldsymbol{y} = \left[x_1 - \frac{1}{m_1(t)}y_1, x_2 - \frac{1}{m_2(t)}y_2, \cdots, x_n - \frac{1}{m_n(t)}y_n\right]^\mathrm{T} \quad (4.21)$$

则误差系统为

$$\begin{aligned}\dot{e}_i &= \dot{x}_i - m_i^{-1}\dot{y}_i - \frac{d}{dt}(m_i^{-1})y_i \\ &= f_i(\boldsymbol{x}) + \Delta f_i(\boldsymbol{x},t) + d_i(t) - m_i^{-1}m_i\bigg[f_i(\boldsymbol{M}^{-1}\boldsymbol{y}) + k_i(x_i - m_i^{-1}y_i) \\ &\quad - \frac{d}{dt}(m_i^{-1})y_i + u_i\bigg] - \frac{d}{dt}(m_i^{-1})y_i \\ &= f_i(\boldsymbol{x}) + \Delta f_i(\boldsymbol{x},t) + d_i(t) - f_i(\boldsymbol{M}^{-1}\boldsymbol{y}) - k_ie_i - u_i, \quad i=1,2,\cdots,n \end{aligned} \quad (4.22)$$

设计自适应控制器

$$u_i = (\hat{\alpha}_i + \hat{\beta}_i)\mathrm{sgn}(e_i) \quad (4.23)$$

自适应律为

$$\begin{aligned}\dot{\hat{\alpha}}_i &= |e_i| \\ \dot{\hat{\beta}}_i &= |e_i| \\ \dot{k}_i &= \gamma_i e_i^2, \quad i=1,2,\cdots,n \end{aligned} \quad (4.24)$$

其中 $\gamma_i > 0$ 为任意取值的正常数，$\hat{\alpha}_i, \hat{\beta}_i$ 分别为 α_i, β_i 的估计值，估计误差为 $\tilde{\alpha}_i = \hat{\alpha}_i - \alpha_i$，$\tilde{\beta}_i = \hat{\beta}_i - \beta_i (i=1,2,\cdots,n)$，$k_i(i=1,2,\cdots,n)$ 为自适应耦合反馈系数.

定理 4.2 考虑受扰混沌系统 (4.1) 及构造的响应系统 (4.20)，若采用式 (4.23) 的控制策略及自适应律 (4.24)，则系统 (4.1) 和系统 (4.20) 实现修正函数投影同步.

证明 定义系统 (4.22) 的 Lyapunov 函数

$$V = \frac{1}{2}\sum_{i=1}^{n}(e_i^2 + \tilde{\alpha}_i^2 + \tilde{\beta}_i^2) + \frac{1}{2}\sum_{i=1}^{n}\frac{1}{\gamma_i}(k_i+L)^2 \quad (4.25)$$

其中 L 是一个常量，$L < -l$，l 为式 (4.3) 中的 Lipschitz 常数. 将 V 沿误差方程 (4.22) 求导可得

$$\begin{aligned}\dot{V} &= \sum_{i=1}^{n}(e_i\dot{e}_i + \tilde{\alpha}_i\dot{\hat{\alpha}}_i + \tilde{\beta}_i\dot{\hat{\beta}}_i) + \sum_{i=1}^{n}\frac{1}{\gamma_i}(k_i+L)\dot{k}_i \\ &= \sum_{i=1}^{n}[e_i(f_i(\boldsymbol{x}) + \Delta f_i(\boldsymbol{x},t) + d_i(t) - f_i(\boldsymbol{M}^{-1}\boldsymbol{y}) - k_ie_i - u_i) \\ &\quad + \tilde{\alpha}_i\dot{\hat{\alpha}}_i + \tilde{\beta}_i\dot{\hat{\beta}}_i] + \sum_{i=1}^{n}\frac{1}{\gamma_i}(k_i+L)\dot{k}_i \end{aligned} \quad (4.26)$$

由式 (4.26) 易得

$$\begin{aligned}\dot{V} &\leqslant \sum_{i=1}^{n}[|e_i|(|f_i(\boldsymbol{x}) - f_i(\boldsymbol{M}^{-1}\boldsymbol{y})| + |\Delta f_i(\boldsymbol{x})| + |d_i(t)|) - k_ie_i^2 - e_iu_i \\ &\quad + \tilde{\alpha}_i\dot{\hat{\alpha}}_i + \tilde{\beta}_i\dot{\hat{\beta}}_i] + \sum_{i=1}^{n}\frac{1}{\gamma_i}(k_i+L)\dot{k}_i \end{aligned} \quad (4.27)$$

4.3 数值仿真

由假设 4.1 和假设 4.2 可得

$$\dot{V} \leqslant \sum_{i=1}^{n}[|e_i|\left(|f_i(\boldsymbol{x}) - f_i(\boldsymbol{M}^{-1}\boldsymbol{y})| + \alpha_i + \beta_i\right) - k_i e_i^2 - e_i u_i$$
$$+ (\hat{\alpha}_i - \alpha_i)\dot{\hat{\alpha}}_i + (\hat{\beta}_i - \beta_i)\dot{\hat{\beta}}_i] + \sum_{i=1}^{n} \frac{1}{\gamma_i}(k_i + L)\dot{k}_i \quad (4.28)$$

由式 (4.3) 可得 $|f_i(\boldsymbol{x}) - f_i(\boldsymbol{M}^{-1}\boldsymbol{y})| \leqslant l|x_i - m_i^{-1}y_i|$,将自适应律 (4.24) 代入式 (4.28) 可得

$$\dot{V} \leqslant \sum_{i=1}^{n}[l|e_i|^2 + |e_i|(\alpha_i + \beta_i) - k_i e_i^2 - e_i u_i + (\hat{\alpha}_i - \alpha_i)|e_i|$$
$$+ (\hat{\beta}_i - \beta_i)|e_i|] + \sum_{i=1}^{n}(k_i + L)e_i^2$$
$$\leqslant \sum_{i=1}^{n}[l|e_i|^2 - e_i u_i + \hat{\alpha}_i|e_i| + \hat{\beta}_i|e_i|] + L\sum_{i=1}^{n}e_i^2 \quad (4.29)$$

将控制器 (4.23) 代入可得

$$\dot{V} \leqslant \sum_{i=1}^{n}[l|e_i|^2 - e_i(\hat{\alpha}_i + \hat{\beta}_i)\mathrm{sgn}(e_i) + \hat{\alpha}_i|e_i| + \hat{\beta}_i|e_i|] + L\sum_{i=1}^{n}e_i^2 \quad (4.30)$$

用 $\mathrm{sgn}(e_i) = \dfrac{|e_i|}{e_i}$ 代替符号函数 $\mathrm{sgn}(e_i)$,可得

$$\dot{V} \leqslant \sum_{i=1}^{n}(l + L)e_i^2 \quad (4.31)$$

因为 $L < -l$,则 $\dot{V}(t) \leqslant 0$,当且仅当 $e_i = 0$ 时,等号成立. 由 Lyapunov 稳定性定理可知, $\lim\limits_{t \to \infty} e_i = 0$,即系统 (4.1) 和系统 (4.20) 实现了修正函数投影同步. 定理证毕.

注 4.2 上述基于 Lyapunov 函数推出的误差系统 (4.10) 和误差系统 (4.22) 的稳定性条件,仅是驱动-响应系统实现修正函数投影同步的充分条件,而非必要条件. 事实上,许多混沌系统仅通过一个耦合项就可以获得修正函数投影同步,即选择 $\boldsymbol{K} = \mathrm{diag}(0, 0, \cdots, k_i, \cdots, 0)$.

注 4.3 当式 (4.4) 和式 (4.5) 中的各对应的函数比例因子互为逆函数时,两种方式构造的响应系统 (4.8) 和 (4.20) 等价.

4.3 数值仿真

为了验证上述方案的有效性,以 CYQY 超混沌系统为例进行仿真说明. 其动

力学方程为

$$\begin{aligned}\dot{x}_1 &= a(x_2 - x_1) + bx_2x_3 \\ \dot{x}_2 &= cx_1 - dx_1x_3 + x_2 + x_4 \\ \dot{x}_3 &= x_1x_2 - vx_3 \\ \dot{x}_4 &= -fx_2\end{aligned} \tag{4.32}$$

当参数 $a=35, b=35, c=25, d=5, v=4.9, f=100$ 时, CYQY 系统处于超混沌状态, 其超混沌吸引子如图 4.1 所示.

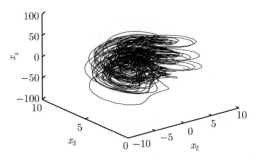

图 4.1 CYQY 系统超混沌吸引子

考虑到系统模型不确定性和外界扰动, 系统 (4.32) 可以重新表示为

$$\begin{aligned}\dot{x}_1 &= a(x_2 - x_1) + bx_2x_3 + \Delta f_1(\boldsymbol{x},t) + d_1(t) \\ \dot{x}_2 &= cx_1 - dx_1x_3 + x_2 + x_4 + \Delta f_2(\boldsymbol{x},t) + d_2(t) \\ \dot{x}_3 &= x_1x_2 - vx_3 + \Delta f_3(\boldsymbol{x},t) + d_3(t) \\ \dot{x}_4 &= -fx_2 + \Delta f_4(\boldsymbol{x},t) + d_4(t)\end{aligned} \tag{4.33}$$

同步仿真方案 1 以系统 (4.33) 为驱动系统, 按照误差式为 (4.4) 的修正函数投影同步方案构造响应系统

$$\begin{aligned}\dot{y}_1 &= \frac{1}{m_1(t)}[a(m_2y_2 - m_1y_1) + bm_2y_2m_3y_3 - \dot{m}_1y_1 + u_1] \\ \dot{y}_2 &= \frac{1}{m_2(t)}[cm_1y_1 - dm_1y_1m_3y_3 + m_2y_2 + m_4y_4 - \dot{m}_2y_2 + k_2(x_2 - m_2y_2) + u_2] \\ \dot{y}_3 &= \frac{1}{m_3(t)}(m_1y_1m_2y_2 - vm_3y_3 - \dot{m}_3y_3 + u_3) \\ \dot{y}_4 &= \frac{1}{m_4(t)}(-fm_2y_2 - \dot{m}_4y_4 + u_4)\end{aligned}$$

$$\tag{4.34}$$

系统初始值分别为 $(x_1(0), x_2(0), x_3(0), x_4(0)) = (0.1, 0.2, 0.6, 0.5)$, $(y_1(0), y_2(0), y_3(0), y_4(0)) = (1, -0.3, 0.3, 0.2)$. 不确定参数的初始值为 $(\hat{\alpha}_1(0), \hat{\alpha}_2(0), \hat{\alpha}_3(0), \hat{\alpha}_4(0)) = (0, 0, 0, 0)$, $(\hat{\beta}_1(0), \hat{\beta}_2(0), \hat{\beta}_3(0), \hat{\beta}_4(0)) = (0, 0, 0, 0)$. 选取 $\gamma_2 = 0.1$, $k_2(0) = 0.5$. 函数比例因子为 $m_1(t) = 2 + \cos(t), m_2(t) = 1 + \cos(t) + \cos^2(t), m_3(t) = 2 +$

4.3 数值仿真

$\cos^3(t), m_4(t) = 2 + \sin(t)$. 模型不确定性为 $\Delta f_1(x,t) = 0.02x_1\sin(\pi x_1), \Delta f_2(x,t) = 0.02x_2\sin(\pi x_2), \Delta f_3(x,t) = 0.01x_3\sin(2\pi x_3), \Delta f_4(x,t) = 0.03x_4\sin(\pi x_4)$, 外界干扰取为均值为 0, 方差为 1 的随机扰动.

系统 (4.33) 与系统 (4.34) 的状态变量变化曲线如图 4.2(a)~(d) 所示. 图 4.2(e) 为修正函数投影同步误差函数 $E = \sqrt{e_1^2 + e_2^2 + e_3^2 + e_4^2}$ 的时域波形. 图 4.2(f) 为耦

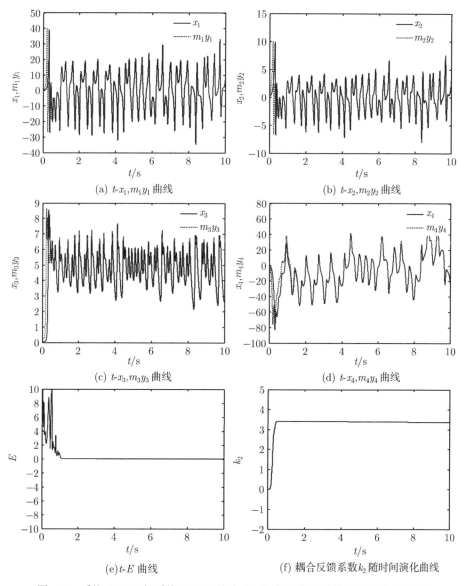

图 4.2 系统 (4.33) 与系统 (4.34) 按式 (4.4) 实现修正函数投影同步仿真图

合反馈系数 k_2 随时间的演化曲线. 由图 4.2(a)~(e) 可知, 经过短时间的振荡后, 耦合的驱动–响应系统实现了修正函数投影同步, 即实现了 $x_i = m_i y_i (i = 1, 2, \cdots, n)$.

同步仿真方案 2 以系统 (4.33) 为驱动系统, 按照实现误差系统为式 (4.5) 的修正函数投影同步方案构造响应系统为

$$\begin{aligned}
\dot{y}_1 &= m_1(t)\left[a\left(\frac{1}{m_2}y_2 - \frac{1}{m_1}y_1\right) + b\frac{1}{m_2}y_2\frac{1}{m_3}y_3 + \frac{\dot{m}_1}{m_1^2}y_1 + u_1\right] \\
\dot{y}_2 &= m_2(t)\left[c\frac{1}{m_1}y_1 - d\frac{1}{m_1}y_1\frac{1}{m_3}y_3 + \frac{1}{m_2}y_2\right. \\
&\quad \left. + \frac{1}{m_4}y_4 + \frac{\dot{m}_2}{m_2^2}y_2 + k_2\left(x_2 - \frac{1}{m_2}y_2\right) + u_2\right] \\
\dot{y}_3 &= m_3(t)\left(\frac{1}{m_1}y_1\frac{1}{m_2}y_2 - v\frac{1}{m_3}y_3 + \frac{\dot{m}_3}{m_3^2}y_3 + u_3\right) \\
\dot{y}_4 &= m_4(t)\left(-f\frac{1}{m_2}y_2 + \frac{\dot{m}_4}{m_4^2}y_4 + u_4\right)
\end{aligned} \quad (4.35)$$

模型不确定性 $\Delta f_i(x,t)$, $d_i(t)$, $i = 1, 2, \cdots, n$, 参数 γ_2, 函数比例因子矩阵 M, 系统状态变量及不确定参数的初始值同同步仿真方案 1. 控制器及自适应律分别同式 (4.23), (4.24). 图 4.3(a)~ (d) 为系统 (4.33) 与系统 (4.35) 的状态变量变化曲线. 图 4.3(e) 为按照同步方案 (4.5) 实现修正函数投影同步的误差函数 $E = \sqrt{e_1^2 + e_2^2 + e_3^2 + e_4^2}$ 的时域波形. 图 4.3(f) 为耦合反馈系数 k_2 随时间演化曲线. 由图 4.3(a)~(e) 可知, 经过短时间的振荡后, 有 $y_i = m_i x_i (i = 1, 2, \cdots, n)$, 即耦合的驱动–响应系统实现了修正函数投影同步.

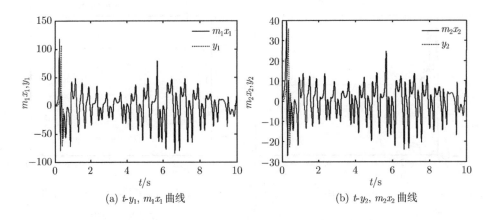

(a) t-y_1, $m_1 x_1$ 曲线   (b) t-y_2, $m_2 x_2$ 曲线

4.4 结 论

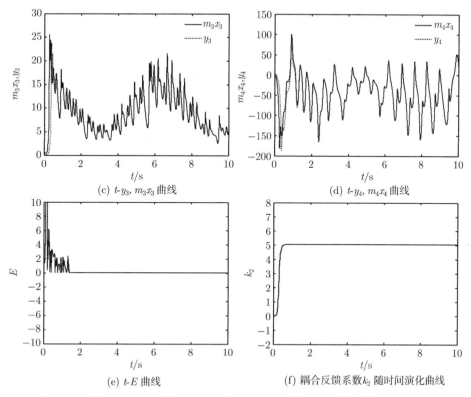

图 4.3 系统 (4.33) 与系统 (4.35) 按式 (4.5) 实现修正函数投影同步仿真图

4.4 结 论

本章基于修正函数投影同步的两种定义方式,利用单向耦合混沌同步原理,对含有模型不确定性及外界扰动的混沌驱动系统,给出了设计修正函数投影同步响应系统的一般方法. 该方法考虑了系统模型不确定和外界扰动, 具有较强的鲁棒性和广泛的实用性. 此外, 该设计方案在耦合反馈系数中引入自适应律, 使得耦合反馈系数可随自适应律自由调整到最佳值, 不需要设计者进行调试, 使得该方法具有较高的实用价值. 最后, 以 CYQY 超混沌系统为例的仿真结果表明了该方法的有效性.

第 5 章 混沌系统滑模自适应修正函数投影同步

5.1 引言

具有滑动模态的滑模控制方法是一种非线性控制方法,它运用变结构的概念来控制不稳定的非线性系统. 由于滑动模态可以进行设计且与对象参数及扰动无关,滑模控制对模型误差、参数变化及外部干扰具有极佳的不敏感性,因此滑模控制具有极强的鲁棒性. 另一方面,自适应控制方法是一种解决系统不确定,特别是参数不确定性的有效方法. 将滑模控制与自适应控制相结合,是解决外界扰动及参数失配系统的一种新型控制策略. 目前,滑模自适应控制方法在国际上已受到广泛关注[74-80].

本章基于 Lyapunov 稳定性理论和滑模变结构控制方法,研究了具有模型不确定和外界扰动的同结构混沌系统以及异结构混沌系统的修正函数投影同步问题. 通过设计合适的鲁棒自适应滑模控制器,混沌驱动系统和响应系统按照期望的函数比例因子矩阵实现同步. 该方法不仅考虑了系统模型不确定性和外界干扰,而且不需要事先已知不确定项和外界扰动的上下界,由于在控制器中引入了自适应环节,其不确定性可以通过自适应律得以解决,具有较强的实用性和鲁棒性.

5.2 同结构混沌系统滑模控制器设计

5.2.1 问题描述

考虑如下形式的混沌驱动系统

$$\begin{aligned}
\dot{x}_1(t) &= f_1(\boldsymbol{x}) + \boldsymbol{F}_1(\boldsymbol{x})\boldsymbol{\theta} + \Delta f_1^m(\boldsymbol{x},t) + d_1^m(t) \\
\dot{x}_2(t) &= f_2(\boldsymbol{x}) + \boldsymbol{F}_2(\boldsymbol{x})\boldsymbol{\theta} + \Delta f_2^m(\boldsymbol{x},t) + d_2^m(t) \\
&\vdots \\
\dot{x}_n(t) &= f_n(\boldsymbol{x}) + \boldsymbol{F}_n(\boldsymbol{x})\boldsymbol{\theta} + \Delta f_n^m(\boldsymbol{x},t) + d_n^m(t)
\end{aligned} \quad (5.1)$$

相应的响应系统为

$$\begin{aligned}
\dot{y}_1(t) &= f_1(\boldsymbol{y}) + \boldsymbol{F}_1(\boldsymbol{y})(\boldsymbol{\theta}+\Delta\boldsymbol{\theta}) + \Delta f_1^s(\boldsymbol{y},t) + d_1^s(t) + u_1(t) \\
\dot{y}_2(t) &= f_2(\boldsymbol{y}) + \boldsymbol{F}_2(\boldsymbol{y})(\boldsymbol{\theta}+\Delta\boldsymbol{\theta}) + \Delta f_2^s(\boldsymbol{y},t) + d_2^s(t) + u_2(t) \\
&\vdots \\
\dot{y}_n(t) &= f_n(\boldsymbol{y}) + \boldsymbol{F}_n(\boldsymbol{y})(\boldsymbol{\theta}+\Delta\boldsymbol{\theta}) + \Delta f_n^s(\boldsymbol{y},t) + d_n^s(t) + u_n(t)
\end{aligned} \quad (5.2)$$

5.2 同结构混沌系统滑模控制器设计

其中 $\boldsymbol{x}(t) = [x_1, x_2, \cdots, x_n]^{\mathrm{T}}$, $\boldsymbol{y}(t) = [y_1, y_2, \cdots, y_n]^{\mathrm{T}}$ 分别为驱动系统和响应系统的状态向量; $\boldsymbol{F}_i(\boldsymbol{x}), \boldsymbol{F}_i(\boldsymbol{y})(i = 1, 2, \cdots, n)$ 分别是 $n \times m$ 矩阵 $\boldsymbol{F}(\boldsymbol{x})$ 和 $\boldsymbol{F}(\boldsymbol{y})$ 的第 i 行, $\boldsymbol{F}(x)$ 和 $\boldsymbol{F}(y)$ 的元素为连续非线性函数; $\Delta \boldsymbol{f}^m(\boldsymbol{x}, t) = [\Delta f_1^m(\boldsymbol{x}, t), \Delta f_2^m(\boldsymbol{x}, t), \cdots, \Delta f_n^m(\boldsymbol{x}, t)]^{\mathrm{T}}$, $\Delta \boldsymbol{f}^s(\boldsymbol{y}, t) = [\Delta f_1^s(\boldsymbol{y}, t), \Delta f_2^s(\boldsymbol{y}, t), \cdots, \Delta f_n^s(\boldsymbol{y}, t)]^{\mathrm{T}}$ 分别为驱动系统和响应系统的不确定性; $\boldsymbol{d}^m(t) = [d_1^m(t), d_2^m(t), \cdots, d_n^m(t)]^{\mathrm{T}}$ 和 $\boldsymbol{d}^s(t) = [d_1^s(t), d_2^s(t), \cdots, d_n^s(t)]^{\mathrm{T}}$ 分别为驱动系统和响应系统的未知外界扰动. 为了加以区别, 分别用上标 m 代表驱动系统, 上标 s 代表响应系统. $\boldsymbol{\theta} = [\theta_1, \theta_2, \cdots, \theta_m]^{\mathrm{T}}$ 是 m 维已知的参数向量. $\Delta \boldsymbol{\theta} = [\Delta \theta_1, \Delta \theta_2, \cdots, \Delta \theta_m]^{\mathrm{T}}$ 为失配参数向量. $\boldsymbol{u}(t) = [u_1(t), u_2(t), \cdots, u_n(t)]^{\mathrm{T}}$ 为控制输入向量.

定义驱动系统 (5.1) 和响应系统 (5.2) 之间的状态误差为 $\boldsymbol{e}(t) = \boldsymbol{y} - \boldsymbol{M}(t)\boldsymbol{x}$, $\boldsymbol{M}(t)$ 是函数比例因子矩阵, 由修正函数投影同步的定义及式 (5.1) 和式 (5.2) 可得误差动力系统方程为

$$
\begin{aligned}
\dot{e}_1(t) &= f_1(\boldsymbol{y}) + \boldsymbol{F}_1(\boldsymbol{y})(\boldsymbol{\theta} + \Delta\boldsymbol{\theta}) + \Delta f_1^s(\boldsymbol{y}, t) + d_1^s(t) - m_1 f_1(\boldsymbol{x}) \\
&\quad - m_1 \boldsymbol{F}_1(\boldsymbol{x})\boldsymbol{\theta} - m_1 \Delta f_1^m(\boldsymbol{x}, t) - m_1 d_1^m(t) - \dot{m}_1 x_1 + u_1(t) \\
\dot{e}_2(t) &= f_2(\boldsymbol{y}) + \boldsymbol{F}_2(\boldsymbol{y})(\boldsymbol{\theta} + \Delta\boldsymbol{\theta}) + \Delta f_2^s(\boldsymbol{y}, t) + d_2^s(t) - m_2 f_2(\boldsymbol{x}) \\
&\quad - m_2 \boldsymbol{F}_2(\boldsymbol{x})\boldsymbol{\theta} - m_2 \Delta f_2^m(\boldsymbol{x}, t) - m_2 d_2^m(t) - \dot{m}_2 x_2 + u_2(t) \\
&\vdots \\
\dot{e}_n(t) &= f_n(\boldsymbol{y}) + \boldsymbol{F}_n(\boldsymbol{y})(\boldsymbol{\theta} + \Delta\boldsymbol{\theta}) + \Delta f_n^s(\boldsymbol{y}, t) + d_n^s(t) - m_n f_n(\boldsymbol{x}) \\
&\quad - m_n \boldsymbol{F}_n(\boldsymbol{x})\boldsymbol{\theta} - m_n \Delta f_n^m(\boldsymbol{x}, t) - m_n d_n^m(t) - \dot{m}_n x_n + u_n(t)
\end{aligned} \tag{5.3}
$$

于是, 系统 (5.1) 和系统 (5.2) 的修正函数投影同步问题转化为误差式 (5.3) 的稳定性问题. 本节的设计目标是对于具有失配参数和外界扰动的混沌驱动系统 (5.1) 和响应系统 (5.2), 设计出统一的鲁棒自适应滑模控制器 $\boldsymbol{u}(t)$, 使得误差系统满足 $\lim\limits_{t \to \infty} \|\boldsymbol{e}(t)\| = 0$.

假设 5.1 函数比例因子 $m_i(t)$ 是有界的, 即存在正常数 $l_i(i = 1, 2, \cdots, n)$, 使得

$$|m_i(t)| < l_i, \quad i = 1, 2, \cdots, n \tag{5.4}$$

假设 5.2 外界扰动 $d_i^m(t), d_i^s(t)$ 是有界的, 即存在正常数 $\beta_i^m, \beta_i^s(i = 1, 2, \cdots, n)$, 使得

$$|d_i^m(t)| < \beta_i^m, \quad |d_i^s(t)| < \beta_i^s, \quad i = 1, 2, \cdots, n \tag{5.5}$$

假设 5.3 结合假设 5.1 和假设 5.2 可得, 一定存在正常数 $\beta_i(i = 1, 2, \cdots, n)$, 使得

$$|d_i^s(t) - m_i(t)d_i^m(t)| < \beta_i, \quad i = 1, 2, \cdots, n \tag{5.6}$$

假设 5.4 在一般情况下，混沌系统的状态轨迹都是有界的，因此假定不确定项 $\Delta f_i^m(x,t)$ 和 $\Delta f_i^s(y,t)$ 都是有界的，即存在正常量 α_i^m 和 $\alpha_i^s, i=1,2,\cdots,n$，使得

$$|\Delta f_i^m(x,t)| < \alpha_i^m, \quad |\Delta f_i^s(y,t)| < \alpha_i^s, \quad i=1,2,\cdots,n \tag{5.7}$$

从而结合假设 5.1 可得到

$$|\Delta f_i^s(y,t) - m_i \Delta f_i^m(x,t)| < \alpha_i, \quad i=1,2,\cdots,n \tag{5.8}$$

注 5.1 由于函数比例因子由设计者选定，因此假设 5.1 是容易满足的. 而由于混沌系统的有界性，假设 5.2~ 假设 5.4 是合理的.

注 5.2 一般的滑模变结构控制策略为了保证系统能够到达滑模面，在设计控制律时通常需要事先已知系统不确定项的范围，这在实际工程中往往很难实现，因此在本节的控制器设计中，不要求知道参数不确定性和外界扰动的具体范围，即假设 5.3 中的 $\beta_i^m, \beta_i^s, \beta_i, i=1,2,\cdots,n$ 和假设 5.4 中的 $\alpha_i^m, \alpha_i^s, \alpha_i, i=1,2,\cdots,n$ 均为未知的正常数.

5.2.2 鲁棒自适应滑模控制器设计

设计滑模控制器包括两个相对独立的部分：一是设计合适的滑模面 $s(t)$，使它所确定的滑动模态具有良好的动态品质且能渐近稳定；二是设计合适的滑动模态控制器 $u(t)$，使到达条件得到满足，确保滑模的实现.

(1) 设计滑模面.

$$s_i(t) = \lambda_i e_i(t), \quad i=1,2,\cdots,n \tag{5.9}$$

其中 $s_i(t) \in R(s(t) = [s_1(t), s_2(t), \cdots s_n(t)]^{\mathrm{T}})$ 为滑模面函数，$\lambda_i, i=1,2,\cdots,n$ 为滑模面参数，取合适的正常量.

(2) 设计滑模同步控制器.

为了确保误差系统轨迹能够到达已设定的滑模面，并停留在上面，设计如下滑模同步控制器：

$$\begin{aligned} u_i(t) = & -f_i(\boldsymbol{y}) - \boldsymbol{F}_i(\boldsymbol{y})\boldsymbol{\theta} + m_i f_i(\boldsymbol{x}) + m_i \boldsymbol{F}_i(\boldsymbol{x})\boldsymbol{\theta} + \dot{m}_i x_i - \hat{\alpha}_i \mathrm{sgn}(s_i) \\ & -\hat{\beta}_i \mathrm{sgn}(s_i) - \boldsymbol{F}_i(\boldsymbol{y})\Delta\hat{\boldsymbol{\theta}} - k_i \mathrm{sgn}(s_i), \quad i=1,2,\cdots,n \end{aligned} \tag{5.10}$$

其中 $\hat{\alpha}_i, \hat{\beta}_i, \Delta\hat{\boldsymbol{\theta}}$ 分别为未知界值 α_i, β_i 和未知参数扰动向量 $\Delta\boldsymbol{\theta}$ 的估计值；$k_i > 0$ 为标量，用来调整到达滑模面的趋近速度.

为了抑制外部扰动和参数失配的影响，设计如下的自适应律：

$$\begin{aligned} \Delta\dot{\hat{\boldsymbol{\theta}}} &= [\boldsymbol{F}(\boldsymbol{y})]^{\mathrm{T}}\boldsymbol{\gamma}, \quad \Delta\hat{\boldsymbol{\theta}}(0) = \Delta\hat{\boldsymbol{\theta}}_0 \\ \dot{\hat{\alpha}}_i &= \lambda_i |s_i|, \quad \hat{\alpha}_i(0) = \hat{\alpha}_{i0} \\ \dot{\hat{\beta}}_i &= \lambda_i |s_i|, \quad \hat{\beta}_i(0) = \hat{\beta}_{i0} \end{aligned} \tag{5.11}$$

5.2 同结构混沌系统滑模控制器设计

其中 $\gamma = [\lambda_1 s_1, \lambda_2 s_2, \cdots, \lambda_n s_n]^T$, $\Delta\hat{\boldsymbol{\theta}}_0, \hat{\alpha}_{i0}, \hat{\beta}_{i0}$ 分别是向量 $\Delta\hat{\boldsymbol{\theta}}$ 和自适应参数 $\hat{\alpha}_i, \hat{\beta}_i$ 的初始值.

引理 5.1 (Barbalat 引理[80]) 如果 $\mu(t) : [0, \infty] \to R$ 是一个一致连续函数, 同时 $\lim_{t\to\infty}\int_0^t \mu(\tau)d\tau$ 存在且有界, 则当 $t \to \infty$ 时, $\mu(t) \to 0$.

定理 5.1 考虑具有参数失配和外界扰动的混沌驱动系统 (5.1) 和响应系统 (5.2), 若选取式 (5.10) 的控制器和式 (5.11) 的自适应律, 则驱动系统 (5.1) 和响应系统 (5.2) 可实现修正函数投影同步.

证明 令系统 (5.3) 的 Lyapunov 函数为

$$V(t) = \frac{1}{2}\sum_{i=1}^n [s_i^2 + (\hat{\alpha}_i - \alpha_i)^2 + (\hat{\beta}_i - \beta_i)^2] + \frac{1}{2}\Delta\tilde{\boldsymbol{\theta}}^2 \tag{5.12}$$

其中 $\Delta\tilde{\boldsymbol{\theta}}$ 为参数估计误差向量, $\Delta\tilde{\boldsymbol{\theta}} = \Delta\hat{\boldsymbol{\theta}} - \Delta\boldsymbol{\theta}$. 对上式求导, 可得

$$\dot{V}(t) = \sum_{i=1}^n [s_i\dot{s}_i + (\hat{\alpha}_i - \alpha_i)\dot{\hat{\alpha}}_i + (\hat{\beta}_i - \beta_i)\dot{\hat{\beta}}_i] + (\Delta\hat{\boldsymbol{\theta}} - \Delta\boldsymbol{\theta})^T \Delta\dot{\hat{\boldsymbol{\theta}}} \tag{5.13}$$

因为 $\dot{s}_i(t) = \lambda_i \dot{e}_i(t)$, 将式 (5.3) 代入上式可得

$$\begin{aligned}\dot{V}(t) = \sum_{i=1}^n [&\lambda_i s_i(f_i(\boldsymbol{y}) + \boldsymbol{F}_i(\boldsymbol{y})(\boldsymbol{\theta} + \Delta\boldsymbol{\theta}) + \Delta f_i^s(\boldsymbol{y},t) + d_i^s(t) - m_i f_i(\boldsymbol{x}) \\ &- m_i \boldsymbol{F}_i(\boldsymbol{x})\boldsymbol{\theta} - m_i \Delta f_i^m(\boldsymbol{x},t) - m_i d_i^m(t) - \dot{m}_i x_i + u_i(t)) \\ &+ (\hat{\alpha}_i - \alpha_i)\dot{\hat{\alpha}}_i + (\hat{\beta}_i - \beta_i)\dot{\hat{\beta}}_i] + (\Delta\hat{\boldsymbol{\theta}} - \Delta\boldsymbol{\theta})^T \Delta\dot{\hat{\boldsymbol{\theta}}}\end{aligned} \tag{5.14}$$

将控制器 (5.10) 代入上式得

$$\begin{aligned}\dot{V}(t) = \sum_{i=1}^n [&\lambda_i s_i(-\boldsymbol{F}_i(\boldsymbol{y})(\Delta\hat{\boldsymbol{\theta}} - \Delta\boldsymbol{\theta}) + d_i^s(t) - m_i d_i^m(t) \\ &+ \Delta f_i^s(\boldsymbol{y},t) - m_i\Delta f_i^m(\boldsymbol{x},t) - \hat{\alpha}_i \mathrm{sgn}(s_i) \\ &- \hat{\beta}_i \mathrm{sgn}(s_i) - k_i\mathrm{sgn}(s_i)) + (\hat{\alpha}_i - \alpha_i)\dot{\hat{\alpha}}_i + (\hat{\beta}_i - \beta_i)\dot{\hat{\beta}}_i] \\ &+ (\Delta\hat{\boldsymbol{\theta}} - \Delta\boldsymbol{\theta})^T \Delta\dot{\hat{\boldsymbol{\theta}}}\end{aligned} \tag{5.15}$$

将自适应律 (5.11) 代入式 (5.15), 得

$$\begin{aligned}\dot{V}(t) = \sum_{i=1}^n [&\lambda_i s_i(-\boldsymbol{F}_i(\boldsymbol{y})(\Delta\hat{\boldsymbol{\theta}} - \Delta\boldsymbol{\theta}) + d_i^s(t) - m_i d_i^m(t) + \Delta f_i^s(\boldsymbol{y},t) \\ &- m_i\Delta f_i^m(\boldsymbol{x},t) - \hat{\alpha}_i \mathrm{sgn}(s_i) \\ &- \hat{\beta}_i \mathrm{sgn}(s_i) - k_i \mathrm{sgn}(s_i)) + (\hat{\alpha}_i - \alpha_i)\lambda_i |s_i|\end{aligned}$$

$$+ (\hat{\beta}_i - \beta_i)\lambda_i |s_i|] + (\Delta\hat{\boldsymbol{\theta}} - \Delta\boldsymbol{\theta})^{\mathrm{T}}[\boldsymbol{F}(\boldsymbol{y})]^{\mathrm{T}}\gamma \tag{5.16}$$

因为 $\sum_{i=1}^{n}\lambda_i s_i \boldsymbol{F}_i(\boldsymbol{y})(\Delta\hat{\boldsymbol{\theta}} - \Delta\boldsymbol{\theta}) = (\Delta\hat{\boldsymbol{\theta}} - \Delta\boldsymbol{\theta})^{\mathrm{T}}[\boldsymbol{F}(\boldsymbol{y})]^{\mathrm{T}}\gamma$，上式可简化为

$$\dot{V}(t) = \sum_{i=1}^{n} [\lambda_i s_i (d_i^s(t) - m_i d_i^m(t) + \Delta f_i^s(\boldsymbol{y},t) - m_i \Delta f_i^m(\boldsymbol{x},t) - \hat{\alpha}_i \mathrm{sgn}(s_i)$$
$$- \hat{\beta}_i \mathrm{sgn}(s_i) - k_i \mathrm{sgn}(s_i)) + (\hat{\alpha}_i - \alpha_i)\lambda_i |s_i| + (\hat{\beta}_i - \beta_i)\lambda_i |s_i|] \tag{5.17}$$

由式 (5.17) 可得以下不等式

$$\dot{V}(t) \leqslant \sum_{i=1}^{n} [\lambda_i |s_i|(|d_i^s(t) - m_i d_i^m(t)| + |\Delta f_i^s(\boldsymbol{y},t) - m_i \Delta f_i^m(\boldsymbol{x},t)|)$$
$$- \lambda_i s_i(\hat{\alpha}_i \mathrm{sgn}(s_i) + \hat{\beta}_i \mathrm{sgn}(s_i)) - k_i \lambda_i s_i \mathrm{sgn}(s_i) + (\hat{\alpha}_i - \alpha_i)\lambda_i |s_i|$$
$$+ (\hat{\beta}_i - \beta_i)\lambda_i |s_i|] \tag{5.18}$$

由假设 5.1~ 假设 5.3 可得

$$\dot{V} \leqslant \sum_{i=1}^{n} [\lambda_i |s_i|(\beta_i + \alpha_i) - \lambda_i s_i(\hat{\alpha}_i \mathrm{sgn}(s_i) + \hat{\beta}_i \mathrm{sgn}(s_i)) - k_i \lambda_i s_i \mathrm{sgn}(s_i)$$
$$+ (\hat{\alpha}_i - \alpha_i)\lambda_i |s_i| + (\hat{\beta}_i - \beta_i)\lambda_i |s_i|] \tag{5.19}$$

用 $\dfrac{|s_i|}{s_i}$ 代替符号函数 $\mathrm{sgn}(s_i)$，可得

$$\dot{V} \leqslant \sum_{i=1}^{n} \left[\lambda_i |s_i|(\beta_i + \alpha_i) - \lambda_i s_i \left(\hat{\alpha}_i \frac{|s_i|}{s_i} + \hat{\beta}_i \frac{|s_i|}{s_i}\right) - k_i \lambda_i |s_i|\right.$$
$$\left. + (\hat{\alpha}_i - \alpha_i)\lambda_i |s_i| + (\hat{\beta}_i - \beta_i)\lambda_i |s_i|\right] \tag{5.20}$$

即

$$\dot{V} \leqslant \sum_{i=1}^{n} [\lambda_i |s_i|(\beta_i + \alpha_i) - \lambda_i |s_i|(\hat{\alpha}_i + \hat{\beta}_i) - k_i \lambda_i |s_i| + (\hat{\alpha}_i - \alpha_i)\lambda_i |s_i| + (\hat{\beta}_i - \beta_i)\lambda_i |s_i|] \tag{5.21}$$

即

$$\dot{V}(t) \leqslant -\sum_{i=1}^{n} k_i \lambda_i |s_i| = -\boldsymbol{k}'|\boldsymbol{s}| \tag{5.22}$$

其中 $\boldsymbol{k}' = [k_1\lambda_1, k_2\lambda_2, \cdots, k_n\lambda_n]^{\mathrm{T}}, k_i\lambda_i > 0, i = 1, 2, \cdots, n, |\boldsymbol{s}| = [|s_1|, |s_2|, \cdots, |s_n|]^{\mathrm{T}}$。
于是

5.2 同结构混沌系统滑模控制器设计

$$\dot{V}(t) \leqslant -\boldsymbol{k}'|\boldsymbol{s}| \leqslant 0 \tag{5.23}$$

将 (5.23) 式两边进行积分并求极限可得

$$\lim_{t\to\infty}\int_0^t(-\boldsymbol{k}'|\boldsymbol{s}|)d\tau \leqslant V(0) - \lim_{t\to\infty}V(t) \tag{5.24}$$

因为 $\dot{V}(t) \leqslant 0, V(0) - V(t) \geqslant 0$ 是正定有界的, 因此 $\lim\limits_{t\to\infty}\int_0^t(-\boldsymbol{k}'\boldsymbol{s})d\tau$ 存在且有界, 由 Barbalat 引理 (引理 5.1), 可得

$$\lim_{t\to\infty}(-\boldsymbol{k}'\boldsymbol{s}) = 0 \tag{5.25}$$

由于上式 $\boldsymbol{k}'$ 中元素均大于零, 因此由式 (5.25) 可得 $\lim\limits_{t\to\infty}\boldsymbol{s} = \boldsymbol{0}$, 由此可得误差向量 $\lim\limits_{t\to\infty}\boldsymbol{e} = \boldsymbol{0}$, 即驱动和响应系统实现了修正函数投影同步. 定理证毕.

引理 5.2 对任意给定的标量 a 和正定的标量 b, 满足

$$a\tanh(ab) = |a\tanh(ab)| = |a||\tanh(ab)| \geqslant 0 \tag{5.26}$$

证明 由 $\tanh(a)$ 函数的数学定义, 有

$$a\tanh(ab) = a\frac{e^{ab} - e^{-ab}}{e^{ab} + e^{-ab}} \tag{5.27}$$

在上式的两边同乘以 $\dfrac{e^{ab}}{e^{ab}}$, 得

$$a\tanh(ab) = \left(\frac{1}{e^{2ab}+1}\right)a(e^{2ab}-1) \tag{5.28}$$

由 $\begin{cases}(e^{2ab}-1) \geqslant 0, & a \geqslant 0 \\ (e^{2ab}-1) < 0, & a < 0\end{cases}$ 可得 $a(e^{2ab}-1) \geqslant 0$, 又因为 $\dfrac{1}{e^{2ab}+1} > 0$, 可得到

$$a\tanh(ab) = \left(\frac{1}{e^{2ab}+1}\right)a(e^{2ab}-1) \geqslant 0 \tag{5.29}$$

因此, 可得 $a\tanh(ab) = |a\tanh(ab)| = |a||\tanh(ab)| \geqslant 0$. 引理 5.2 证毕.

注 5.3 因为控制器 (5.10) 中有不连续的符号函数 $\text{sgn}(s_i)$, 会产生不期望的抖振, 为避免抖振现象, 在实际中可用双曲正切函数 $\tanh(s_i/\varepsilon)(\varepsilon > 0)$ 代替符号函数, 其中 ε 是适当大的正常数. 最后的控制器为

$$\begin{aligned}u_i(t) = &-f_i(\boldsymbol{y}) - \boldsymbol{F}_i(\boldsymbol{y})\boldsymbol{\theta} + m_if_i(\boldsymbol{x}) + m_i\boldsymbol{F}_i(\boldsymbol{x})\boldsymbol{\theta} - \boldsymbol{F}_i(\boldsymbol{y})\Delta\hat{\boldsymbol{\theta}} \\ &+ \dot{m}_ix_i - (\hat{\alpha}_i + \hat{\beta}_i)\tanh(s_i/\varepsilon) - k_i\tanh(s_i/\varepsilon), \quad i = 1, 2, \cdots, n\end{aligned} \tag{5.30}$$

引理 5.3 用双曲正切函数 $\tanh(s_i/\varepsilon)(\varepsilon>0)$ 代替符号函数 $\text{sgn}(s_i)$, 不会影响定理 5.1 中鲁棒自适应滑模控制的鲁棒性和稳定性.

证明 由式 (5.22) 可以得到

$$\dot{V}(t) \leqslant -\sum_{i=1}^{n} k_i \lambda_i s_i \text{sgn}(s_i) \tag{5.31}$$

由注 5.3 和引理 5.2 可得

$$\dot{V}(t) \leqslant -\sum_{i=1}^{n} k_i \lambda_i s_i \tanh(s_i/\varepsilon) = -\sum_{i=1}^{n} k_i \lambda_i \left|\tanh(s_i/\varepsilon)\right| |s_i| = -\sum_{i=1}^{n} \xi_i |s_i| = -\boldsymbol{\xi}|\boldsymbol{s}| \tag{5.32}$$

其中 $\boldsymbol{\xi}=[\xi_1,\xi_2,\cdots,\xi_n]^{\text{T}}$, $\xi_i=\lambda_i k_i \left|\tanh(s_i/\varepsilon)\right|, i=1,2,\cdots,n$, $\xi_i \geqslant 0$, 由于 $\lambda_i > 0, k_i > 0$, 当且仅当 $s_i=0, i=1,2,\cdots,n$ 时 ξ_i 等于 0.

$$\dot{V}(t) \leqslant -\boldsymbol{\xi}|\boldsymbol{s}| = -\psi(t) \leqslant 0 \tag{5.33}$$

类似定理 5.1 的证明, 可由 Barbalat 引理 (引理 5.1) 得到 $\lim\limits_{t\to\infty} \boldsymbol{s} = \boldsymbol{0}$, 从而得到误差向量 $\lim\limits_{t\to\infty} \boldsymbol{e} = \boldsymbol{0}$. 引理 5.3 证毕.

5.2.3 数值仿真

5.2.3.1 Lorenz 系统修正函数投影同步

以著名的 Lorenz 系统为例进行仿真. 驱动系统状态方程为

$$\begin{aligned}
\dot{\boldsymbol{x}} &= \boldsymbol{f}(\boldsymbol{x}) + \boldsymbol{F}(\boldsymbol{x})\boldsymbol{\theta} + \boldsymbol{d}^m(t) + \Delta\boldsymbol{f}^m(\boldsymbol{x},t) \\
&= \begin{bmatrix} 0 \\ -x_2 - x_1 x_3 \\ x_1 x_2 \end{bmatrix} + \begin{bmatrix} x_2-x_1 & 0 & 0 \\ 0 & x_1 & 0 \\ 0 & 0 & -x_3 \end{bmatrix} \begin{bmatrix} 10 \\ 28 \\ 8/3 \end{bmatrix} \\
&\quad + \begin{bmatrix} d_1^m(t) \\ d_2^m(t) \\ d_3^m(t) \end{bmatrix} + \begin{bmatrix} \Delta f_1^m(\boldsymbol{x},t) \\ \Delta f_2^m(\boldsymbol{x},t) \\ \Delta f_3^m(\boldsymbol{x},t) \end{bmatrix}
\end{aligned} \tag{5.34}$$

相应的响应系统状态方程为

$$\begin{aligned}
\dot{\boldsymbol{y}} &= \boldsymbol{f}(\boldsymbol{y}) + \boldsymbol{F}(\boldsymbol{y})(\boldsymbol{\theta}+\Delta\boldsymbol{\theta}) + \boldsymbol{d}^s(t) + \Delta\boldsymbol{f}^s(\boldsymbol{y},t) + \boldsymbol{u}(t) \\
&= \begin{bmatrix} 0 \\ -y_2 - y_1 y_3 \\ y_1 y_2 \end{bmatrix} + \begin{bmatrix} y_2-y_1 & 0 & 0 \\ 0 & y_1 & 0 \\ 0 & 0 & -y_3 \end{bmatrix} \left(\begin{bmatrix} 10 \\ 28 \\ 8/3 \end{bmatrix} + \begin{bmatrix} \Delta\theta_1 \\ \Delta\theta_2 \\ \Delta\theta_3 \end{bmatrix} \right)
\end{aligned}$$

5.2 同结构混沌系统滑模控制器设计

$$+ \begin{bmatrix} d_1^s(t) \\ d_2^s(t) \\ d_3^s(t) \end{bmatrix} + \begin{bmatrix} \Delta f_1^s(\boldsymbol{y},t) \\ \Delta f_2^s(\boldsymbol{y},t) \\ \Delta f_3^s(\boldsymbol{y},t) \end{bmatrix} + \begin{bmatrix} u_1 \\ u_2 \\ u_3 \end{bmatrix} \tag{5.35}$$

根据上面讨论的鲁棒自适应滑模控制方法, 可选滑模表面为

$$s_1 = 5e_1, \quad s_2 = 5e_2, \quad s_3 = 4e_3 \tag{5.36}$$

由式 (5.30) 可得相应的控制输入为

$$\begin{aligned}
u_1 =& -10(y_2 - y_1) + 10m_1(x_2 - x_1) + \dot{m}_1 x_1 - (\hat{\alpha}_1 + \hat{\beta}_1)\tanh(\varepsilon s_1) \\
& - (y_2 - y_1)\Delta\hat{\theta}_1 - k_1 \tanh(s_1/\varepsilon) \\
u_2 =& \, y_2 + y_1 y_3 - 28y_1 - m_2 x_2 - m_2 x_1 x_3 + \dot{m}_2 x_2 - (\hat{\alpha}_2 + \hat{\beta}_2)\tanh(\varepsilon s_2) \\
& - y_1 \Delta\hat{\theta}_2 - k_2 \tanh(s_2/\varepsilon) \\
u_3 =& -y_1 y_2 + 8/3 y_3 + m_3 x_1 x_2 - 8/3 m_3 x_3 + \dot{m}_3 x_3 - (\hat{\alpha}_3 + \hat{\beta}_3)\tanh(\varepsilon s_3) \\
& + y_3 \Delta\hat{\theta}_3 - k_3 \tanh(s_3/\varepsilon)
\end{aligned} \tag{5.37}$$

在仿真中, 取 $\varepsilon = 0.1$, $\Delta\boldsymbol{\theta} = (0.1\sin(t), -0.1\cos(t), 0.1\sin(t))^{\mathrm{T}}$, 函数比例因子矩阵 $\boldsymbol{M}(t) = \mathrm{diag}(2+\sin(t), 2-\sin(2t), 3+\sin(t))$, 驱动系统和响应系统的初始值分别为 $(0.5, 1, 0.2)$ 和 $(3, 6, 1)$. 外界干扰分别为 $d_1^m(t) = d_2^m(t) = d_3^m(t) = 0.2\cos(t)$, $d_1^s(t) = d_2^s(t) = d_3^s(t) = -0.2\cos(t)$, 系统模型不确定性分别为 $\Delta f_1^m(\boldsymbol{x},t) = 0.02x_1\sin(10t)$, $\Delta f_2^m(\boldsymbol{x},t) = 0.01x_2\sin(20t)$, $\Delta f_3^m(\boldsymbol{x},t) = 0.01x_3\sin(10t)$, $\Delta f_1^s(\boldsymbol{y},t) = 0.02y_1\sin(10t)$, $\Delta f_2^s(\boldsymbol{y},t) = 0.01y_2\sin(20t)$, $\Delta f_3^s(\boldsymbol{y},t) = 0.01y_3\sin(10t)$.

图 5.1(a), (b) 分别为无控制器和有控制器的作用下, 系统 (5.34) 和系统 (5.35) 之间的修正函数投影同步误差. 对比可知, 在本节设计的鲁棒自适应控制器的作用下, 超混沌驱动系统 (5.34) 和响应系统 (5.35) 很快实现了修正函数投影同步. 图 5.2(a), (b) 为在控制器的作用下, 模型不确定性和外界扰动界值的估计值的变化轨迹. 由仿真结果可知, 所有的未知参数 $\alpha_1, \alpha_2, \alpha_3, \beta_1, \beta_2, \beta_3$ 都按照自适应律趋于常值. 由图 5.2(c) 可知, 失配参数的估计值和实际值的误差函数

$$\Delta\tilde{\theta} = \sqrt{(\Delta\hat{\theta}_1 - \Delta\theta_1)^2 + (\Delta\hat{\theta}_2 - \Delta\theta_2)^2 + (\Delta\hat{\theta}_3 - \Delta\theta_3)^2}$$

经过短时间的振荡后衰减到零.

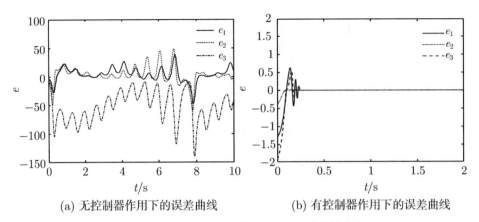

(a) 无控制器作用下的误差曲线 (b) 有控制器作用下的误差曲线

图 5.1 系统 (5.34) 和系统 (5.35) 同步误差曲线

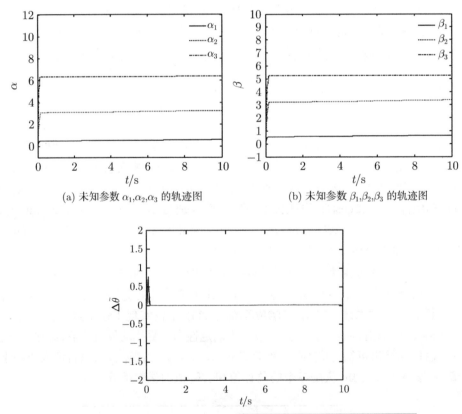

(a) 未知参数 $\alpha_1, \alpha_2, \alpha_3$ 的轨迹图 (b) 未知参数 $\beta_1, \beta_2, \beta_3$ 的轨迹图

(c) 失配参数估计值和实际值的误差函数 $\Delta\bar{\theta} = \sqrt{(\Delta\hat{\theta}_1 - \Delta\theta_1)^2 + (\Delta\hat{\theta}_2 - \Delta\theta_2)^2 + (\Delta\hat{\theta}_3 - \Delta\theta_3)^2}$ 轨迹图

图 5.2 系统 (5.34) 和系统 (5.35) 自适应估计参数轨迹图

5.2 同结构混沌系统滑模控制器设计

5.2.3.2 超混沌系统修正函数投影同步

驱动系统状态方程为

$$\begin{aligned}\dot{x} &= f(x) + F(x)\theta + \Delta f^m(x,t) + d^m(t)\\ &= \begin{bmatrix} 0 \\ -x_1x_3 + x_4 \\ x_1x_2 \\ 0 \end{bmatrix} + \begin{bmatrix} x_2 - x_1 & 0 & 0 & 0 \\ 0 & x_1 & 0 & 0 \\ 0 & 0 & -x_3 & 0 \\ 0 & 0 & 0 & -x_1 \end{bmatrix} \begin{bmatrix} 35 \\ 35 \\ 3 \\ 8 \end{bmatrix}\\ &\quad + \begin{bmatrix} \Delta f_1^m(x,t) \\ \Delta f_2^m(x,t) \\ \Delta f_3^m(x,t) \\ \Delta f_4^m(x,t) \end{bmatrix} + \begin{bmatrix} d_1^m(t) \\ d_2^m(t) \\ d_3^m(t) \\ d_4^m(t) \end{bmatrix} \end{aligned} \quad (5.38)$$

相应的响应系统状态方程为

$$\begin{aligned}\dot{y} &= f(y) + F(y)(\theta + \Delta\theta) + \Delta f^s(y,t) + d^s(t) + u(t)\\ &= \begin{bmatrix} 0 \\ -y_1y_3 + y_4 \\ y_1y_2 \\ 0 \end{bmatrix} + \begin{bmatrix} y_2 - y_1 & 0 & 0 & 0 \\ 0 & y_1 & 0 & 0 \\ 0 & 0 & -y_3 & 0 \\ 0 & 0 & 0 & -y_1 \end{bmatrix} \left(\begin{bmatrix} 35 \\ 35 \\ 3 \\ 8 \end{bmatrix} + \begin{bmatrix} \Delta\theta_1 \\ \Delta\theta_2 \\ \Delta\theta_3 \\ \Delta\theta_4 \end{bmatrix} \right)\\ &\quad + \begin{bmatrix} \Delta f_1^s(y,t) \\ \Delta f_2^s(y,t) \\ \Delta f_3^s(y,t) \\ \Delta f_4^s(y,t) \end{bmatrix} + \begin{bmatrix} d_1^s(t) \\ d_2^s(t) \\ d_3^s(t) \\ d_4^s(t) \end{bmatrix} + \begin{bmatrix} u_1 \\ u_2 \\ u_3 \\ u_4 \end{bmatrix} \end{aligned} \quad (5.39)$$

当参数 $\theta_1 = 35, \theta_2 = 35, \theta_3 = 3, \theta_4 = 8$ 时,该四维系统处于超混沌状态,其混沌吸引子如图 5.3 所示.

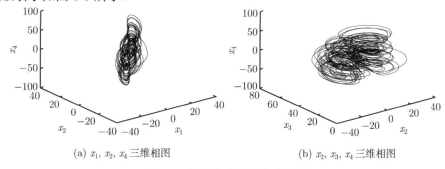

(a) x_1, x_2, x_4 三维相图　　　　(b) x_2, x_3, x_4 三维相图

图 5.3　超混沌系统混沌吸引子

取滑模面为

$$s_1 = 5e_1, \quad s_2 = 5e_2, \quad s_3 = 4e_3, \quad s_4 = 6e_4 \tag{5.40}$$

则相应的控制器为

$$\begin{cases} u_1 = -35(y_2 - y_1) + 35m_1(x_2 - x_1) + \dot{m}_1 x_1 - (\hat{\alpha}_1 + \hat{\beta}_1)\tanh(\varepsilon s_1) \\ \qquad -(y_2 - y_1)\Delta\hat{\theta}_1 - k_1 \tanh(s_1/\varepsilon) \\ u_2 = -35y_1 + y_1 y_3 - y_4 + 35m_2 x_1 - m_2 x_1 x_3 + m_2 x_4 \\ \qquad + \dot{m}_2 x_2 - (\hat{\alpha}_2 + \hat{\beta}_2)\mathrm{sgn}(s_2) - y_1 \Delta\hat{\theta}_2 - k_2 \tanh(s_2/\varepsilon) \\ u_3 = 3y_3 - y_1 y_2 - 3m_3 x_3 + m_3 x_1 x_2 + \dot{m}_3 x_3 - (\hat{\alpha}_3 + \hat{\beta}_3)\tanh(\varepsilon s_3) \\ \qquad + y_3 \Delta\hat{\theta}_3 - k_3 \tanh(s_3/\varepsilon) \\ u_4 = 8y_1 - 8m_4 x_1 + \dot{m}_4 x_4 - (\hat{\alpha}_4 + \hat{\beta}_4)\tanh(\varepsilon s_4) + y_1 \Delta\hat{\theta}_4 - k_4 \tanh(s_4/\varepsilon) \end{cases} \tag{5.41}$$

在数值仿真中, 取 $\varepsilon = 0.1, \Delta\boldsymbol{\theta} = [0.2\cos(t), 0.2\cos(t), 0.2\cos(t), 0.2\cos(t)]^{\mathrm{T}}$, 不确定参数的初始值分别为 $\hat{\alpha}_1(0) = \hat{\alpha}_2(0) = \hat{\alpha}_3(0) = \hat{\alpha}_4(0) = 0, \hat{\beta}_1(0) = \hat{\beta}_2(0) = \hat{\beta}_3(0) = \hat{\beta}_4(0) = 0$. 驱动系统和响应系统的初始值分别为 $(0.5, 0.2, 0.4, 0.4)$ 和 $(0.2, 0.3, 0.5, 0.1)$. 函数比例因子矩阵 $\boldsymbol{M}(t) = \mathrm{diag}(2 + 0.1\cos(t), 2 + 0.1\sin(t), 3 - 0.3\cos(t), 2 + 0.2\sin(2t))$. 系统的外界扰动 $d_i^m(t), d_i^s(t), i = 1, 2, 3, 4$ 分别为均值为 0, 方差为 1 的随机扰动, 系统的模型不确定性为

$$\begin{cases} \Delta f_1^m(\boldsymbol{x}, t) = 0.02 x_1 \sin(10t) \\ \Delta f_2^m(\boldsymbol{x}, t) = 0.01 x_2 \sin(20t) \\ \Delta f_3^m(\boldsymbol{x}, t) = 0.02 x_3 \sin(10t) \\ \Delta f_4^m(\boldsymbol{x}, t) = 0.01 x_4 \sin(20t) \end{cases} \tag{5.42}$$

$$\begin{cases} \Delta f_1^s(\boldsymbol{y}, t) = 0.02 y_1 \sin(10t) \\ \Delta f_2^s(\boldsymbol{y}, t) = 0.01 y_2 \sin(20t) \\ \Delta f_3^s(\boldsymbol{y}, t) = 0.02 y_3 \sin(10t) \\ \Delta f_4^s(\boldsymbol{y}, t) = 0.01 y_4 \sin(20t) \end{cases} \tag{5.43}$$

图 5.4(a), (b) 分别为无控制器和有控制器的作用下, 超混沌驱动系统 (5.38) 和响应系统 (5.39) 的修正函数投影同步误差. 对比图 5.4(a), (b) 可知, 在本节设计的鲁棒自适应控制器的作用下, 超混沌驱动系统 (5.38) 和响应系统 (5.39) 很快实现了修正函数投影同步. 图 5.5(a), (b) 为在控制器的作用下, 模型不确定性和外界扰动界值的估计值的变化轨迹, 由仿真结果可知, 所有的未知参数 $\alpha_1, \alpha_2, \alpha_3, \alpha_4, \beta_1, \beta_2, \beta_3, \beta_4$ 都按照自适应律趋于常值. 图 5.5(c) 为失配参数的估计值和实际值的误差函数 $\Delta\tilde{\theta} =$

5.2 同结构混沌系统滑模控制器设计

$\sqrt{(\Delta\hat{\theta}_1 - \Delta\theta_1)^2 + (\Delta\hat{\theta}_2 - \Delta\theta_2)^2 + (\Delta\hat{\theta}_3 - \Delta\theta_3)^2 + (\Delta\hat{\theta}_4 - \Delta\theta_4)^2}$ 随时间变化轨迹, 由图可知, 误差函数 $\Delta\tilde{\theta}$ 经过短时间的振荡后衰减到零, 即实现了参数准确估计.

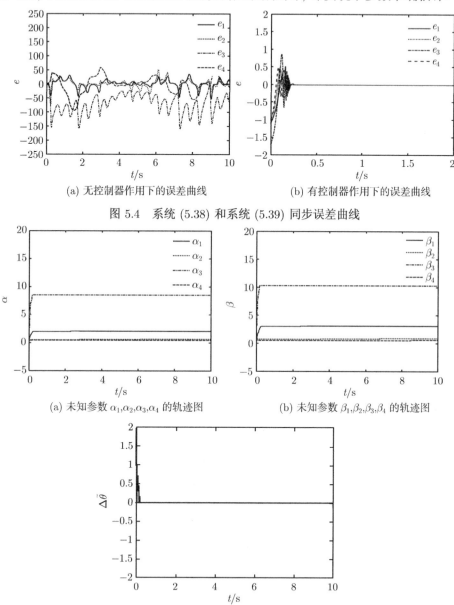

(a) 无控制器作用下的误差曲线

(b) 有控制器作用下的误差曲线

图 5.4 系统 (5.38) 和系统 (5.39) 同步误差曲线

(a) 未知参数 $\alpha_1, \alpha_2, \alpha_3, \alpha_4$ 的轨迹图

(b) 未知参数 $\beta_1, \beta_2, \beta_3, \beta_4$ 的轨迹图

(c) 失配参数估计值和实际值的误差函数 $\Delta\bar{\theta} = \sqrt{(\Delta\hat{\theta}_1 - \Delta\theta_1)^2 + (\Delta\hat{\theta}_2 - \Delta\theta_2)^2 + (\Delta\hat{\theta}_3 - \Delta\theta_3)^2 + (\Delta\hat{\theta}_4 - \Delta\theta_4)^2}$ 轨迹图

图 5.5 系统 (5.38) 和系统 (5.39) 自适应估计参数轨迹图

5.3 异结构混沌系统滑模控制器设计

上节介绍的混沌同步方法应用于两个同结构混沌系统之间的修正函数投影同步,然而在实际的物理、自动控制以及信息通信等领域中,结构完全相同的两个系统是很难实现的,因而对异结构混沌系统进行同步研究具有更重要的实际意义.

5.3.1 问题描述

混沌驱动系统如下:

$$\begin{aligned} \dot{x}_1(t) &= f_1(\boldsymbol{x}) + \boldsymbol{F}_1(\boldsymbol{x})\boldsymbol{\theta} + \Delta f_1(\boldsymbol{x},t) + d_1^m(t) \\ \dot{x}_2(t) &= f_2(\boldsymbol{x}) + \boldsymbol{F}_2(\boldsymbol{x})\boldsymbol{\theta} + \Delta f_2(\boldsymbol{x},t) + d_2^m(t) \\ &\vdots \\ \dot{x}_n(t) &= f_n(\boldsymbol{x}) + \boldsymbol{F}_n(\boldsymbol{x})\boldsymbol{\theta} + \Delta f_n(\boldsymbol{x},t) + d_n^m(t) \end{aligned} \tag{5.44}$$

与系统 (5.44) 异结构的混沌响应系统可表示为

$$\begin{aligned} \dot{y}_1(t) &= g_1(\boldsymbol{y}) + \boldsymbol{G}_1(\boldsymbol{y})\boldsymbol{\eta} + \Delta g_1(\boldsymbol{y},t) + d_1^s(t) + u_1(t) \\ \dot{y}_2(t) &= g_2(\boldsymbol{y}) + \boldsymbol{G}_2(\boldsymbol{y})\boldsymbol{\eta} + \Delta g_2(\boldsymbol{y},t) + d_2^s(t) + u_2(t) \\ &\vdots \\ \dot{y}_n(t) &= g_n(\boldsymbol{y}) + \boldsymbol{G}_n(\boldsymbol{y})\boldsymbol{\eta} + \Delta g_n(\boldsymbol{y},t) + d_n^s(t) + u_n(t) \end{aligned} \tag{5.45}$$

其中 $\boldsymbol{x}(t) = [x_1, x_2, \cdots, x_n]^{\mathrm{T}}$ 是驱动系统的状态向量; $\boldsymbol{F}_i(\boldsymbol{x}), i = 1, 2\cdots, n$ 是元素为连续非线性函数的 $n \times p$ 矩阵 $\boldsymbol{F}(\boldsymbol{x})$ 的第 i 行; $\boldsymbol{\theta}$ 是 p 维驱动系统未知的参数向量; $\Delta \boldsymbol{f}(\boldsymbol{x},t) = [\Delta f_1(\boldsymbol{x},t), \Delta f_2(\boldsymbol{x},t), \cdots, \Delta f_n(\boldsymbol{x},t)]^{\mathrm{T}}$ 和 $\boldsymbol{d}^m(t) = [d_1^m(t), d_2^m(t), \cdots, d_n^m(t)]^{\mathrm{T}}$ 分别为驱动系统的不确定性和外部扰动. 相应地, $\boldsymbol{y}(t) = [y_1, y_2, \cdots, y_n]^{\mathrm{T}}$ 是响应系统的状态变量; $\boldsymbol{G}_i(\boldsymbol{y}), i = 1, 2, \cdots, n$ 是元素为连续非线性函数的 $n \times q$ 矩阵 $\boldsymbol{G}(\boldsymbol{y})$ 的第 i 行; $\boldsymbol{\eta}$ 是 q 维响应系统未知的参数向量; $\Delta \boldsymbol{g}(\boldsymbol{y},t) = [\Delta g_1(\boldsymbol{y},t), \Delta g_2(\boldsymbol{y},t), \cdots, \Delta g_n(\boldsymbol{y},t)]^{\mathrm{T}}$ 和 $\boldsymbol{d}^s(t) = [d_1^s(t), d_2^s(t), \cdots, d_n^s(t)]^{\mathrm{T}}$ 分别为响应系统的不确定项和外部扰动; $\boldsymbol{u}(t) = [u_1(t), u_2(t), \cdots, u_n(t)]^{\mathrm{T}}$ 为控制输入, m, s 为上标, 用来区别驱动系统和响应系统.

定义驱动系统 (5.44) 和响应系统 (5.45) 之间的状态误差为 $\boldsymbol{e}(t) = \boldsymbol{y} - \boldsymbol{M}(t)\boldsymbol{x}$, 由修正函数投影同步的定义可得误差动力系统方程为

$$\begin{aligned} \dot{e}_1(t) = &\, g_1(\boldsymbol{y}) + \boldsymbol{G}_1(\boldsymbol{y})\boldsymbol{\eta} + \Delta g_1(\boldsymbol{y},t) + d_1^s(t) - m_1 f_1(\boldsymbol{x}) - m_1 \boldsymbol{F}_1(\boldsymbol{x})\boldsymbol{\theta} \\ &- m_1 \Delta f_1(\boldsymbol{x},t) - m_1 d_1^m(t) + u_1(t) \end{aligned}$$

5.3 异结构混沌系统滑模控制器设计

$$\begin{aligned}
\dot{e}_2(t) = {} & g_2(\boldsymbol{y}) + \boldsymbol{G}_2(\boldsymbol{y})\boldsymbol{\eta} + \Delta g_2(\boldsymbol{y},t) + d_2^s(t) - m_2 f_1(\boldsymbol{x}) - m_2 \boldsymbol{F}_1(\boldsymbol{x})\boldsymbol{\theta} \\
& - m_2\Delta f_2(\boldsymbol{x},t) - m_2 d_2^m(t) + u_2(t) \\
& \vdots \\
\dot{e}_n(t) = {} & g_n(\boldsymbol{y}) + \boldsymbol{G}_n(\boldsymbol{y})\boldsymbol{\eta} + \Delta g_n(\boldsymbol{y},t) + d_n^s(t) - m_n f_n(\boldsymbol{x}) - m_n \boldsymbol{F}_n(\boldsymbol{x})\boldsymbol{\theta} \\
& - m_n\Delta f_n(\boldsymbol{x},t) - m_n d_n^m(t) + u_n(t)
\end{aligned} \tag{5.46}$$

于是, 系统 (5.44) 和系统 (5.45) 的修正函数投影同步问题转化为误差式 (5.46) 的稳定性问题. 本节的设计目标是对于具有失配参数、模型不确定和外界扰动的任意混沌驱动系统 (5.44) 和响应系统 (5.45), 设计出统一的鲁棒自适应滑模控制器 $\boldsymbol{u}(t)$, 使得误差系统满足 $\lim\limits_{t \to \infty} \|\boldsymbol{e}(t)\| = 0$.

假设 5.5 在一般情况下, 混沌系统的状态轨迹都是有界的, 因此假定不确定项 $\Delta f(\boldsymbol{x},t)$ 和 $\Delta g(\boldsymbol{y},t)$ 都是有界的, 即存在正常量 α_i^m 和 α_i^s, $i = 1,2,\cdots,n$, 使得

$$|\Delta f_i(\boldsymbol{x},t)| < \alpha_i^m, \quad |\Delta g_i(\boldsymbol{y},t)| < \alpha_i^s, \quad i = 1,2,\cdots,n \tag{5.47}$$

从而结合假设 5.1 可得到

$$|\Delta g_i(\boldsymbol{y},t) - m_i\Delta f_i(\boldsymbol{x},t)| < \alpha_i, \quad i = 1,2,\cdots,n \tag{5.48}$$

注 5.4 本节的控制器设计中, 不要求知道模型不确定性和外界扰动的具体范围, 即假设 5.5 中的 $\alpha_i^m, \alpha_i^s, \alpha_i, i = 1,2,\cdots,n$ 均为未知的正常数.

5.3.2 鲁棒自适应滑模控制器设计

(1) 滑模面的设计同 5.2.2 节, 可设计为

$$s_i(t) = \lambda_i e_i(t), \quad i = 1,2,\cdots,n \tag{5.49}$$

其中 $s_i(t) \in R(\boldsymbol{s}(t) = [s_1(t), s_2(t), \cdots, s_n(t)]^\mathrm{T})$ 为滑模面函数, 滑模面参数 $\lambda_i, i = 1,2,\cdots,n$ 为合适的正常量.

(2) 为了确保误差系统轨迹到达已设定的滑模面, 并保持在滑模面上, 可设计如下形式的滑模同步控制器:

$$\begin{aligned}
u_i(t) = {} & -g_i(\boldsymbol{y}) - \boldsymbol{G}_i(\boldsymbol{y})\hat{\boldsymbol{\eta}} + m_i f_i(\boldsymbol{x}) + m_i \boldsymbol{F}_i(\boldsymbol{x})\hat{\boldsymbol{\theta}} + \dot{m}_i x_i \\
& - (\hat{\alpha}_i + \hat{\beta}_i)\mathrm{sgn}(s_i) - k_i \mathrm{sgn}(s_i), \quad i = 1,2,\cdots,n
\end{aligned} \tag{5.50}$$

其中 $\hat{\boldsymbol{\theta}}, \hat{\boldsymbol{\eta}}, \hat{\alpha}_i, \hat{\beta}_i$ 分别为 $\boldsymbol{\theta}, \boldsymbol{\eta}, \alpha_i, \beta_i$ 的估计值; $k_i > 0, i = 1,2,\cdots,n$ 是控制增益, 是一个常量.

为了克服模型不确定性、外部扰动和未知参数的影响，设计如下的自适应律：

$$\begin{aligned}
\dot{\hat{\boldsymbol{\theta}}} &= -[\boldsymbol{F}(\boldsymbol{x})]^{\mathrm{T}} \boldsymbol{M}\boldsymbol{\gamma}, \quad \hat{\boldsymbol{\theta}}(0) = \hat{\boldsymbol{\theta}}_0 \\
\dot{\hat{\boldsymbol{\eta}}} &= [\boldsymbol{G}(\boldsymbol{y})]^{\mathrm{T}} \boldsymbol{\gamma}, \quad \hat{\boldsymbol{\eta}}(0) = \hat{\boldsymbol{\eta}}_0 \\
\dot{\hat{\alpha}}_i &= \lambda_i |s_i|, \quad \hat{\alpha}_i(0) = \hat{\alpha}_{i0} \\
\dot{\hat{\beta}}_i &= \lambda_i |s_i|, \quad \hat{\beta}_i(0) = \hat{\beta}_{i0}
\end{aligned} \quad (5.51)$$

其中 $\boldsymbol{\gamma} = [\lambda_1 s_1, \lambda_2 s_2, \cdots, \lambda_n s_n]^{\mathrm{T}}$，$\hat{\boldsymbol{\theta}}_0, \hat{\boldsymbol{\eta}}_0, \hat{\alpha}_{i0}, \hat{\beta}_{i0}$ 分别是自适应参数 $\hat{\boldsymbol{\theta}}, \hat{\boldsymbol{\eta}}, \hat{\alpha}_i, \hat{\beta}_i$ 的初始值.

定理 5.2 对于由驱动系统 (5.44) 和响应系统 (5.45) 构成的具有未知参数、模型不确定和外界扰动的混沌同步系统，若选取系统的控制器为 (5.50) 和自适应律 (5.51)，则系统 (5.44) 和系统 (5.45) 可实现修正函数投影同步.

证明 选择系统 (5.46) 的 Lyapunov 函数为

$$V(t) = \frac{1}{2}\sum_{i=1}^{n}[s_i^2 + (\hat{\alpha}_i - \alpha_i)^2 + (\hat{\beta}_i - \beta_i)^2] + \frac{1}{2}\left\|\hat{\boldsymbol{\theta}} - \boldsymbol{\theta}\right\|^2 + \frac{1}{2}\left\|\hat{\boldsymbol{\eta}} - \boldsymbol{\eta}\right\|^2 \quad (5.52)$$

对上式求导，可得

$$\dot{V}(t) = \sum_{i=1}^{n}[s_i \dot{s}_i + (\hat{\alpha}_i - \alpha_i)\dot{\hat{\alpha}}_i + (\hat{\beta}_i - \beta_i)\dot{\hat{\beta}}_i] + (\hat{\boldsymbol{\theta}} - \boldsymbol{\theta})^{\mathrm{T}}\dot{\hat{\boldsymbol{\theta}}} + (\hat{\boldsymbol{\eta}} - \boldsymbol{\eta})^{\mathrm{T}}\dot{\hat{\boldsymbol{\eta}}} \quad (5.53)$$

因为 $\dot{s}_i(t) = \lambda_i \dot{e}_i(t)$，将式 (5.46) 代入上式可得

$$\begin{aligned}
\dot{V}(t) = \sum_{i=1}^{n}[&\lambda_i s_i(g_i(\boldsymbol{y}) + \boldsymbol{G}_i(\boldsymbol{y})\boldsymbol{\eta} + \Delta g_i(\boldsymbol{y}) + d_i^s(t) \\
&- m_i f_i(\boldsymbol{x}) - m_i \boldsymbol{F}_i(\boldsymbol{x})\boldsymbol{\theta} - m_i \Delta f_i(\boldsymbol{x}) - m_i d_i^m(t) \\
&- \dot{m}_i x_i + u_i(t)) + (\hat{\alpha}_i - \alpha_i)\dot{\hat{\alpha}}_i + (\hat{\beta}_i - \beta_i)\dot{\hat{\beta}}_i] \\
&+ (\hat{\boldsymbol{\theta}} - \boldsymbol{\theta})^{\mathrm{T}}\dot{\hat{\boldsymbol{\theta}}} + (\hat{\boldsymbol{\eta}} - \boldsymbol{\eta})^{\mathrm{T}}\dot{\hat{\boldsymbol{\eta}}}
\end{aligned} \quad (5.54)$$

将控制器 (5.50) 代入上式得

$$\begin{aligned}
\dot{V}(t) = \sum_{i=1}^{n}\{&\lambda_i s_i[\boldsymbol{G_i}(\boldsymbol{y})\boldsymbol{\eta} + \Delta g_i(\boldsymbol{y}) + d_i^s(t) - m_i \boldsymbol{F}_i(\boldsymbol{x})\boldsymbol{\theta} - m_i \Delta f_i(\boldsymbol{x}) \\
&- m_i d_i^m(t) - \boldsymbol{G}_i(\boldsymbol{y})\hat{\boldsymbol{\eta}} + m_i \boldsymbol{F}_i(\boldsymbol{x})\hat{\boldsymbol{\theta}} - (\hat{\alpha}_i + \hat{\beta}_i)\mathrm{sgn}(s_i) - k_i \mathrm{sgn}(s_i)] \\
&+ (\hat{\alpha}_i - \alpha_i)\dot{\hat{\alpha}}_i + (\hat{\beta}_i - \beta_i)\dot{\hat{\beta}}_i\} + (\hat{\boldsymbol{\theta}} - \boldsymbol{\theta})^{\mathrm{T}}\dot{\hat{\boldsymbol{\theta}}} + (\hat{\boldsymbol{\eta}} - \boldsymbol{\eta})\dot{\hat{\boldsymbol{\eta}}}
\end{aligned} \quad (5.55)$$

将自适应律 (5.51) 代入式 (5.55)，得

$$\dot{V}(t) = \sum_{i=1}^{n}\{\lambda_i s_i[\boldsymbol{G}_i(\boldsymbol{y})\boldsymbol{\eta} - \boldsymbol{G}_i(\boldsymbol{y})\hat{\boldsymbol{\eta}} + \Delta g_i(\boldsymbol{y}) + d_i^s(t) - m_i \boldsymbol{F}_i(\boldsymbol{x})\boldsymbol{\theta} + m_i \boldsymbol{F}_i(\boldsymbol{x})\hat{\boldsymbol{\theta}}$$

5.3 异结构混沌系统滑模控制器设计

$$- m_i \Delta f_i(\boldsymbol{x}) - m_i d_i^m(t) - (\hat{\alpha}_i + \hat{\beta}_i)\mathrm{sgn}(s_i) - k_i \mathrm{sgn}(s_i)] + (\hat{\alpha}_i - \alpha_i)\lambda_i |s_i|$$
$$+ (\hat{\beta}_i - \beta_i)\lambda_i |s_i| \} - (\hat{\boldsymbol{\theta}} - \boldsymbol{\theta})^{\mathrm{T}}[\boldsymbol{F}(\boldsymbol{x})]^{\mathrm{T}}\boldsymbol{M}\boldsymbol{\gamma} + (\hat{\eta}_i - \eta_i)[\boldsymbol{G}(\boldsymbol{y})]^{\mathrm{T}}\boldsymbol{\gamma} \qquad (5.56)$$

因为 $\sum_{i=1}^{n} \lambda_i s_i m_i \boldsymbol{F}_i(\boldsymbol{x})(\hat{\boldsymbol{\theta}} - \boldsymbol{\theta}) = (\hat{\boldsymbol{\theta}} - \boldsymbol{\theta})^{\mathrm{T}}[\boldsymbol{F}(\boldsymbol{x})]^{\mathrm{T}}\boldsymbol{M}\boldsymbol{\gamma}$, $\sum_{i=1}^{n} \lambda_i s_i \boldsymbol{G}_i(\boldsymbol{y})(\hat{\eta} - \eta) = (\hat{\eta} - \eta)^{\mathrm{T}}[\boldsymbol{G}(\boldsymbol{y})]^{\mathrm{T}}\boldsymbol{\gamma}$, 上式可简化为

$$\dot{V}(t) = \sum_{i=1}^{n} \{\lambda_i s_i \left[\Delta g_i(\boldsymbol{y}) + d_i^s(t) - m_i \Delta f_i(\boldsymbol{x}) - m_i d_i^m(t) - (\hat{\alpha}_i + \hat{\beta}_i)\mathrm{sgn}(s_i)\right.$$
$$\left. - k_i \mathrm{sgn}(s_i)\right] + (\hat{\alpha}_i - \alpha_i)\lambda_i |s_i| + (\hat{\beta}_i - \beta_i)\lambda_i |s_i| \} \qquad (5.57)$$

由上式易得

$$\dot{V}(t) \leqslant \sum_{i=1}^{n}[\lambda_i |s_i|(|\Delta g_i(\boldsymbol{y}) - m_i \Delta f_i(\boldsymbol{x})| + |d_i^s(t) m_i d_i^m(t)|)$$
$$- \lambda_i s_i (\hat{\alpha}_i + \hat{\beta}_i)\mathrm{sgn}(s_i) - \lambda_i s_i k_i \mathrm{sgn}(s_i)$$
$$+ (\hat{\alpha}_i - \alpha_i)\lambda_i |s_i| + (\hat{\beta}_i - \beta_i)\lambda_i |s_i|] \qquad (5.58)$$

由假设 5.2、假设 5.3 和假设 5.5 可得

$$\dot{V}(t) \leqslant \sum_{i=1}^{n}[\lambda_i |s_i|(\alpha_i + \beta_i) - \lambda_i s_i (\hat{\alpha}_i + \hat{\beta}_i)\mathrm{sgn}(s_i) - \lambda_i s_i k_i \mathrm{sgn}(s_i)$$
$$+ (\hat{\alpha}_i - \alpha_i)\lambda_i |s_i| + (\hat{\beta}_i - \beta_i)\lambda_i |s_i|]$$
$$= \sum_{i=1}^{n}[-\lambda_i s_i (\hat{\alpha}_i + \hat{\beta}_i)\mathrm{sgn}(s_i) - \lambda_i s_i k_i \mathrm{sgn}(s_i) + \hat{\alpha}_i \lambda_i |s_i| + \hat{\beta}_i \lambda_i |s_i|] \qquad (5.59)$$

用 $\dfrac{|s_i|}{s_i}$ 代替符号函数 $\mathrm{sgn}(s_i)$, 可得

$$\dot{V}(t) \leqslant \sum_{i=1}^{n}[-\lambda_i |s_i|(\hat{\alpha}_i + \hat{\beta}_i) - k_i \lambda_i |s_i| + \hat{\alpha}_i \lambda_i |s_i| + \hat{\beta}_i \lambda_i |s_i|] \qquad (5.60)$$

即

$$\dot{V}(t) \leqslant \sum_{i=1}^{n} -k_i \lambda_i |s_i| = -\sum_{i=0}^{n} \mu_i |s_i| = -\boldsymbol{\mu}|\boldsymbol{s}| \leqslant 0 \qquad (5.61)$$

其中 $\mu_i = k_i \lambda_i, i = 1, 2, \cdots, n, \boldsymbol{\mu} = [\mu_1, \mu_2, \cdots, \mu_n] > \boldsymbol{0}, |\boldsymbol{s}| = [|s_1|, |s_2|, \cdots, |s_n|]^{\mathrm{T}}$

$$\dot{V}(t) = -\boldsymbol{\mu}|\boldsymbol{s}| = -\psi(t) \leqslant 0 \qquad (5.62)$$

其中 $\psi(t) = \boldsymbol{\mu}|\boldsymbol{s}| \geqslant 0$，将式从 0 到 t 积分可得

$$V(0) \geqslant V(t) + \int_0^t \psi(\lambda)d\lambda \tag{5.63}$$

因为 $\dot{V}(t) \leqslant 0, V(0) - V(t) \geqslant 0$ 是正定的，可得 $\lim\limits_{t\to\infty}\int_0^t \psi(\lambda)d\lambda$ 是正定的，即 $\lim\limits_{t\to\infty}\int_0^t \psi(\lambda)d\lambda = V(0) - V(t) \geqslant 0$. 由引理 5.1，可得

$$\lim_{t\to\infty}\psi(t) = \lim_{t\to\infty}\boldsymbol{\mu}|\boldsymbol{s}| = 0 \tag{5.64}$$

因为 $\boldsymbol{\mu}$ 大于零，上式表明 $\lim\limits_{t\to\infty}\boldsymbol{s} = \boldsymbol{0}$，由此可得误差向量 $\lim\limits_{t\to\infty}\boldsymbol{e} = \boldsymbol{0}$，即驱动和响应系统实现了修正函数投影同步. 定理证毕.

注 5.5 因为控制器 (5.50) 中有不连续的符号函数 $\text{sgn}(s_i)$，会产生不期望的抖振，为避免抖振现象，在实际中可用双曲正切函数 $\tanh(\varepsilon s_i), \varepsilon > 0$ 代替符号函数，其中 ε 是适当大的正常数. 最后的控制输入为

$$\begin{aligned}u_i(t) = &-g_i(\boldsymbol{y}) - \boldsymbol{G}_i(\boldsymbol{y})\hat{\boldsymbol{\eta}} + m_i f_i(\boldsymbol{x}) + m_i \boldsymbol{F}_i(\boldsymbol{x})\hat{\boldsymbol{\theta}} + \dot{m}_i x_i \\ &- (\hat{\alpha}_i + \hat{\beta}_i)\tanh(\varepsilon s_i) - k_i \tanh(s_i/\varepsilon), \quad i = 1, 2, \cdots, n\end{aligned} \tag{5.65}$$

5.3.3 数值仿真

5.3.3.1 异结构混沌系统修正函数投影同步

以著名的 Lorenz 混沌系统和 Chen 混沌系统为例进行仿真. Lorenz 系统状态方程为

$$\begin{aligned}\dot{\boldsymbol{x}} &= \boldsymbol{f}(\boldsymbol{x}) + \boldsymbol{F}(\boldsymbol{x})\boldsymbol{\theta} + \Delta \boldsymbol{f}(\boldsymbol{x}, t) + \boldsymbol{d}^m(t) \\ &= \begin{bmatrix} 0 \\ -x_2 - x_1 x_3 \\ x_1 x_2 \end{bmatrix} + \begin{bmatrix} x_2 - x_1 & 0 & 0 \\ 0 & x_1 & 0 \\ 0 & 0 & -x_3 \end{bmatrix} \begin{bmatrix} 10 \\ 28 \\ 8/3 \end{bmatrix} \\ &+ \begin{bmatrix} \Delta f_1(\boldsymbol{x}, t) \\ \Delta f_2(\boldsymbol{x}, t) \\ \Delta f_3(\boldsymbol{x}, t) \end{bmatrix} + \begin{bmatrix} d_1^m(t) \\ d_2^m(t) \\ d_3^m(t) \end{bmatrix}\end{aligned} \tag{5.66}$$

相应的 Chen 响应系统状态方程为

$$\begin{aligned}\dot{\boldsymbol{y}} &= \boldsymbol{g}(\boldsymbol{y}) + \boldsymbol{G}(\boldsymbol{y})\boldsymbol{\eta} + \Delta \boldsymbol{g}(\boldsymbol{y}, t) + \boldsymbol{d}^s(t) + \boldsymbol{\phi}(\boldsymbol{u}(t)) \\ &= \begin{bmatrix} 0 \\ -y_1 y_3 \\ y_1 y_2 \end{bmatrix} + \begin{bmatrix} y_2 - y_1 & 0 & 0 \\ -y_1 & y_1 + y_2 & 0 \\ 0 & 0 & -y_3 \end{bmatrix} \begin{bmatrix} 35 \\ 28 \\ 3 \end{bmatrix}\end{aligned}$$

5.3 异结构混沌系统滑模控制器设计

$$+ \begin{bmatrix} \Delta g_1(\boldsymbol{y},t) \\ \Delta g_2(\boldsymbol{y},t) \\ \Delta g_3(\boldsymbol{y},t) \end{bmatrix} + \begin{bmatrix} d_1^s(t) \\ d_2^s(t) \\ d_3^s(t) \end{bmatrix} + \begin{bmatrix} u_1 \\ u_2 \\ u_3 \end{bmatrix} \quad (5.67)$$

式中 $\Delta f_i(\boldsymbol{x},t), \Delta g_i(\boldsymbol{y},t), i=1,2,\cdots,n$ 为系统不确定项, $d_i^m(t), d_i^s(t), i=1,2,\cdots,n$ 为外界扰动. 当选取 $\theta_1=10, \theta_2=28, \theta_3=8/3, \eta_1=35, \eta_2=28, \eta_3=3$ 时, 驱动系统 (5.66) 和响应系统 (5.67) 处于混沌状态.

取滑模面为

$$s_1 = 5e_1, \quad s_2 = 5e_2, \quad s_3 = 6e_3 \quad (5.68)$$

根据式 (5.65), 可得相应的控制器为

$$\begin{cases} u_1(t) = -(-y_1+y_2)\hat{\eta}_1 + m_1(x_2-x_1)\hat{\theta}_1 + \dot{m}_1 x_1 \\ \qquad -(\hat{\alpha}_1+\hat{\beta}_1)\tanh(\varepsilon s_1) - k_1\tanh(s_1/\varepsilon) \\ u_2(t) = y_1 y_3 + y_1\hat{\eta}_1 - (y_1+y_2)\hat{\eta}_2 + m_2(-x_1 x_3 - x_2) \\ \qquad + m_2 x_1\hat{\theta}_2 + \dot{m}_2 x_2 - (\hat{\alpha}_2+\hat{\beta}_2)\tanh(\varepsilon s_2) - k_2\tanh(s_2/\varepsilon) \\ u_3(t) = -y_1 y_2 + y_3\hat{\eta}_3 + m_3 x_1 x_2 - m_3 x_3\hat{\theta}_3 + \dot{m}_3 x_3 \\ \qquad -(\hat{\alpha}_3+\hat{\beta}_3)\tanh(\varepsilon s_3) - k_3\tanh(s_3/\varepsilon) \end{cases} \quad (5.69)$$

取 $\lambda_1=8, \lambda_2=5, \lambda_3=10, \varepsilon=0.1$, 驱动系统和响应系统的初始值分别取为 $(0.5, 0.2, 0.4)$ 和 $(0.2, 0.3, 0.5)$, 参数初始值为 $\hat{\theta}_1(0)=0.1, \hat{\theta}_2(0)=0.1, \hat{\theta}_3(0)=0.1, \hat{\eta}_1(0)=0.1, \hat{\eta}_2(0)=0.1, \hat{\eta}_3(0)=0.1$. 函数比例因子矩阵 $\boldsymbol{M}(t)=\mathrm{diag}(2+0.1\cos(t), 3-0.3\cos(t), 2+0.2\sin(2t))$, 系统的外界扰动分别为

$$d_1^m(t)=d_2^m(t)=d_3^m(t)=0.2\cos(t), d_1^s(t)=d_2^s(t)=d_3^s(t)=-0.1\cos(t),$$

系统的不确定性分别为 $\Delta f_1(\boldsymbol{x},t)=0.2\sin(2\pi x_1), \Delta f_2(\boldsymbol{x},t)=0.1\sin(\pi x_2), \Delta f_3(\boldsymbol{x},t)=0.2\sin(3x_3), \Delta g_1(\boldsymbol{y},t)=0.2\sin(\pi y_1), \Delta g_2(\boldsymbol{y},t)=0.1\sin(2\pi y_2), \Delta g_3(\boldsymbol{y},t)=0.2\sin(\pi y_3)$.

图 5.6(a), (b) 分别为无控制器和有控制器的作用下, 系统 (5.66) 和系统 (5.67) 之间的修正函数投影同步误差. 对比可知, 在本节设计的鲁棒自适应控制器的作用下, 混沌驱动系统 (5.66) 和响应系统 (5.67) 很快实现了修正函数投影同步. 图 5.7(a)~(d) 为在控制器的作用下, 系统不确定参数、模型不确定性和外界扰动界值的估计值的变化轨迹, 由仿真结果可知, 所有的未知参数 $\theta_1, \theta_2, \theta_3, \eta_1, \eta_2, \eta_3, \alpha_1, \alpha_2, \alpha_3, \beta_1, \beta_2, \beta_3$ 都按照自适应律趋于常值.

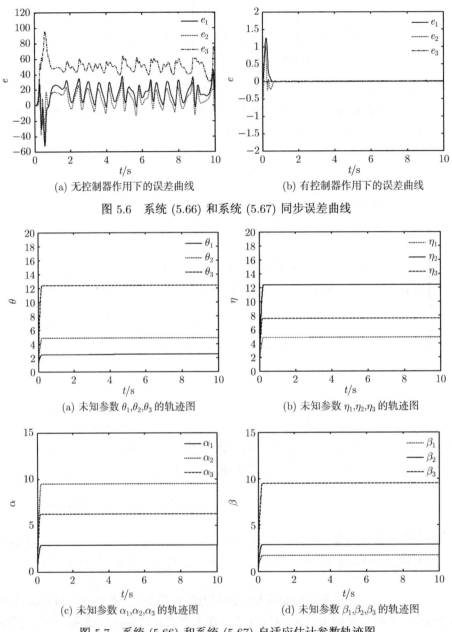

(a) 无控制器作用下的误差曲线   (b) 有控制器作用下的误差曲线

图 5.6 系统 (5.66) 和系统 (5.67) 同步误差曲线

(a) 未知参数 $\theta_1,\theta_2,\theta_3$ 的轨迹图   (b) 未知参数 η_1,η_2,η_3 的轨迹图

(c) 未知参数 $\alpha_1,\alpha_2,\alpha_3$ 的轨迹图   (d) 未知参数 β_1,β_2,β_3 的轨迹图

图 5.7 系统 (5.66) 和系统 (5.67) 自适应估计参数轨迹图

5.3.3.2 异结构超混沌系统修正函数投影同步

以下述四维超混沌系统和 LS 超混沌系统为例进行仿真. 四维超混沌系统作为

5.3 异结构混沌系统滑模控制器设计

驱动系统, 其状态方程为

$$\begin{aligned}\dot{x} &= f(x) + F(x)\theta + \Delta f(x,t) + d^m(t)\\&= \begin{bmatrix} 0 \\ -x_1 x_3 + x_4 \\ x_1 x_2 \\ 0 \end{bmatrix} + \begin{bmatrix} x_2 - x_1 & 0 & 0 & 0 \\ 0 & x_1 & 0 & 0 \\ 0 & 0 & -x_3 & 0 \\ 0 & 0 & 0 & -x_1 \end{bmatrix} \begin{bmatrix} 35 \\ 35 \\ 3 \\ 8 \end{bmatrix}\\&\quad + \begin{bmatrix} \Delta f_1(x,t) \\ \Delta f_2(x,t) \\ \Delta f_3(x,t) \\ \Delta f_4(x,t) \end{bmatrix} + \begin{bmatrix} d_1^m(t) \\ d_2^m(t) \\ d_3^m(t) \\ d_4^m(t) \end{bmatrix}\end{aligned} \qquad (5.70)$$

驱动系统的混沌吸引子如图 5.3 所示. LS 超混沌系统作为响应系统, 其状态方程为

$$\begin{aligned}\dot{y} &= g(y) + G(y)\eta + \Delta g(y,t) + d^s(t) + u(t)\\&= \begin{bmatrix} 0 \\ -y_1 y_3 - y_2 \\ y_1 y_2 \\ -y_1 \end{bmatrix} + \begin{bmatrix} -y_1 + y_2 & 0 & y_4 & 0 \\ 0 & y_1 & 0 & 0 \\ 0 & 0 & 0 & -y_3 \\ -y_4 & 0 & 0 & 0 \end{bmatrix} \begin{bmatrix} 1 \\ 26 \\ 1.5 \\ 0.7 \end{bmatrix}\\&\quad + \begin{bmatrix} \Delta g_1(y,t) \\ \Delta g_2(y,t) \\ \Delta g_3(y,t) \\ \Delta g_4(y,t) \end{bmatrix} + \begin{bmatrix} d_1^s(t) \\ d_2^s(t) \\ d_3^s(t) \\ d_4^s(t) \end{bmatrix} + \begin{bmatrix} u_1 \\ u_2 \\ u_3 \\ u_4 \end{bmatrix}\end{aligned} \qquad (5.71)$$

当取参数值 $\eta_1 = 1, \eta_2 = 26, \eta_3 = 1.5, \eta_4 = 0.7$ 时, LS 系统处于超混沌状态, 其混沌吸引子如图 5.8 所示.

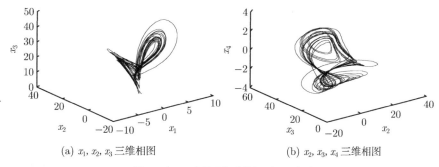

(a) x_1, x_2, x_3 三维相图 (b) x_2, x_3, x_4 三维相图

图 5.8 LS 超混沌系统混沌吸引子

取滑模面为

$$s_1 = 5e_1, \quad s_2 = 5e_2, \quad s_3 = 4e_3, \quad s_4 = 6e_4 \tag{5.72}$$

根据式 (5.65), 可得相应的控制器为

$$\begin{cases} u_1(t) = -(-y_1 + y_2)\hat{\eta}_1 - y_4\hat{\eta}_3 + m_1(x_2 - x_1)\hat{\theta}_1 + \dot{m}_1 x_1 \\ \qquad -(\hat{\alpha}_1 + \hat{\beta}_1)\tanh(s_1/\varepsilon) - k_1\tanh(s_1/\varepsilon) \\ u_2(t) = y_1 y_3 + y_2 - y_1\hat{\eta}_2 + m_2(-x_1 x_3 + x_4) + m_2 x_1\hat{\theta}_2 + \dot{m}_2 x_2 \\ \qquad -(\hat{\alpha}_2 + \hat{\beta}_2)\tanh(s_2/\varepsilon) - k_2\tanh(s_2/\varepsilon) \\ u_3(t) = -y_1 y_2 + y_3\hat{\eta}_3 + m_3 x_1 x_2 - m_3 x_3\hat{\theta}_3 + \dot{m}_3 x_3 \\ \qquad -(\hat{\alpha}_3 + \hat{\beta}_3)\tanh(s_3/\varepsilon) - k_3\tanh(s_3/\varepsilon) \\ u_4(t) = y_1 + y_4\hat{\eta}_1 - m_4 x_1\hat{\theta}_4 + \dot{m}_4 x_4 \\ \qquad -(\hat{\alpha}_4 + \hat{\beta}_4)\tanh(s_4/\varepsilon) - k_4\tanh(s_4/\varepsilon) \end{cases} \tag{5.73}$$

在仿真中, 取 $\varepsilon = 0.1$, 驱动系统和响应系统的初始值分别取 $(5,2,4,4)$ 和 $(2,3,5,1)$, 自适应参数 $\hat{\theta}, \hat{\eta}, \hat{\alpha}_i, \hat{\beta}_i$ 的初始值为 $(0.1, 0.1, 0.1, 0.1)$, $(0.1, 0.1, 0.1, 0.1)$, $(0,0,0,0)$ 和 $(0,0,0,0)$. 函数比例因子矩阵 $\boldsymbol{M}(t) = \mathrm{diag}(2 + 0.1\cos(t), 3 - 0.3\cos(t), 2 + 0.2\sin(2t), 2 + 0.1\sin(t))$, 系统的外界扰动分别为随机扰动. 系统的不确定性分别为

$$\begin{cases} \Delta f_1(\boldsymbol{x}, t) = 0.2\sin(2\pi x_1) \\ \Delta f_2(\boldsymbol{x}, t) = 0.1\sin(\pi x_2) \\ \Delta f_3(\boldsymbol{x}, t) = 0.2\sin(3 x_3) \\ \Delta f_4(\boldsymbol{x}, t) = 0.1\sin(2 x_4) \end{cases} \tag{5.74}$$

$$\begin{cases} \Delta g_1(\boldsymbol{y}, t) = 0.2\sin(\pi y_1) \\ \Delta g_2(\boldsymbol{y}, t) = 0.1\sin(2\pi y_2) \\ \Delta g_3(\boldsymbol{y}, t) = 0.2\sin(\pi y_3) \\ \Delta g_4(\boldsymbol{y}, t) = 0.2\sin(2\pi y_4) \end{cases} \tag{5.75}$$

仿真结果如图 5.9 和图 5.10 所示. 图 5.10 (a), (b) 分别为在无控制器和有控制器的作用下, 系统 (5.70) 和系统 (5.71) 之间的修正函数投影同步误差. 对比图 5.9(a), (b) 可知, 在本节设计的控制器作用下, 驱动系统 (5.70) 和响应系统 (5.71) 很快实现了修正函数投影同步. 图 5.10(a)~(d) 为在控制器的作用下, 系统不确定参数、模型不确定性和外界扰动界值的估计值的变化轨迹. 由仿真结果可知, 超混沌驱动系统 (5.70) 和 LS 超混沌响应系统 (5.71) 通过本节设计的鲁棒自适应滑模控制器实现了修正函数投影同步, 且所有的未知参数 $\theta_1, \theta_2, \theta_3, \theta_4, \eta_1, \eta_2, \eta_3, \eta_4, \alpha_1, \alpha_2, \alpha_3, \alpha_4, \beta_1, \beta_2, \beta_3, \beta_4$ 都按照自适应律趋于常值.

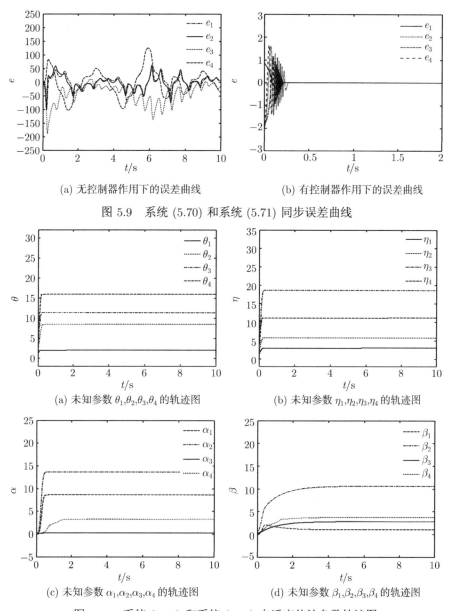

图 5.9 系统 (5.70) 和系统 (5.71) 同步误差曲线

图 5.10 系统 (5.70) 和系统 (5.71) 自适应估计参数轨迹图

5.4 结 论

本章针对具有模型不确定和外界扰动的同结构和异结构混沌系统的修正函数投影同步问题, 基于 Lyapunov 稳定性理论及滑模变结构控制方法, 提出了统一的鲁棒自适应滑模控制器设计策略. 为了抑制控制的抖振性, 在鲁棒控制器中引入双曲正切函数, 并从理论上证明了用双曲正切函数代替符号函数, 不会影响同步系统的稳定性. 以混沌和超混沌系统为例的仿真实验表明了该控制方法的有效性. 该方法考虑了工程实际中不可避免的模型不确定和外界扰动问题, 具有很强的鲁棒性. 此外, 在设计过程中不需要预先知道不确定性和外界扰动的界值, 使得此方法简单易行, 具有广泛的通用性.

第6章 输入受限的混沌系统修正函数投影同步

6.1 引　　言

在上述几章对混沌系统的修正函数投影同步控制器设计中, 控制输入都是线性的, 然而在控制器的实际执行中, 执行器的限制, 如摩擦、回切、磁滞、饱和和死区等因素会导致控制输入的非线性. 由于混沌系统的初始值敏感性, 这种控制输入非线性的存在可能导致已经同步的混沌系统出现不稳定的特征. 因此, 控制输入非线性的影响在实际过程中往往是不可忽略的, 研究具有非线性输入的混沌系统的同步问题更接近工程实际[81,82]. 扇区非线性输入是指系统的输入函数局限于一个扇形区域内, 由于混沌系统的输入函数大都是有界的, 因此对于大部分非线性输入, 均可将输入函数限制在一个扇形区域内. 扇区非线性输入代表了一大类具有非线性的输入函数, 因此研究具有扇区非线性输入的混沌系统同步具有重要的实际意义[83–92].

本章在上几章的基础上, 进一步考虑了实现混沌修正函数投影同步时控制输入的非线性因素, 分别讨论了具有已知和未知扇区输入、模型不确定和外界扰动的混沌系统的修正函数投影同步问题. 首先选择一个具有积分环节的滑模面, 然后基于 Lyapunov 稳定性理论设计滑模控制器和自适应更新规则, 使得混沌驱动系统和响应系统按照期望的函数比例因子矩阵实现同步. 该方法对系统模型不确定性和外界扰动具有较强的鲁棒性, 且在控制器的设计中考虑了控制输入的非线性, 具有很高的工程实际意义. 最后, 以典型混沌和超混沌系统为例的理论分析和仿真结果表明该方法的有效性.

6.2 问 题 描 述

考虑如下形式的混沌驱动系统

$$\begin{aligned}
\dot{x}_1(t) &= f_1(\boldsymbol{x}) + \boldsymbol{F}_1(\boldsymbol{x})\boldsymbol{\theta} + \Delta f_1(\boldsymbol{x},t) + d_1^m(t) \\
\dot{x}_2(t) &= f_2(\boldsymbol{x}) + \boldsymbol{F}_2(\boldsymbol{x})\boldsymbol{\theta} + \Delta f_2(\boldsymbol{x},t) + d_2^m(t) \\
&\vdots \\
\dot{x}_n(t) &= f_n(\boldsymbol{x}) + \boldsymbol{F}_n(\boldsymbol{x})\boldsymbol{\theta} + \Delta f_n(\boldsymbol{x},t) + d_n^m(t)
\end{aligned} \quad (6.1)$$

相应的响应系统为

$$\begin{aligned}
\dot{y}_1(t) &= g_1(\boldsymbol{y}) + \boldsymbol{G}_1(\boldsymbol{y})\boldsymbol{\eta} + \Delta g_1(\boldsymbol{y},t) + d_1^s(t) + \phi_1(u_1(t)) \\
\dot{y}_2(t) &= g_2(\boldsymbol{y}) + \boldsymbol{G}_2(\boldsymbol{y})\boldsymbol{\eta} + \Delta g_2(\boldsymbol{y},t) + d_2^s(t) + \phi_2(u_2(t)) \\
&\vdots \\
\dot{y}_n(t) &= g_n(\boldsymbol{y}) + \boldsymbol{G}_n(\boldsymbol{y})\boldsymbol{\eta} + \Delta g_n(\boldsymbol{y},t) + d_n^s(t) + \phi_n(u_n(t))
\end{aligned} \quad (6.2)$$

其中 $\boldsymbol{x}(t) = [x_1, x_2, \cdots, x_n]^{\mathrm{T}}$, $\boldsymbol{y}(t) = [y_1, y_2, \cdots, y_n]^{\mathrm{T}}$ 分别为驱动系统和响应系统的状态向量; $f_i(\boldsymbol{x}), g_i(\boldsymbol{y}), i = 1, 2, \cdots, n$ 为连续非线性函数; $\boldsymbol{F}_i(\boldsymbol{x}), \boldsymbol{G}_i(\boldsymbol{y}), i = 1, 2, \cdots, n$ 分别是 $n \times p$ 矩阵 $\boldsymbol{F}(\boldsymbol{x})$ 和 $n \times q$ 矩阵 $\boldsymbol{G}(\boldsymbol{y})$ 的第 i 行, $\boldsymbol{F}(\boldsymbol{x})$ 和 $\boldsymbol{G}(\boldsymbol{y})$ 中的元素为连续非线性函数; $\boldsymbol{\theta} = [\theta_1, \theta_2, \cdots, \theta_m]^{\mathrm{T}}$ 和 $\boldsymbol{\eta} = [\eta_1, \eta_2, \cdots, \eta_n]^{\mathrm{T}}$ 分别是 p 维驱动系统和 q 维响应系统的未知的参数向量; $\Delta \boldsymbol{f}(\boldsymbol{x},t) = [\Delta f_1(\boldsymbol{x},t), \Delta f_2(\boldsymbol{x},t), \cdots, \Delta f_n(\boldsymbol{x},t)]^{\mathrm{T}}$ 和 $\Delta \boldsymbol{g}(\boldsymbol{y},t) = [\Delta g_1(\boldsymbol{y},t), \Delta g_2(\boldsymbol{y},t), \cdots, \Delta g_n(\boldsymbol{y},t)]^{\mathrm{T}}$ 分别为驱动系统和响应系统的模型不确定性; $\boldsymbol{d}^m(t) = [d_1^m(t), d_2^m(t), \cdots, d_n^m(t)]^{\mathrm{T}}$ 和 $\boldsymbol{d}^s(t) = [d_1^s(t), d_2^s(t), \cdots, d_n^s(t)]^{\mathrm{T}}$ 分别为驱动系统和响应系统的未知外界扰动; m, s 为上标, 用来区分驱动系统和响应系统; $\boldsymbol{u}(t) = [u_1(t), u_2(t), \cdots, u_n(t)]^{\mathrm{T}}$ 为控制输入向量; $\boldsymbol{\phi}(\boldsymbol{u}(t)) = [\phi_1(u_1(t)), \phi_2(u_2(t)), \cdots, \phi_n(u_n(t))]^{\mathrm{T}}$ 为非线性控制项, $\phi_i(u_i(t)), i = 1, 2, \cdots, n$ 为连续非线性函数满足 $\phi_i(0) = 0, i = 1, 2, \cdots, n$. 在斜率为 p, q 的扇形区域内, $\forall u_i(t) \to \phi_i(u_i(t)), \exists \phi: R \to R$, 即

$$p_i u_i^2(t) \leqslant u_i(t)\phi_i(u_i(t)) \leqslant q_i u_i^2(t) \quad (6.3)$$

其中 $q > p > 0, i = 1, 2, \cdots, n$ 为正常数. 扇形区域内非线性函数 $\phi_i(u_i(t))$ 的变化曲线如图 6.1 所示.

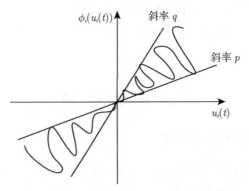

图 6.1 扇区内非线性输入 $\phi_i(u_i(t))$ 的曲线图

定义驱动系统 (6.1) 和响应系统 (6.2) 之间的状态误差为 $\boldsymbol{e}(t) = \boldsymbol{y} - \boldsymbol{M}\boldsymbol{x}$, 其中 $\boldsymbol{M}$ 是比例因子矩阵, $m_i \in R$ 为比例因子, $\boldsymbol{M} = \mathrm{diag}(m_1, m_2, \cdots, m_n)$. 对驱动

系统 (6.1) 和响应系统 (6.2), 如果存在控制输入 $u(t)$ 使得从任意初始值出发的系统 (6.1) 和系统 (6.2) 满足 $\lim_{t\to\infty}\|e(t)\|=0$, 其中 $e(t)=(e_1,e_2,\cdots,e_n)^{\mathrm{T}}$, 则称系统 (6.1) 和系统 (6.2) 实现了修正函数投影同步.

由式 (6.1) 和式 (6.2) 可得误差动力系统方程为

$$\begin{aligned}
\dot{e}_1(t) &= g_1(\boldsymbol{y}) + \boldsymbol{G}_1(\boldsymbol{y})\boldsymbol{\eta} + \Delta g_1(\boldsymbol{y},t) + d_1^s(t) - m_1 f_1(\boldsymbol{x}) - m_1 \boldsymbol{F}_1(\boldsymbol{x})\boldsymbol{\theta} \\
&\quad - m_1 \Delta f_1(\boldsymbol{x},t) - m_1 d_1^m(t) - \dot{m}_1 x_1 + \phi_1(u_1(t)) \\
\dot{e}_2(t) &= g_2(\boldsymbol{y}) + \boldsymbol{G}_2(\boldsymbol{y})\boldsymbol{\eta} + \Delta g_2(\boldsymbol{y},t) + d_2^s(t) - m_2 f_2(\boldsymbol{x}) - m_2 \boldsymbol{F}_2(\boldsymbol{x})\boldsymbol{\theta} \\
&\quad - m_2 \Delta f_2(\boldsymbol{x},t) - m_2 d_2^m(t) - \dot{m}_2 x_2 + \phi_2(u_2(t)) \\
&\vdots \\
\dot{e}_n(t) &= g_n(\boldsymbol{y}) + G_n(\boldsymbol{y})\boldsymbol{\eta} + \Delta g_n(\boldsymbol{y},t) + d_n^s(t) - m_n f_n(\boldsymbol{x}) - m_n \boldsymbol{F}_n(\boldsymbol{x})\boldsymbol{\theta} \\
&\quad - m_n \Delta f_n(\boldsymbol{x},t) - m_n d_n^m(t) - \dot{m}_n x_n + \phi_n(u_n(t))
\end{aligned} \quad (6.4)$$

于是, 系统 (6.1) 和系统 (6.2) 的修正函数投影同步问题转化为误差式 (6.4) 的稳定性问题. 本章的设计目标是对于任意混沌驱动系统 (6.1) 和响应系统 (6.2), 通过非线性输入 $\phi_i(u_i(t)), i=1,2,\cdots,n$ 控制, 最终使得误差系统满足 $\lim_{t\to\infty}\|e(t)\|=0$.

假设 6.1 驱动系统 (6.1) 和响应系统 (6.2) 的模型不确定性 $\Delta \boldsymbol{f}(\boldsymbol{x},t) = [\Delta f_1(\boldsymbol{x},t), \Delta f_2(\boldsymbol{x},t), \cdots, \Delta f_n(\boldsymbol{x},t)]^{\mathrm{T}}$, $\Delta \boldsymbol{g}(\boldsymbol{y},t) = [\Delta g_1(\boldsymbol{y},t), \Delta g_2(\boldsymbol{y},t), \cdots, \Delta g_n(\boldsymbol{y},t)]^{\mathrm{T}}$ 以及外界扰动 $\boldsymbol{d}^m(t) = [d_1^m(t), d_2^m(t), \cdots, d_n^m(t)]^{\mathrm{T}}$ 和 $\boldsymbol{d}^s(t) = [d_1^s(t), d_2^s(t), \cdots, d_n^s(t)]^{\mathrm{T}}$ 分别满足假设 5.1~ 假设 5.4.

6.3 扇区已知的受扰混沌系统修正函数投影同步

6.3.1 鲁棒自适应滑模控制器设计

假设 6.2 输入非线性函数 $\phi_i(u_i(t)), i=1,2,\cdots,n$ 包含在扇形区域 $[pu_i(t), qu_i(t)]$ 内, 其中 $p>0, q>0, i=1,2,\cdots,n$ 为已知的正常数.

滑模控制器的设计包括两个步骤: 首先, 设计合适的滑模面 $s(t)$, 使它所确定的滑动模态渐近稳定且具有良好的动态品质; 其次, 设计合适控制器 $u(t)$, 使到达条件得到满足, 确保滑模的实现.

(1) 设计具有积分形式的滑模面如下

$$s_i(t) = \lambda_i e_i(t) + \int_0^t e_i(\tau)d\tau, \quad i=1,2,\cdots,n \quad (6.5)$$

其中 $s_i(t) \in R(\boldsymbol{s}(t) = [s_1(t), s_2(t), \cdots, s_n(t)]^{\mathrm{T}})$ 为滑模面函数, $\lambda_i, i=1,2,\cdots,n$ 为滑模面参数, 取合适的正常量.

(2) 滑模同步控制器设计.

为了确保系统发生滑模运动, 设计滑模同步控制器如下:

$$u_i(t) = \left[\frac{1}{p_i}\left(\frac{-1}{\lambda_i}|e_i(t)| - |g_i(\boldsymbol{y}) - m_i f_i(\boldsymbol{x}) - m_i x_i| - |\boldsymbol{G}_i(\boldsymbol{y})\hat{\boldsymbol{\eta}} - m_i \boldsymbol{F}_i(\boldsymbol{x})\hat{\boldsymbol{\theta}}|\right.\right.$$
$$\left.\left. - (\hat{\alpha}_i + \hat{\beta}_i) - k_i\right)\right]\operatorname{sgn}(s_i) = \varepsilon_i \operatorname{sgn}(s_i), \quad \varepsilon_i < 0, \ i = 1, 2, \cdots, n \quad (6.6)$$

其中 $\hat{\boldsymbol{\theta}}, \hat{\boldsymbol{\eta}}, \hat{\alpha}_i, \hat{\beta}_i$ 分别为 $\boldsymbol{\theta}, \boldsymbol{\eta}, \alpha_i, \beta_i$ 的估计值; $k_i > 0, i = 1, 2, \cdots, n$ 是转换增益, 是一个常量; $\operatorname{sgn}(\cdot)$ 是符号函数.

为了克服模型不确定和外部扰动的影响, 设计如下的自适应律:

$$\begin{aligned}
\dot{\hat{\boldsymbol{\theta}}} &= -[\boldsymbol{F}(x)]^{\mathrm{T}} \boldsymbol{M} \boldsymbol{\gamma}, & \hat{\boldsymbol{\theta}}(0) &= \hat{\boldsymbol{\theta}}_0 \\
\dot{\hat{\boldsymbol{\eta}}} &= [\boldsymbol{G}(y)]^{\mathrm{T}} \boldsymbol{\gamma}, & \hat{\boldsymbol{\eta}}(0) &= \hat{\boldsymbol{\eta}}_0 \\
\dot{\hat{\alpha}}_i &= \lambda_i |s_i|, & \hat{\alpha}_i(0) &= \hat{\alpha}_{i0} \\
\dot{\hat{\beta}}_i &= \lambda_i |s_i|, & \hat{\beta}_i(0) &= \hat{\beta}_{i0}
\end{aligned} \quad (6.7)$$

其中 $\boldsymbol{\gamma} = [\lambda_1 s_1, \lambda_2 s_2, \cdots, \lambda_n s_n]^{\mathrm{T}}$, $\hat{\boldsymbol{\theta}}_0, \hat{\boldsymbol{\eta}}_0, \hat{\alpha}_{i0}, \hat{\beta}_{i0}$ 分别是自适应参数 $\hat{\boldsymbol{\theta}}, \hat{\boldsymbol{\eta}}, \hat{\alpha}_i, \hat{\beta}_i$ 的初始值.

引理 6.1 假设 $u_i(t) = \varepsilon_i \operatorname{sgn}(s_i(t))(\varepsilon_i < 0)$, 则以下不等式成立:

$$s_i(t)\phi_i(u_i(t)) \leqslant p_i \varepsilon_i |s_i(t)| \quad (6.8)$$

证明 当 $s_i(t) = 0$ 时, 等号显然成立, 即

$$s_i(t)\phi_i(u_i(t)) = p_i \varepsilon_i |s_i(t)| \quad (6.9)$$

当 $s_i(t) \neq 0$ 时, 将 $u_i(t) = \varepsilon_i \operatorname{sgn}(s_i(t))$ 代入到 (6.3) 式的左边可得

$$p_i \varepsilon_i^2 \operatorname{sgn}(s_i(t))^2 \leqslant \varepsilon_i \operatorname{sgn}(s_i(t))\phi_i(u_i(t)) \quad (6.10)$$

用 $\operatorname{sgn}(s_i(t)) = \dfrac{|s_i(t)|}{s_i(t)}$ 代替符号函数 $\operatorname{sgn}(s_i(t))$ 可得

$$p_i \varepsilon_i^2 \frac{|s_i(t)|}{s_i(t)} \frac{|s_i(t)|}{s_i(t)} \leqslant \varepsilon_i \frac{|s_i(t)|}{s_i(t)} \phi_i(u_i(t)) \quad (6.11)$$

将上式的两边同乘以 $s_i^2(t)$, 可得

$$p_i \varepsilon_i^2 |s_i(t)| |s_i(t)| \leqslant \varepsilon_i s_i(t) |s_i(t)| \phi_i(u_i(t)) \quad (6.12)$$

6.3 扇区已知的受扰混沌系统修正函数投影同步

即
$$p_i \varepsilon_i^2 |s_i(t)| \leqslant \varepsilon_i s_i(t)\phi_i(u_i(t)) \tag{6.13}$$

将上式两边同除以 $\varepsilon_i(\varepsilon_i < 0)$, 可得 $s_i(t)\phi_i(u_i(t)) \leqslant p_i\varepsilon_i |s_i(t)|$, 引理 6.1 证毕.

定理 6.1 对于由驱动系统 (6.1) 和响应系统 (6.2) 构成的混沌同步误差动态系统 (6.4), 在控制器 (6.6) 和自适应律 (6.7) 的作用下, 误差系统轨线将收敛到滑模面 $s(t) = \mathbf{0}$.

证明 选择系统 (6.4) 的 Lyapunov 函数为

$$V(t) = \frac{1}{2}\sum_{i=1}^{n}[s_i^2 + (\hat{\alpha}_i - \alpha_i)^2 + (\hat{\beta}_i - \beta_i)^2] + \frac{1}{2}\|\hat{\boldsymbol{\theta}} - \boldsymbol{\theta}\|^2 + \frac{1}{2}\|\hat{\boldsymbol{\eta}} - \boldsymbol{\eta}\|^2 \tag{6.14}$$

对上式求导, 可得

$$\dot{V}(t) = \sum_{i=1}^{n}[s_i\dot{s}_i + (\hat{\alpha}_i - \alpha_i)\dot{\hat{\alpha}}_i + (\hat{\beta}_i - \beta_i)\dot{\hat{\beta}}_i] + (\hat{\boldsymbol{\theta}} - \boldsymbol{\theta})^{\mathrm{T}}\dot{\hat{\boldsymbol{\theta}}} + (\hat{\boldsymbol{\eta}} - \boldsymbol{\eta})^{\mathrm{T}}\dot{\hat{\boldsymbol{\eta}}} \tag{6.15}$$

因为 $\dot{s}_i(t) = \lambda_i \dot{e}_i(t) + e_i(t)$, 将式 (6.4) 及自适应律 (6.7) 代入上式可得

$$\begin{aligned}\dot{V}(t) = \sum_{i=1}^{n}&[s_i e_i(t) + \lambda_i s_i(g_i(\boldsymbol{y}) + \boldsymbol{G}_i(\boldsymbol{y})\boldsymbol{\eta} + \Delta g_i(\boldsymbol{y},t) + d_i^s(t) - m_i f_i(\boldsymbol{x}) - m_i \boldsymbol{F}_i(\boldsymbol{x})\boldsymbol{\theta} \\ &- m_i\Delta f_i(\boldsymbol{x},t) - m_i d_i^m(t) - \dot{m}_i x_i + \phi_i(u_i(t))) + (\hat{\alpha}_i - \alpha_i)\lambda_i |s_i| \\ &+ (\hat{\beta}_i - \beta_i)\lambda_i |s_i|] - (\hat{\boldsymbol{\theta}} - \boldsymbol{\theta})^{\mathrm{T}}[\boldsymbol{F}(\boldsymbol{x})]^{\mathrm{T}}\boldsymbol{M}\boldsymbol{\gamma} + (\hat{\boldsymbol{\eta}} - \boldsymbol{\eta})^{\mathrm{T}}[\boldsymbol{G}(\boldsymbol{y})]^{\mathrm{T}}\boldsymbol{\gamma} \end{aligned}\tag{6.16}$$

因为 $\sum_{i=1}^{n}\lambda_i s_i m_i \boldsymbol{F}_i(\boldsymbol{x})\boldsymbol{\theta} = \boldsymbol{\theta}^{\mathrm{T}}[\boldsymbol{F}(\boldsymbol{x})]^{\mathrm{T}}\boldsymbol{M}\boldsymbol{\gamma}$, $\sum_{i=1}^{n}\lambda_i s_i \boldsymbol{G}_i(\boldsymbol{y})\boldsymbol{\eta} = \boldsymbol{\eta}^{\mathrm{T}}[\boldsymbol{G}(\boldsymbol{y})]^{\mathrm{T}}\boldsymbol{\gamma}$, 上式可简化为

$$\begin{aligned}\dot{V}(t) = \sum_{i=1}^{n}&[s_i e_i(t) + \lambda_i s_i(g_i(\boldsymbol{y}) + \Delta g_i(\boldsymbol{y},t) + d_i^s(t) - m_i f_i(\boldsymbol{x}) - m_i \Delta f_i(\boldsymbol{x},t) \\ &- m_i d_i^m(t) - \dot{m}_i x_i + \phi_i(u_i(t))) + (\hat{\alpha}_i - \alpha_i)\lambda_i |s_i| + (\hat{\beta}_i - \beta_i)\lambda_i |s_i|] \\ &- \hat{\boldsymbol{\theta}}^{\mathrm{T}}[\boldsymbol{F}(\boldsymbol{x})]^{\mathrm{T}}\boldsymbol{M}\boldsymbol{\gamma} + \hat{\boldsymbol{\eta}}^{\mathrm{T}}[\boldsymbol{G}(\boldsymbol{y})]^{\mathrm{T}}\boldsymbol{\gamma} \end{aligned}\tag{6.17}$$

由式 (6.17) 易得

$$\begin{aligned}\dot{V}(t) \leqslant \sum_{i=1}^{n}&[|s_i||e_i| + \lambda_i |s_i|(|g_i(\boldsymbol{y}) - m_i f_i(\boldsymbol{x}) - \dot{m}_i x_i| + |\Delta g_i(\boldsymbol{y},t) - m_i\Delta f_i(\boldsymbol{x},t)| \\ &+ |d_i^s(t) - m_i d_i^m(t)|) + \lambda_i s_i \phi_i(u_i(t)) + (\hat{\alpha}_i - \alpha_i)\lambda_i |s_i| \\ &+ (\hat{\beta}_i - \beta_i)\lambda_i |s_i|] - \hat{\boldsymbol{\theta}}^{\mathrm{T}}[\boldsymbol{F}(\boldsymbol{x})]^{\mathrm{T}}\boldsymbol{M}\boldsymbol{\gamma} + \hat{\boldsymbol{\eta}}^{\mathrm{T}}[\boldsymbol{G}(\boldsymbol{y})]^{\mathrm{T}}\boldsymbol{\gamma} \end{aligned}\tag{6.18}$$

由假设 6.1 可得

$$\dot{V}(t) \leqslant \sum_{i=1}^{n} [|s_i| |e_i| + \lambda_i |s_i| |g_i(\boldsymbol{y}) - m_i f_i(\boldsymbol{x}) - \dot{m}_i x_i| + \lambda_i s_i \phi_i(u_i(t)) \\ + \hat{\alpha}_i \lambda_i |s_i| + \hat{\beta}_i \lambda_i |s_i|] - \hat{\boldsymbol{\theta}}^{\mathrm{T}} [\boldsymbol{F}(\boldsymbol{x})]^{\mathrm{T}} \boldsymbol{M} \boldsymbol{\gamma} + \hat{\boldsymbol{\eta}}^{\mathrm{T}} [\boldsymbol{G}(\boldsymbol{y})]^{\mathrm{T}} \boldsymbol{\gamma} \qquad (6.19)$$

由引理 6.1 可得

$$\dot{V}(t) \leqslant \sum_{i=1}^{n} [|s_i| |e_i| + \lambda_i |s_i| |g_i(\boldsymbol{y}) - m_i f_i(\boldsymbol{x}) - \dot{m}_i x_i| + \lambda_i p_i \varepsilon_i |s_i| \\ + \hat{\alpha}_i \lambda_i |s_i| + \hat{\beta}_i \lambda_i |s_i|] - \hat{\boldsymbol{\theta}}^{\mathrm{T}} [\boldsymbol{F}(\boldsymbol{x})]^{\mathrm{T}} \boldsymbol{M} \boldsymbol{\gamma} + \hat{\boldsymbol{\eta}}^{\mathrm{T}} [\boldsymbol{G}(\boldsymbol{y})]^{\mathrm{T}} \boldsymbol{\gamma} \qquad (6.20)$$

将控制器 (6.6) 中的 ε_i 代入上面不等式可得

$$\dot{V}(t) \leqslant \sum_{i=1}^{n} \lambda_i |s_i| \left(- \left| \boldsymbol{G}_i(\boldsymbol{y}) \hat{\boldsymbol{\eta}} - m_i \boldsymbol{F}_i(\boldsymbol{x}) \hat{\boldsymbol{\theta}} \right| - k_i \right) - \hat{\boldsymbol{\theta}}^{\mathrm{T}} [\boldsymbol{F}(\boldsymbol{x})]^{\mathrm{T}} \boldsymbol{M} \boldsymbol{\gamma} + \hat{\boldsymbol{\eta}}^{\mathrm{T}} [\boldsymbol{G}(\boldsymbol{y})]^{\mathrm{T}} \boldsymbol{\gamma} \qquad (6.21)$$

因为

$$\hat{\boldsymbol{\eta}}^{\mathrm{T}} [\boldsymbol{G}(\boldsymbol{y})]^{\mathrm{T}} \boldsymbol{\gamma} - \hat{\boldsymbol{\theta}}^{\mathrm{T}} [\boldsymbol{F}(\boldsymbol{x})]^{\mathrm{T}} \boldsymbol{M} \boldsymbol{\gamma} \leqslant \left| \hat{\boldsymbol{\eta}}^{\mathrm{T}} [\boldsymbol{G}(\boldsymbol{y})]^{\mathrm{T}} - \hat{\boldsymbol{\theta}}^{\mathrm{T}} [\boldsymbol{F}(\boldsymbol{x})]^{\mathrm{T}} \boldsymbol{M} \right| |\boldsymbol{\gamma}| \\ = \left| \hat{\boldsymbol{\eta}}^{\mathrm{T}} [\boldsymbol{G}(\boldsymbol{y})]^{\mathrm{T}} |\boldsymbol{\gamma}| - \hat{\boldsymbol{\theta}}^{\mathrm{T}} [\boldsymbol{F}(\boldsymbol{x})]^{\mathrm{T}} \boldsymbol{M} |\boldsymbol{\gamma}| \right|$$

其中 $|\boldsymbol{\gamma}| = [\lambda_1 |s_1|, \lambda_2 |s_2|, \cdots, \lambda_n |s_n|]^{\mathrm{T}}$,上式可简化为

$$\dot{V}(t) \leqslant \sum_{i=1}^{n} \lambda_i |s_i| \left(- \left| \boldsymbol{G}_i(\boldsymbol{y}) \hat{\boldsymbol{\eta}} - m_i \boldsymbol{F}_i(\boldsymbol{x}) \hat{\boldsymbol{\theta}} \right| - k_i \right) \\ + \left| \hat{\boldsymbol{\eta}}^{\mathrm{T}} [\boldsymbol{G}(\boldsymbol{y})]^{\mathrm{T}} |\boldsymbol{\gamma}| - \hat{\boldsymbol{\theta}}^{\mathrm{T}} [\boldsymbol{F}(\boldsymbol{x})]^{\mathrm{T}} \boldsymbol{M} |\boldsymbol{\gamma}| \right| \qquad (6.22)$$

又由 $\sum_{i=1}^{n} \lambda |s_i| m_i \boldsymbol{F}_i(\boldsymbol{x}) \hat{\boldsymbol{\theta}} = \hat{\boldsymbol{\theta}}^{\mathrm{T}} [\boldsymbol{F}(\boldsymbol{x})]^{\mathrm{T}} \boldsymbol{M} |\boldsymbol{\gamma}|$,$\sum_{i=1}^{n} \lambda_i |s_i| \boldsymbol{G}_i(\boldsymbol{y}) \hat{\boldsymbol{\eta}} = \hat{\boldsymbol{\eta}}^{\mathrm{T}} [\boldsymbol{G}(\boldsymbol{y})]^{\mathrm{T}} |\boldsymbol{\gamma}|$,

可推导出 $\left| \hat{\boldsymbol{\eta}}^{\mathrm{T}} [\boldsymbol{G}(\boldsymbol{y})]^{\mathrm{T}} |\boldsymbol{\gamma}| - \hat{\boldsymbol{\theta}}^{\mathrm{T}} [\boldsymbol{F}(\boldsymbol{x})]^{\mathrm{T}} \boldsymbol{M} |\boldsymbol{\gamma}| \right| = \sum_{i=1}^{n} \left(\lambda_i |s_i| \left| \boldsymbol{G}_i(\boldsymbol{y}) \hat{\boldsymbol{\eta}} - m_i \boldsymbol{F}_i(\boldsymbol{x}) \hat{\boldsymbol{\theta}} \right| \right)$,

于是式 (6.22) 可简化为

$$\dot{V}(t) \leqslant \sum_{i=1}^{n} -k_i \lambda_i |s_i| = -\sum_{i=1}^{n} \mu_i |s_i| = -\boldsymbol{\mu} |\boldsymbol{s}| \leqslant 0 \qquad (6.23)$$

其中 $\mu_i = k_i \lambda_i, i = 1, 2, \cdots, n, \boldsymbol{\mu} = [\mu_1, \mu_2, \cdots, \mu_n] > 0, |\boldsymbol{s}| = [|s_1|, |s_2|, \cdots, |s_n|]^{\mathrm{T}}$

$$\dot{V}(t) \leqslant -\boldsymbol{\mu} |\boldsymbol{s}| = -\psi(t) \leqslant 0 \qquad (6.24)$$

其中 $\psi(t) = \boldsymbol{\mu}|\boldsymbol{s}| \geqslant 0$, 将式 (6.24) 从 0 到 t 积分可得

$$V(0) \geqslant V(t) + \int_0^t \psi(\tau)d\tau \tag{6.25}$$

因为 $\dot{V}(t) \leqslant 0, V(0) - V(t) \geqslant 0$ 是正定有界的, 可得 $\lim\limits_{t\to\infty}\int_0^t \psi(\tau)d\tau$ 存在且有界. 由引理 6.1 可得

$$\lim_{t\to\infty}\psi(t) = \lim_{t\to\infty}\boldsymbol{\mu}|\boldsymbol{s}| = 0 \tag{6.26}$$

因为 $\boldsymbol{\mu}$ 大于零, 上式表明 $\lim\limits_{t\to\infty}|\boldsymbol{s}| = 0$, 即 $\lim\limits_{t\to\infty}s_i = 0\ (i=1,2,\cdots,n)$, 定理证毕.

注 6.1 当误差系统到达滑模面上时, 有 $s_i(t) = \lambda_i e_i(t) + \int_0^t e_i(\tau)d\tau = 0$, 对 $s_i(t)$ 求导可得 $\dot{s}_i(t) = \lambda_i \dot{e}_i(t) + e_i(t) = 0$, 即 $\dot{e}_i(t) = -\dfrac{1}{\lambda_i}e_i(t), i = 1, 2, \cdots, n$, 显然误差系统渐近稳定, 即在控制器 (6.6) 和自适应律 (6.7) 的作用下, 驱动系统 (6.1) 和响应系统 (6.2) 可实现修正函数投影同步.

注 6.2 为避免抖振现象, 在实际中可用双曲正切函数 $\tanh(\xi s_i), \xi > 0$ 代替符号函数 $\mathrm{sgn}(s_i)$, 其中 ξ 是适当大的正常数. 最后的控制输入为

$$\begin{aligned}u_i(t) = \bigg[\dfrac{1}{q_i}\Big(&\dfrac{-1}{\lambda_i}|e_i(t)| - |g_i(\boldsymbol{y}) - m_i f_i(\boldsymbol{x}) - \dot{m}_i x_i| - \big|\boldsymbol{G}_i(\boldsymbol{y})\hat{\boldsymbol{\eta}} - m_i \boldsymbol{F}_i(\boldsymbol{x})\hat{\boldsymbol{\theta}}\big| \\ &-(\hat{\alpha}_i + \hat{\beta}_i) - k_i\Big)\bigg]\tanh(s_i/\xi), \quad i = 1, 2, \cdots, n\end{aligned} \tag{6.27}$$

6.3.2 数值仿真

6.3.2.1 扇区已知时, 混沌系统修正函数投影同步

为了验证上述方案的正确性和有效性, 以 Lorenz 混沌系统和 Rössler 混沌系统为例进行数值仿真. Lorenz 混沌系统作为驱动系统, 其状态方程为

$$\begin{aligned}\dot{\boldsymbol{x}} &= \boldsymbol{f}(\boldsymbol{x}) + \boldsymbol{F}(\boldsymbol{x})\boldsymbol{\theta} + \Delta\boldsymbol{f}(\boldsymbol{x},t) + \boldsymbol{d}^m(t) \\ &= \begin{bmatrix}0 \\ -x_2 - x_1 x_3 \\ x_1 x_2\end{bmatrix} + \begin{bmatrix}x_2 - x_1 & 0 & 0 \\ 0 & x_1 & 0 \\ 0 & 0 & -x_3\end{bmatrix}\begin{bmatrix}10 \\ 28 \\ 8/3\end{bmatrix} \\ &\quad + \begin{bmatrix}\Delta f_1(\boldsymbol{x},t) \\ \Delta f_2(\boldsymbol{x},t) \\ \Delta f_3(\boldsymbol{x},t)\end{bmatrix} + \begin{bmatrix}d_1^m(t) \\ d_2^m(t) \\ d_3^m(t)\end{bmatrix}\end{aligned} \tag{6.28}$$

Rössler 混沌系统作为响应系统, 其状态方程为

$$\dot{\boldsymbol{y}} = \boldsymbol{g}(\boldsymbol{y}) + \boldsymbol{G}(\boldsymbol{y})\boldsymbol{\eta} + \Delta\boldsymbol{g}(\boldsymbol{y},t) + \boldsymbol{d}^s(t) + \boldsymbol{\phi}(\boldsymbol{u}(t))$$

$$= \begin{bmatrix} -(y_2+y_3) \\ y_1 \\ y_1 y_3 \end{bmatrix} + \begin{bmatrix} 0 & 0 & 0 \\ y_2 & 0 & 0 \\ 0 & 1 & -y_3 \end{bmatrix} \begin{bmatrix} 0.2 \\ 0.2 \\ 5.7 \end{bmatrix} + \begin{bmatrix} \Delta g_1(\boldsymbol{y},t) \\ \Delta g_2(\boldsymbol{y},t) \\ \Delta g_3(\boldsymbol{y},t) \end{bmatrix}$$
$$+ \begin{bmatrix} d_1^s(t) \\ d_2^s(t) \\ d_3^s(t) \end{bmatrix} + \begin{bmatrix} \phi_1(u_1) \\ \phi_2(u_2) \\ \phi_3(u_3) \end{bmatrix} \tag{6.29}$$

式中 $\Delta f_i(\boldsymbol{x},t), \Delta g_i(\boldsymbol{y},t), i=1,2,\cdots,n$ 为系统不确定项, $d_i^m(t), d_i^s(t), i=1,2,\cdots,n$ 为外界扰动. 当选取 $\theta_1=10, \theta_2=28, \theta_3=8/3, \eta_1=0.2, \eta_2=0.2, \eta_3=5.7$ 时, 驱动系统 (6.28) 和响应系统 (6.29) 处于混沌状态, 其混沌吸引子如图 6.2 所示.

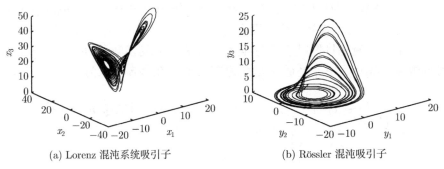

(a) Lorenz 混沌系统吸引子   (b) Rössler 混沌吸引子

图 6.2 Lorenz 系统和 Rössler 系统混沌吸引子

取 $\lambda_1=5, \lambda_2=5, \lambda_3=5$, 驱动系统和响应系统的初始值分别为 $(0.5, 0.2, 0.4)$ 和 $(0.2, 0.3, 0.5)$, 参数初始值为 $\hat{\theta}_1(0)=0.1, \hat{\theta}_2(0)=0.1, \hat{\theta}_3(0)=0.1, \hat{\eta}_1(0)=0.1, \hat{\eta}_2(0)=0.1, \hat{\eta}_3(0)=0.1, \hat{\alpha}_1(0)=\hat{\alpha}_2(0)=\hat{\alpha}_3(0)=0, \hat{\beta}_1(0)=\hat{\beta}_2(0)=\hat{\beta}_3(0)=0$, 取函数比例因子为 $m_1=2+0.2\sin(t), m_2=1+0.2\sin(t)+0.1\sin^2(t), m_3=-1+0.3\cos(t)$, 系统的外界扰动分别为 $d_1^m(t)=d_2^m(t)=d_3^m(t)=0.5\cos(t), d_1^s(t)=d_2^s(t)=d_3^s(t)=-0.5\cos(t)$. 系统的不确定性分别为 $\Delta f_1(\boldsymbol{x},t)=0.2\sin(2\pi x_1), \Delta f_2(\boldsymbol{x},t)=0.1\sin(\pi x_2), \Delta f_3(\boldsymbol{x},t)=0.2\sin(3x_3), \Delta g_1(\boldsymbol{y},t)=0.2\sin(\pi y_1), \Delta g_2(\boldsymbol{y},t)=0.1\sin(2\pi y_2), \Delta g_3(\boldsymbol{y},t)=0.2\sin(\pi y_3)$. 非线性输入取为 $\phi_1(u_1(t))=(0.6+0.2\sin(t))\times u_1(t), \phi_2(u_2(t))=(0.4+0.2\cos(t))u_2(t), \phi_3(u_3(t))=(0.5+0.3\sin(t))u_3(t)$. 仿真结果如图 6.3 和图 6.4 所示. 对比图 6.3(a), (b) 可知, 在施加本节设计的控制器后, 误差信号 e_1, e_2, e_3 经过短时间的振荡后迅速衰减到零, 即实现了修正函数投影同步. 图 6.4(a)~(d) 为在控制器的作用下, 系统模型不确定性和外界扰动界值的估计值的变化轨迹. 由仿真结果可知, 随着时间 $t \to \infty$, 所有的未知参数 $\theta_1, \theta_2, \theta_3, \eta_1, \eta_2, \eta_3, \alpha_1, \alpha_2, \alpha_3, \beta_1, \beta_2, \beta_3$ 都按照自适应律趋于常值.

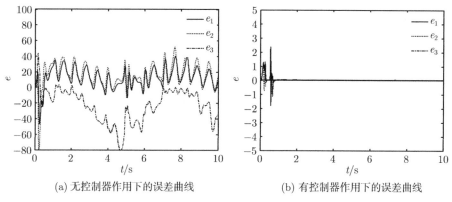

(a) 无控制器作用下的误差曲线   (b) 有控制器作用下的误差曲线

图 6.3   输入扇区已知时, 系统 (6.28) 和系统 (6.29) 同步误差曲线

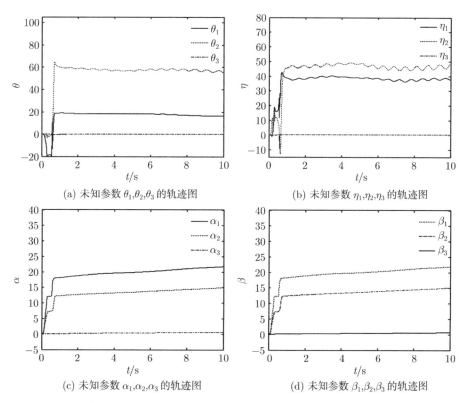

(a) 未知参数 $\theta_1,\theta_2,\theta_3$ 的轨迹图   (b) 未知参数 η_1,η_2,η_3 的轨迹图

(c) 未知参数 $\alpha_1,\alpha_2,\alpha_3$ 的轨迹图   (d) 未知参数 β_1,β_2,β_3 的轨迹图

图 6.4   输入扇区已知时, 系统 (6.28) 和系统 (6.29) 自适应估计参数轨迹图

6.3.2.2 扇区已知时, 超混沌系统修正函数投影同步

以第 5 章的四维超混沌系统 (5.70) 和 LS 超混沌系统 (5.71) 为例进行仿真. 在仿真中, 取 $\lambda_1 = 5, \lambda_2 = 6, \lambda_3 = 5, \lambda_4 = 6$, 驱动系统和响应系统的初始值分别

为 $(3,4,2,1)$ 和 $(2,3,2,3)$, 自适应参数的初始值为 $\hat{\theta}_1(0) = 0.1, \hat{\theta}_2(0) = 0.1, \hat{\theta}_3(0) = 0.1, \hat{\theta}_4(0) = 0.1, \hat{\eta}_1(0) = 0.3, \hat{\eta}_2(0) = 0.2, \hat{\eta}_3(0) = 0.2, \hat{\eta}_4(0) = 0.1, \hat{\alpha}_1(0) = \hat{\alpha}_2(0) = \hat{\alpha}_3(0) = \hat{\alpha}_4(0) = 0.3, \hat{\beta}_1(0) = \hat{\beta}_2(0) = \hat{\beta}_3(0) = \hat{\beta}_4(0) = 0.1$. 函数比例因子矩阵 $\boldsymbol{M}(t) = \mathrm{diag}(1 + 0.1\cos(t) + 0.2\sin^2(t), 2 + 0.2\sin(t), 1 + 0.3\cos(2t), 2 + 0.2\sin(t))$, 系统的外界扰动分别为 $d_1^m(t) = d_2^m(t) = d_3^m(t) = d_4^m(t) = 0.5\cos(t), d_1^s(t) = d_2^s(t) = d_3^s(t) = d_4^s(t) = -0.5\cos(t)$, 非线性输入取为

$$\begin{cases} \phi_1(u_1(t)) = (0.6 + 0.1\sin(t))u_1(t) \\ \phi_2(u_2(t)) = (0.7 + 0.2\cos(t))u_2(t) \\ \phi_3(u_3(t)) = (0.6 + 0.3\sin(t))u_3(t) \\ \phi_4(u_4(t)) = (0.7 + 0.2\cos(t))u_4(t) \end{cases} \quad (6.30)$$

系统的不确定性分别为

$$\begin{cases} \Delta f_1(\boldsymbol{x}, t) = 0.02x_1\sin(2\pi x_1) \\ \Delta f_2(\boldsymbol{x}, t) = 0.01x_2\sin(\pi x_2) \\ \Delta f_3(\boldsymbol{x}, t) = 0.02x_3\sin(\pi x_3) \\ \Delta f_4(\boldsymbol{x}, t) = 0.01x_4\sin(2\pi x_4) \end{cases} \quad (6.31)$$

$$\begin{cases} \Delta g_1(\boldsymbol{y}, t) = 0.02y_1\sin(\pi y_1) \\ \Delta g_2(\boldsymbol{y}, t) = 0.01y_2\sin(2\pi y_2) \\ \Delta g_3(\boldsymbol{y}, t) = 0.02y_3\sin(\pi y_3) \\ \Delta g_4(\boldsymbol{y}, t) = 0.02y_4\sin(2\pi y_4) \end{cases} \quad (6.32)$$

仿真结果如图 6.5 和图 6.6 所示. 对比图 6.5(a),(b) 可知, 在本节设计的鲁棒自适应控制器的作用下, 超混沌驱动系统 (5.70) 和响应系统 (5.71) 很快实现了修正函数投影同步. 图 6.6(a)~(d) 为在控制器的作用下, 系统模型不确定性和外界扰动界值的估计值的变化轨迹. 由仿真结果可知, 随着时间 $t \to \infty$, 所有的未知参数 $\theta_1, \theta_2, \theta_3, \theta_4, \eta_1, \eta_2, \eta_3, \eta_4, \alpha_1, \alpha_2, \alpha_3, \alpha_4, \beta_1, \beta_2, \beta_3, \beta_4$ 都按照自适应律趋于常值. 对比图 6.5 和图 5.10 可知, 利用本章设计的控制策略 (6.6) 和第 5 章设计的控制策略 (5.50) 均实现了超混沌系统的修正函数投影同步, 但是本章的控制器设计考虑了实际系统中输入的非线性因素, 因此更具有实际工程价值.

6.3 扇区已知的受扰混沌系统修正函数投影同步

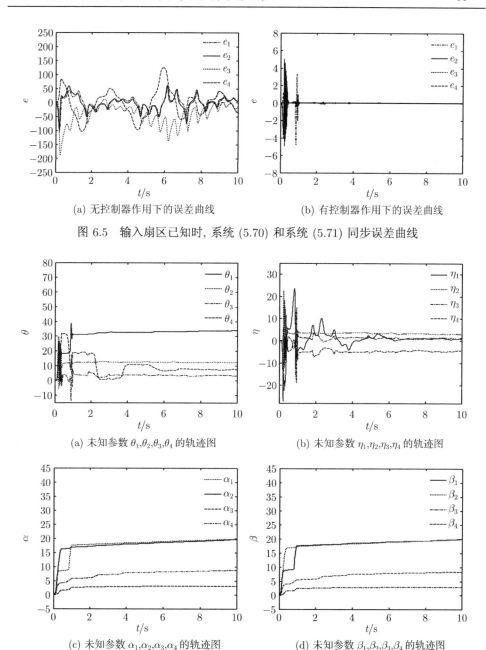

(a) 无控制器作用下的误差曲线　　(b) 有控制器作用下的误差曲线

图 6.5　输入扇区已知时, 系统 (5.70) 和系统 (5.71) 同步误差曲线

(a) 未知参数 $\theta_1,\theta_2,\theta_3,\theta_4$ 的轨迹图　　(b) 未知参数 $\eta_1,\eta_2,\eta_3,\eta_4$ 的轨迹图

(c) 未知参数 $\alpha_1,\alpha_2,\alpha_3,\alpha_4$ 的轨迹图　　(d) 未知参数 $\beta_1,\beta_2,\beta_3,\beta_4$ 的轨迹图

图 6.6　输入扇区已知时, 系统 (5.70) 和系统 (5.71) 自适应估计参数轨迹图

6.4 扇区未知的受扰混沌系统修正函数投影同步

已有的大部分文献以及 6.3 节中对扇区非线性输入的考虑都是基于非线性输入函数的扇区是已知的进行讨论, 然而, 在实际应用中非线性输入的扇区很有可能是未知的. 本节在已有的文献及 6.3 节讨论的基础上, 进一步讨论了具有未知扇区输入、模型不确定和外界扰动的混沌系统的修正投影同步问题. 该控制器的设计不需要任何扇区非线性输入函数的先验信息, 具有更高的工程实际意义.

假设 6.3 输入非线性函数 $\phi_i(u_i(t)), i=1,2,\cdots,n$ 包含在斜率为 p,q 的扇形区域内, 但扇形区域未知, 即 $p>0, q>0, i=1,2,\cdots,n$ 为未知的正常数.

6.4.1 鲁棒自适应滑模控制器设计

(1) 设计具有积分形式的滑模面如下

$$s_i(t) = e_i(t) + \int_0^t \lambda_i e_i(\tau)d\tau, \quad i=1,2,\cdots,n \tag{6.33}$$

其中 $s_i(t) \in R(\boldsymbol{s}(t) = [s_1(t), s_2(t), \cdots, s_n(t)]^{\mathrm{T}})$ 为滑模面函数, 滑模面参数 $\lambda_i, i=1,2,\cdots,n$ 为合适的正常量.

(2) 设计滑模同步控制器.

为了确保误差系统轨迹到达已设定的滑模面, 并保持在滑模面上, 可设计如下形式的滑模同步控制器和自适应律:

$$\begin{aligned} u_i(t) &= -\gamma\Big[\Big(|\lambda_i e_i(t)| + |g_i(\boldsymbol{y}) - m_i f_i(\boldsymbol{x}) - \dot{m}_i x_i| \\ &\quad + \Big|\boldsymbol{G}_i(\boldsymbol{y})\hat{\boldsymbol{\eta}} - m_i \boldsymbol{F}_i(\boldsymbol{x})\hat{\boldsymbol{\theta}}\Big|\Big)\hat{\varpi} + \hat{\psi}_i\Big] \operatorname{sgn}(s_i) \\ &= -\gamma \varepsilon_i \operatorname{sgn}(s_i), \quad \varepsilon_i > 0, \ i=1,2,\cdots,n \end{aligned} \tag{6.34}$$

$$\begin{aligned} \dot{\hat{\boldsymbol{\theta}}} &= -[\boldsymbol{F}(\boldsymbol{x})]^{\mathrm{T}} \boldsymbol{M} \boldsymbol{s}, \quad \hat{\boldsymbol{\theta}}(0) = \hat{\boldsymbol{\theta}}_0 \\ \dot{\hat{\boldsymbol{\eta}}} &= [\boldsymbol{G}(\boldsymbol{y})]^{\mathrm{T}} \boldsymbol{s}, \quad \hat{\boldsymbol{\eta}}(0) = \hat{\boldsymbol{\eta}}_0 \end{aligned} \tag{6.35}$$

$$\begin{aligned} \dot{\hat{\varpi}} &= \sum_{i=1}^{n} [|s_i|(|\lambda_i e_i(t)| + |g_i(\boldsymbol{y}) - m_i f_i(\boldsymbol{x}) - \dot{m}_i x_i| \\ &\quad + |\boldsymbol{G}_i(\boldsymbol{y})\hat{\boldsymbol{\eta}} - m_i \boldsymbol{F}_i(\boldsymbol{x})\hat{\boldsymbol{\theta}}|)], \quad \dot{\hat{\varpi}}(0) = \dot{\hat{\varpi}}_0 \end{aligned}$$

$$\dot{\hat{\psi}}_i = |s_i|, \quad \hat{\psi}_i(0) = \hat{\psi}_{i0}$$

其中 $\gamma > 1$ 是设计参数; $\hat{\boldsymbol{\theta}}, \hat{\boldsymbol{\eta}}$ 分别为 $\boldsymbol{\theta}, \boldsymbol{\eta}$ 的估计值; $\varpi = \dfrac{1}{p}, \psi_i = \dfrac{1}{p}(\alpha_i + \beta_i)$. 由于 $p, \alpha_i, \beta_i, i=1,2,\cdots,n$ 是未知的, 故分别用 $\hat{\varpi}$ 和 $\hat{\psi}_i$ 来估计 ϖ 和 ψ_i, 估计误差为

6.4 扇区未知的受扰混沌系统修正函数投影同步

$\tilde{\varpi} = \hat{\varpi} - \varpi$, $\tilde{\psi}_i = \hat{\psi}_i - \psi_i$, $i = 1, 2, \cdots, n$. sgn $(\cdot)$ 是符号函数. $\hat{\boldsymbol{\theta}}_0, \hat{\boldsymbol{\eta}}_0, \hat{\varpi}_0, \hat{\psi}_{i0}$ 分别是自适应参数 $\hat{\boldsymbol{\theta}}, \hat{\boldsymbol{\eta}}, \hat{\varpi}, \hat{\psi}_i$ 的初始值.

引理 6.2 假设 $u_i(t) = -\gamma \varepsilon_i \,\mathrm{sgn}\,(s_i(t))(\varepsilon_i > 0)$, 则以下不等式成立:

$$s_i(t)\phi_i(u_i(t)) \leqslant -p\gamma\varepsilon_i |s_i(t)| \tag{6.36}$$

证明 当 $s_i(t) = 0$ 时, 等号显然成立, 即

$$s_i(t)\phi_i(u_i(t)) = p_i\varepsilon_i |s_i(t)| \tag{6.37}$$

当 $s_i(t) \neq 0$ 时, 将 $u_i(t) = \varepsilon_i \,\mathrm{sgn}\,(s_i(t))$ 代入到 (6.3) 式的左边可得

$$-\gamma\varepsilon_i \,\mathrm{sgn}\,(s_i)\phi_i(u_i(t)) \geqslant p\gamma^2\varepsilon_i^2 \,\mathrm{sgn}^2\,(s_i) \tag{6.38}$$

用 $\mathrm{sgn}\,(s_i(t)) = \dfrac{|s_i(t)|}{s_i(t)}$ 代替符号函数 $\mathrm{sgn}\,(s_i(t))$ 可得

$$-\gamma\varepsilon_i \frac{|s_i(t)|}{s_i(t)}\phi_i(u_i(t)) \geqslant p\gamma^2\varepsilon_i^2 \frac{|s_i^2(t)|}{s_i^2(t)} \tag{6.39}$$

将上式的两边同乘以 $s_i^2(t)$, 可得

$$-\gamma\varepsilon_i s_i(t) |s_i(t)| \phi_i(u_i(t)) \geqslant p\gamma^2\varepsilon_i^2 |s_i(t)|^2 \tag{6.40}$$

将上式两边同除以 $\gamma\varepsilon_i s_i(t) |s_i(t)|$, 可得 $s_i(t)\phi_i(u_i(t)) \leqslant -p\gamma\varepsilon_i |s_i(t)|$, 引理证毕.

定理 6.2 对于由驱动系统 (6.1) 和响应系统 (6.2) 构成的具有模型不确定以及外界扰动的混沌同步误差动态系统 (6.4), 若其满足假设 6.1, 则在控制器为 (6.34) 和自适应律 (6.35) 的作用下, 误差系统轨线将收敛到滑模面 $\boldsymbol{s}(t) = \boldsymbol{0}$.

证明 选择系统 (6.4) 的 Lyapunov 函数为

$$V(t) = \sum_{i=1}^{n} \left(\frac{1}{2p} s_i^2 + \frac{1}{2} \tilde{\psi}_i^2 \right) + \frac{1}{2} \tilde{\varpi}^2 + \frac{1}{2p} \|\hat{\boldsymbol{\theta}} - \boldsymbol{\theta}\|^2 + \frac{1}{2p} \|\hat{\boldsymbol{\eta}} - \boldsymbol{\eta}\|^2 \tag{6.41}$$

对上式求导, 可得

$$\dot{V}(t) = \sum_{i=1}^{n} \left(\frac{1}{p} s_i \dot{s}_i + \tilde{\psi}_i \dot{\tilde{\psi}}_i \right) + \tilde{\varpi}\dot{\tilde{\varpi}} + \frac{1}{p}(\hat{\boldsymbol{\theta}} - \boldsymbol{\theta})^{\mathrm{T}} \dot{\hat{\boldsymbol{\theta}}} + \frac{1}{p}(\hat{\boldsymbol{\eta}} - \boldsymbol{\eta})^{\mathrm{T}} \dot{\hat{\boldsymbol{\eta}}} \tag{6.42}$$

因为 $\dot{s}_i(t) = \dot{e}_i(t) + \lambda_i e_i(t)$, 将式 (6.4) 代入上式可得

$$\dot{V}(t) = \sum_{i=1}^{n} \Big[\frac{1}{p} s_i(\lambda_i e_i(t) + g_i(\boldsymbol{y}) + \boldsymbol{G}_i(\boldsymbol{y})\boldsymbol{\eta} + \Delta g_i(\boldsymbol{y}, t) + d_i^s(t) - m_i f_i(\boldsymbol{x})$$

$$-m_i \boldsymbol{F}_i(\boldsymbol{x})\boldsymbol{\theta} - m_i \Delta f_i(\boldsymbol{x},t) - m_i d_i^m(t) - \dot{m}_i x_i + \phi_i(u_i(t))) + \tilde{\psi}_i \dot{\tilde{\psi}}_i \Big]$$

$$+ \tilde{\varpi}\dot{\tilde{\varpi}} + \frac{1}{p}(\hat{\boldsymbol{\theta}} - \boldsymbol{\theta})^{\mathrm{T}}\dot{\hat{\boldsymbol{\theta}}} + \frac{1}{p}(\hat{\boldsymbol{\eta}} - \boldsymbol{\eta})^{\mathrm{T}}\dot{\hat{\boldsymbol{\eta}}} \tag{6.43}$$

将自适应律 (6.35) 代入上式可得

$$\dot{V}(t) = \sum_{i=1}^{n} \Big[\frac{1}{p}s_i \lambda_i e_i(t) + \frac{1}{p}s_i(g_i(\boldsymbol{y}) + \boldsymbol{G_i}(\boldsymbol{y})\boldsymbol{\eta} + \Delta g_i(\boldsymbol{y},t) + d_i^s(t) - m_i f_i(\boldsymbol{x})$$

$$- m_i \boldsymbol{F}_i(\boldsymbol{x})\boldsymbol{\theta} - m_i \Delta f_i(\boldsymbol{x},t) - m_i d_i^m(t) - \dot{m}_i \dot{x}_i + \phi_i(u_i(t))) + \tilde{\psi}_i \dot{\tilde{\psi}}_i \Big] + \tilde{\varpi}\dot{\tilde{\varpi}}$$

$$- \frac{1}{p}(\hat{\boldsymbol{\theta}} - \boldsymbol{\theta})^{\mathrm{T}}[\boldsymbol{F}(\boldsymbol{x})]^{\mathrm{T}}\boldsymbol{Ms} + \frac{1}{p}(\hat{\boldsymbol{\eta}} - \boldsymbol{\eta})^{\mathrm{T}}[\boldsymbol{G}(\boldsymbol{y})]^{\mathrm{T}}\boldsymbol{s} \tag{6.44}$$

因为 $\sum_{i=1}^{n} s_i m_i \boldsymbol{F}_i(\boldsymbol{x})\boldsymbol{\theta} = \boldsymbol{\theta}^{\mathrm{T}}[\boldsymbol{F}(\boldsymbol{x})]^{\mathrm{T}}\boldsymbol{Ms}$, $\sum_{i=1}^{n} s_i \boldsymbol{G}_i(\boldsymbol{y})\boldsymbol{\eta} = \boldsymbol{\eta}^{\mathrm{T}}[\boldsymbol{G}(\boldsymbol{y})]^{\mathrm{T}}\boldsymbol{s}$, 上式可简化为

$$\dot{V}(t) = \sum_{i=1}^{n} \Big[\frac{1}{p}s_i \lambda_i e_i(t) + \frac{1}{p}s_i(g_i(\boldsymbol{y}) + \Delta g_i(y,t) + d_i^s(t) - m_i f_i(\boldsymbol{x})$$

$$- m_i \Delta f_i(\boldsymbol{x},t) - m_i d_i^m(t) - \dot{m}_i x_i + \phi_i(u_i(t))) + \tilde{\psi}_i \dot{\tilde{\psi}}_i \Big] + \tilde{\varpi}\dot{\tilde{\varpi}}$$

$$- \frac{1}{p}\hat{\boldsymbol{\theta}}^{\mathrm{T}}[\boldsymbol{F}(\boldsymbol{x})]^{\mathrm{T}}\boldsymbol{Ms} + \frac{1}{p}\hat{\boldsymbol{\eta}}^{\mathrm{T}}[\boldsymbol{G}(\boldsymbol{y})]^{\mathrm{T}}\boldsymbol{s} \tag{6.45}$$

由引理 6.2 可得

$$\dot{V}(t) \leqslant \sum_{i=1}^{n} \Big[\frac{1}{p}s_i \lambda_i e_i(t) + \frac{1}{p}s_i(g_i(\boldsymbol{y}) + \Delta g_i(\boldsymbol{y},t)$$

$$+ d_i^s(t) - m_i f_i(\boldsymbol{x}) - m_i \Delta f_i(\boldsymbol{x},t) - m_i d_i^m(t) - \dot{m}_i x_i)$$

$$- \frac{1}{p}p\gamma\varepsilon_i |s_i| + \tilde{\psi}_i \dot{\tilde{\psi}}_i \Big] + \tilde{\varpi}\dot{\tilde{\varpi}} - \frac{1}{p}\hat{\boldsymbol{\theta}}^{\mathrm{T}}[\boldsymbol{F}(\boldsymbol{x})]^{\mathrm{T}}\boldsymbol{Ms} + \frac{1}{p}\hat{\boldsymbol{\eta}}^{\mathrm{T}}[\boldsymbol{G}(\boldsymbol{y})]^{\mathrm{T}}\boldsymbol{s} \tag{6.46}$$

由式 (6.46) 易得

$$\dot{V}(t) \leqslant \sum_{i=1}^{n} \Big[\frac{1}{p}|s_i|\left(|\lambda_i e_i(t)| + |g_i(\boldsymbol{y}) - m_i f_i(\boldsymbol{x}) - \dot{m}_i x_i| + |\Delta g_i(\boldsymbol{y},t) - m_i \Delta f_i(\boldsymbol{x},t)|\right)$$

$$+ |d_i^s(t) - m_i d_i^m(t)|\right) - \gamma\varepsilon_i|s_i| + \tilde{\psi}_i \dot{\tilde{\psi}}_i \Big]$$

$$+ \tilde{\varpi}\dot{\tilde{\varpi}} - \frac{1}{p}\hat{\boldsymbol{\theta}}^{\mathrm{T}}[\boldsymbol{F}(\boldsymbol{x})]^{\mathrm{T}}\boldsymbol{Ms} + \frac{1}{p}\hat{\boldsymbol{\eta}}^{\mathrm{T}}[\boldsymbol{G}(\boldsymbol{y})]^{\mathrm{T}}\boldsymbol{s} \tag{6.47}$$

由假设 5.3 和假设 5.5 可得

$$\dot{V}(t) \leqslant \sum_{i=1}^{n} \Big[\frac{1}{p}|s_i|\left(|\lambda_i e_i(t)| + |g_i(\boldsymbol{y}) - m_i f_i(\boldsymbol{x}) - \dot{m}_i x_i| + \alpha_i + \beta_i\right) - \gamma\varepsilon_i|s_i|$$

6.4 扇区未知的受扰混沌系统修正函数投影同步

$$+ \tilde{\psi}_i \dot{\hat{\psi}}_i \big] + \tilde{\varpi} \dot{\hat{\varpi}} - \frac{1}{p} \hat{\boldsymbol{\theta}}^{\mathrm{T}} [\boldsymbol{F}(\boldsymbol{x})]^{\mathrm{T}} \boldsymbol{M} \boldsymbol{s} + \frac{1}{p} \hat{\boldsymbol{\eta}}^{\mathrm{T}} [\boldsymbol{G}(\boldsymbol{y})]^{\mathrm{T}} \boldsymbol{s} \tag{6.48}$$

因为

$$\begin{aligned}
\hat{\boldsymbol{\eta}}^{\mathrm{T}} [\boldsymbol{G}(\boldsymbol{y})]^{\mathrm{T}} \boldsymbol{s} - \hat{\boldsymbol{\theta}}^{\mathrm{T}} [\boldsymbol{F}(\boldsymbol{x})]^{\mathrm{T}} \boldsymbol{M} \boldsymbol{s} &= \left(\hat{\boldsymbol{\eta}}^{\mathrm{T}} [\boldsymbol{G}(\boldsymbol{y})]^{\mathrm{T}} - \hat{\boldsymbol{\theta}}^{\mathrm{T}} [\boldsymbol{F}(\boldsymbol{x})]^{\mathrm{T}} \boldsymbol{M} \right) \boldsymbol{s} \\
&\leqslant \left| \hat{\boldsymbol{\eta}}^{\mathrm{T}} [\boldsymbol{G}(\boldsymbol{y})]^{\mathrm{T}} - \hat{\boldsymbol{\theta}}^{\mathrm{T}} [\boldsymbol{F}(\boldsymbol{x})]^{\mathrm{T}} \boldsymbol{M} \right| |\boldsymbol{s}| \\
&= \left| \hat{\boldsymbol{\eta}}^{\mathrm{T}} [\boldsymbol{G}(\boldsymbol{y})]^{\mathrm{T}} |\boldsymbol{s}| - \hat{\boldsymbol{\theta}}^{\mathrm{T}} [\boldsymbol{F}(\boldsymbol{x})]^{\mathrm{T}} \boldsymbol{M} |\boldsymbol{s}| \right|
\end{aligned}$$

其中 $|\boldsymbol{s}| = [|s_1|, |s_2|, \cdots, |s_n|]^{\mathrm{T}}$, 上式可简化为

$$\begin{aligned}
\dot{V}(t) \leqslant \sum_{i=1}^{n} \Big[& \frac{1}{p} |s_i| \left(|\lambda_i e_i(t)| + |g_i(\boldsymbol{y}) - m_i f_i(\boldsymbol{x}) - \dot{m}_i x_i| + \alpha_i + \beta_i \right) - \gamma \varepsilon_i |s_i| \\
& + \tilde{\psi}_i \dot{\hat{\psi}}_i \Big] + \tilde{\varpi} \dot{\hat{\varpi}} + \frac{1}{p} \left| \hat{\boldsymbol{\eta}}^{\mathrm{T}} [\boldsymbol{G}(\boldsymbol{y})]^{\mathrm{T}} - \hat{\boldsymbol{\theta}}^{\mathrm{T}} [\boldsymbol{F}(\boldsymbol{x})]^{\mathrm{T}} \boldsymbol{M} \right| |\boldsymbol{s}|
\end{aligned} \tag{6.49}$$

将 $\varpi = \frac{1}{p}$, $\psi_i = \frac{1}{p}(\alpha_i + \beta_i)$ 代入上面不等式可得

$$\begin{aligned}
\dot{V}(t) \leqslant \sum_{i=1}^{n} \Big[& \varpi |s_i| \left(|\lambda_i e_i(t)| + |g_i(\boldsymbol{y}) - m_i f_i(\boldsymbol{x}) - \dot{m}_i x_i| \right) + \psi_i |s_i| - \gamma \varepsilon_i |s_i| \\
& + \tilde{\psi}_i \dot{\hat{\psi}}_i \Big] + \tilde{\varpi} \dot{\hat{\varpi}} + \varpi \left| \hat{\boldsymbol{\eta}}^{\mathrm{T}} [\boldsymbol{G}(\boldsymbol{y})]^{\mathrm{T}} - \hat{\boldsymbol{\theta}}^{\mathrm{T}} [\boldsymbol{F}(\boldsymbol{x})]^{\mathrm{T}} \boldsymbol{M} \right| |\boldsymbol{s}|
\end{aligned} \tag{6.50}$$

将控制器 (6.34) 中的 ε_i 代入上式可得

$$\begin{aligned}
\dot{V}(t) \leqslant & \sum_{i=1}^{n} \{ \varpi |s_i| \left(|\lambda_i e_i(t)| + |g_i(\boldsymbol{y}) - m_i f_i(\boldsymbol{x}) - \dot{m}_i x_i| \right) + \psi_i |s_i| - \gamma |s_i| [(|\lambda_i e_i(t)| \\
& + |g_i(\boldsymbol{y}) - m_i f_i(\boldsymbol{x}) - \dot{m}_i x_i| + |G_i(\boldsymbol{y}) \hat{\boldsymbol{\eta}} - m_i \boldsymbol{F}_i(\boldsymbol{x}) \hat{\boldsymbol{\theta}}|) \hat{\varpi} + \hat{\psi}_i] + \tilde{\psi}_i \dot{\hat{\psi}}_i \} \\
& + (\hat{\varpi} - \varpi) \sum_{i=1}^{n} [|s_i| \left(|\lambda_i e_i(t)| + |g_i(\boldsymbol{y}) - m_i f_i(\boldsymbol{x}) - \dot{m}_i x_i| \right. \\
& + |G_i(\boldsymbol{y}) \hat{\boldsymbol{\eta}} - m_i \boldsymbol{F}_i(\boldsymbol{x}) \hat{\boldsymbol{\theta}}|)] + \varpi |\hat{\boldsymbol{\eta}}^{\mathrm{T}} [\boldsymbol{G}(\boldsymbol{y})]^{\mathrm{T}} - \hat{\boldsymbol{\theta}}^{\mathrm{T}} [\boldsymbol{F}(\boldsymbol{x})]^{\mathrm{T}} \boldsymbol{M}| |\boldsymbol{s}|
\end{aligned} \tag{6.51}$$

又由 $\sum_{i=1}^{n} |s_i| m_i \boldsymbol{F}_i(\boldsymbol{x}) \hat{\boldsymbol{\theta}} = \hat{\boldsymbol{\theta}}^{\mathrm{T}} [\boldsymbol{F}(\boldsymbol{x})]^{\mathrm{T}} \boldsymbol{M} |\boldsymbol{s}|$, $\sum_{i=1}^{n} |s_i| G_i(\boldsymbol{y}) \hat{\boldsymbol{\eta}} = \hat{\boldsymbol{\eta}}^{\mathrm{T}} [\boldsymbol{G}(\boldsymbol{y})]^{\mathrm{T}} |\boldsymbol{s}|$, 可推导出

$$\left| \hat{\boldsymbol{\eta}}^{\mathrm{T}} [\boldsymbol{G}(\boldsymbol{y})]^{\mathrm{T}} |\boldsymbol{s}| - \hat{\boldsymbol{\theta}}^{\mathrm{T}} [\boldsymbol{F}(\boldsymbol{x})]^{\mathrm{T}} \boldsymbol{M} |\boldsymbol{s}| \right| = \sum_{i=1}^{n} (|s_i| |G_i(\boldsymbol{y}) \hat{\boldsymbol{\eta}} - m_i \boldsymbol{F}_i(\boldsymbol{x}) \hat{\boldsymbol{\theta}}|),$$

于是式 (6.51) 可简化为

$$\dot{V}(t) \leqslant \sum_{i=1}^{n} \{ \psi_i |s_i| - \gamma |s_i| [(|\lambda_i e_i(t)| + |g_i(\boldsymbol{y}) - m_i f_i(\boldsymbol{x}) - \dot{m}_i x_i|$$

$$+ |G_i(y)\hat{\eta} - m_i F_i(x)\hat{\theta}|)\hat{\varpi} + \hat{\psi}_i] + \tilde{\psi}_i\dot{\hat{\psi}}_i\} + \hat{\varpi}\sum_{i=1}^{n}[|s_i|(|\lambda_i e_i(t)|$$
$$+ |g_i(y) - m_i f_i(x) - \dot{m}_i x_i| + |G_i(y)\hat{\eta} - m_i F_i(x)\hat{\theta}|)] \tag{6.52}$$

易得

$$\dot{V}(t) \leqslant \sum_{i=1}^{n}\{\psi_i |s_i| - \gamma |s_i|[(|\lambda_i e_i(t)| + |g_i(y) - m_i f_i(x) - \dot{m}_i x_i|$$
$$+ |G_i(y)\hat{\eta} - m_i F_i(x)\hat{\theta}|)\hat{\varpi} + \hat{\psi}_i]$$
$$+ (\hat{\psi}_i - \psi_i)|s_i|\} + \hat{\varpi}\sum_{i=1}^{n}[|s_i|(|\lambda_i e_i(t)| + |g_i(y) - m_i f_i(x)$$
$$- \dot{m}_i x_i| + |G_i(y)\hat{\eta} - m_i F_i(x)\hat{\theta}|)] \tag{6.53}$$

即

$$\dot{V}(t) \leqslant \sum_{i=1}^{n}\{(1-\gamma)|s_i|[(|\lambda_i e_i(t)| + |g_i(y) - m_i f_i(x) - \dot{m}_i x_i|$$
$$+ |G_i(y)\hat{\eta} - m_i F_i(x)\hat{\theta}|)\hat{\varpi} + \hat{\psi}_i\} \tag{6.54}$$

设

$$\Omega = (|\lambda_i e_i(t)| + |g_i(y) - m_i f_i(x) - \dot{m}_i x_i| + |G_i(y)\hat{\eta} - m_i F_i(x)\hat{\theta}|)\hat{\varpi} + \hat{\psi}_i$$
$$\omega(t) = \sum_{i=1}^{n}(\gamma - 1)\Omega |s_i|$$

由 $\gamma > 1, \Omega > 0$ 可得

$$\dot{V}(t) \leqslant \sum_{i=1}^{n}(1-\gamma)\Omega|s_i| = -\omega(t) \leqslant 0 \tag{6.55}$$

将式 (6.55) 两边从 0 到 t 积分可得

$$V(0) \geqslant V(t) + \int_0^t \omega(\tau)d\tau \tag{6.56}$$

因为 $\dot{V}(t) \leqslant 0, V(0) - V(t) \geqslant 0$ 是正定有界的，因此 $\lim_{t\to\infty}\int_0^t \omega(\tau)d\tau$ 存在且有界. 由 Barbalat 引理 (引理 5.1)，可得

$$\lim_{t\to\infty}\omega(t) = \lim_{t\to\infty}\sum_{i=1}^{n}(\gamma-1)\Omega|s_i| = 0 \tag{6.57}$$

6.4 扇区未知的受扰混沌系统修正函数投影同步

因为 $\gamma > 1, \Omega > 0$, 上式表明 $\lim\limits_{t\to\infty} s_i = 0, i = 1, 2, \cdots, n$, 定理证毕.

注 6.3 当误差系统到达滑模面上时, 有 $s_i(t) = e_i(t) + \int_0^t \lambda_i e_i(\tau) d\tau = 0$, 对 $s_i(t)$ 求导可得 $\dot{s}_i(t) = \dot{e}_i(t) + \lambda_i e_i(t) = 0$, 即 $\dot{e}_i(t) = -\lambda_i e_i(t)$, 显然误差系统渐近稳定, 即在控制器 (6.34) 和自适应律 (6.35) 的作用下, 驱动系统 (6.1) 和响应系统 (6.2) 可实现函数投影同步.

注 6.4 因为控制器 (6.34) 中有不连续的符号函数 $\text{sgn}(s_i)$, 会产生不期望的抖振, 为避免抖振现象, 在实际中可用双曲正切函数 $\tanh(s_i/\xi), \xi > 0$ 代替符号函数, 其中 ξ 是适当大的正常数. 最后的控制输入为

$$\begin{aligned}
u_i(t) &= -\gamma \Big[\Big(|\lambda_i e_i(t)| + |g_i(\boldsymbol{y}) - m_i f_i(\boldsymbol{x}) - \dot{m}_i x_i| \\
&\quad + \Big| \boldsymbol{G}_i(\boldsymbol{y})\hat{\boldsymbol{\eta}} - m_i \boldsymbol{F}_i(\boldsymbol{x})\hat{\boldsymbol{\theta}} \Big| \Big) \hat{\varpi} + \hat{\psi}_i \Big] \tanh(s_i/\xi) \\
&= -\gamma \varepsilon_i \tanh(s_i/\xi), \quad i = 1, 2, \cdots, n
\end{aligned} \quad (6.58)$$

6.4.2 数值仿真

6.4.2.1 扇区未知时, 混沌系统修正函数投影同步

为了验证上述方案的正确性和有效性, 以 Lorenz 混沌系统和 Rössler 混沌系统为例进行数值仿真. 取滑模面为

$$\begin{aligned}
s_1 &= e_1 + \int_0^t 6e_1(\tau) d\tau \\
s_2 &= e_2 + \int_0^t 6e_2(\tau) d\tau \\
s_3 &= e_3 + \int_0^t 6e_3(\tau) d\tau
\end{aligned} \quad (6.59)$$

根据式 (6.58), 可设计相应的控制器为

$$\begin{aligned}
u_1(t) &= -5 \Big[|6e_1| + |-(y_2 + y_3) - \dot{m}_1 x|_1 + \Big| -m_1 \hat{\theta}_1 (x_2 - x_1) \Big| \hat{\varpi} + \hat{\psi}_1 \Big] \tanh(200 s_1) \\
u_2(t) &= -5 \Big[|6e_2| + |y_1 + m_2(x_2 + x_1 x_3) - \dot{m}_2 x_2| \\
&\quad + \Big| y_2 \hat{\eta}_1 - m_2 x_1 \hat{\theta}_2 \Big| \hat{\varpi} + \hat{\psi}_2 \Big] \tanh(200 s_2) \\
u_3(t) &= -5 \Big[|6e_3| + |y_1 y_3 - m_3 x_1 x_2 - \dot{m}_3 x_3| \\
&\quad + \Big| \hat{\eta}_2 - y_3 \hat{\eta}_3 + m_3 x_3 \hat{\theta}_3 \Big| \hat{\varpi} + \psi_3 \Big] \tanh(200 s_3)
\end{aligned} \quad (6.60)$$

在仿真中, 取 $\gamma = 5$, 驱动系统和响应系统的初始值分别为 $(0.5, 0.2, 0.5)$ 和 $(0.2, 0.3, 1)$, 自适应参数的初始值为 $\hat{\theta}_1(0) = 1, \hat{\theta}_2(0) = 1, \hat{\theta}_3(0) = 1, \hat{\eta}_1(0) = 1, \hat{\eta}_2(0) =$

$1, \hat{\eta}_3(0) = 1, \hat{\varpi}(0) = 0.1, \hat{\psi}_1(0) = \hat{\psi}_2(0) = \hat{\psi}_3(0) = \hat{\psi}_4(0) = 0.1$, 函数比例因子矩阵 $\boldsymbol{M}(t) = \mathrm{diag}(1 + 0.1\cos(t), 2 + 0.1\sin(t), 2 + 0.2\sin(2t))$, 系统的外界扰动为随机扰动, 非线性输入取为 $\phi_1(u_1(t)) = (0.7 + 0.2\sin(t))u_1(t), \phi_2(u_2(t)) = (0.4 + 0.2\sin(t))u_2(t), \phi_3(u_3(t)) = (0.4 + 0.3\cos(t))u_3(t)$, 系统的模型不确定性分别为 $\Delta f_1(\boldsymbol{x},t) = 0.2\sin(2\pi x_1), \Delta f_2(\boldsymbol{x},t) = 0.1\sin(\pi x_2), \Delta f_3(\boldsymbol{x},t) = 0.1\sin(3x_3), \Delta g_1(\boldsymbol{y},t) = 0.2\sin(\pi y_1), \Delta g_2(\boldsymbol{y},t) = 0.1\sin(2\pi y_2), \Delta g_3(\boldsymbol{y},t) = 0.2\sin(\pi y_3)$. 仿真结果如图 6.7 和图 6.8 所示. 对比图 6.7(a),(b) 可知, 在本节设计的鲁棒自适应控制器的作用下, 混沌驱动系统 (6.28) 和响应系统 (6.29) 很快实现了修正函数投影同步. 图 6.8(a)~(d) 为系统模型不确定性和外界扰动界值的估计值的变化轨迹, 即所有的未知参数 $\theta_1, \theta_2, \theta_3, \eta_1, \eta_2, \eta_3, \alpha_1, \alpha_2, \alpha_3, \beta_1, \beta_2, \beta_3$ 都按照自适应律趋于常值. 比较图 6.7 和图 6.3 可知, 本节设计的控制策略 (6.34) 和 6.3 节设计的控制策略 (6.6) 均实现了 Lorenz 混沌系统和 Rössler 混沌系统的修正函数投影同步, 但是本节设计的控制器考虑了非线性扇区输入中扇区未知因素, 更具有实际工程价值.

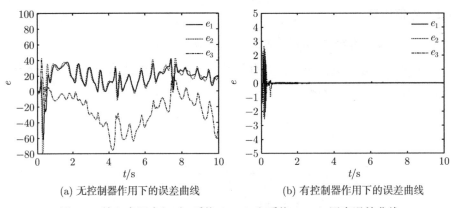

图 6.7 输入扇区未知时, 系统 (6.28) 和系统 (6.29) 同步误差曲线

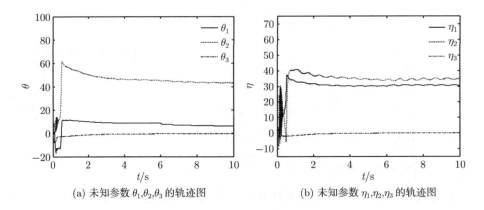

(a) 未知参数 $\theta_1, \theta_2, \theta_3$ 的轨迹图   (b) 未知参数 η_1, η_2, η_3 的轨迹图

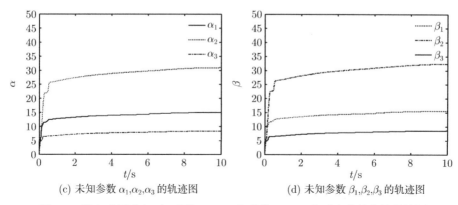

(c) 未知参数 $\alpha_1,\alpha_2,\alpha_3$ 的轨迹图   (d) 未知参数 β_1,β_2,β_3 的轨迹图

图 6.8 输入扇区未知时, 系统 (6.28) 和系统 (6.29) 自适应估计参数轨迹图

6.4.2.2 扇区未知时, 超混沌系统修正函数投影同步

仍以第 5 章的四维超混沌系统 (5.70) 和 LS 超混沌系统 (5.71) 为例进行仿真. 取滑模面为

$$
\begin{aligned}
s_1 &= e_1 + \int_0^t 5e_1(\tau)d\tau \\
s_2 &= e_2 + \int_0^t 5e_2(\tau)d\tau \\
s_3 &= e_3 + \int_0^t 5e_3(\tau)d\tau \\
s_4 &= e_4 + \int_0^t 4e_4(\tau)d\tau
\end{aligned}
\tag{6.61}
$$

根据式 (6.58), 可设计相应的控制器为

$$
\begin{aligned}
u_1(t) =& -5[|5e_1| + |-\dot{m}_1 x_1| + |(-y_1+y_2)\hat{\eta}_1 + y_4\hat{\eta}_3 \\
& - m_1\hat{\theta}_1(x_2-x_1)|\hat{\varpi} + \hat{\psi}_1]\tanh(200s_1) \\
u_2(t) =& -5[|5e_2| + |-y_1y_3 - y_2 - m_2(x_1x_3-x_4) - \dot{m}_2 x_2| \\
& + |y_1\hat{\eta}_2 - m_2 x_1\hat{\theta}_2|\hat{\varpi} + \hat{\psi}_2]\tanh(200s_2) \\
u_3(t) =& -5[|5e_3| + |y_1y_2 - m_3 x_1 x_2 - \dot{m}_3 x_3| \\
& + |m_3 x_3\hat{\theta}_3 - y_3\hat{\eta}_4|\hat{\varpi} + \hat{\psi}_3]\tanh(200s_3) \\
u_4(t) =& -5[|4e_4| + |-y_1 - \dot{m}_4 x_4| + |m_4 x_1\hat{\theta}_4 \\
& - y_4\hat{\eta}_1|\hat{\varpi} + \hat{\psi}_4]\tanh(200s_4)
\end{aligned}
\tag{6.62}
$$

在仿真中, 取 $\gamma=5$, 驱动系统和响应系统的初始值分别为 $(5,2,4,4)$ 和 $(2,3,5,1)$, 自适应参数的初始值为 $\hat{\theta}_1(0)=1,\hat{\theta}_2(0)=1,\hat{\theta}_3(0)=1,\hat{\theta}_4(0)=1,\hat{\eta}_1(0)=$

$1, \hat{\eta}_2(0) = 1, \hat{\eta}_3(0) = 1, \hat{\eta}_4(0) = 1, \hat{\varpi}(0) = 0.1, \hat{\psi}_1(0) = \hat{\psi}_2(0) = \hat{\psi}_3(0) = \hat{\psi}_4(0) = 0.1$, 函数比例因子矩阵 $\boldsymbol{M}(t) = \mathrm{diag}(2 + 0.1\cos(t), 2 + 0.1\sin(t), 3 + 0.3\cos(t), 2 + 0.2\sin(2t))$, 系统的外界扰动分别为随机扰动, 非线性输入取为

$$\begin{cases} \phi_1(u_1(t)) = (0.5 + 0.2\sin(t))u_1(t) \\ \phi_2(u_2(t)) = (0.4 + 0.2\cos(t))u_2(t) \\ \phi_3(u_3(t)) = (0.5 + 0.3\sin(t))u_3(t) \\ \phi_4(u_4(t)) = (0.6 + 0.3\cos(t))u_4(t) \end{cases} \tag{6.63}$$

系统的不确定性分别为

$$\begin{cases} \Delta f_1(\boldsymbol{x}, t) = 0.2\sin(2\pi x_1) \\ \Delta f_2(\boldsymbol{x}, t) = 0.1\sin(\pi x_2) \\ \Delta f_3(\boldsymbol{x}, t) = 0.2\sin(3x_3) \\ \Delta f_4(\boldsymbol{x}, t) = 0.1\sin(2x_4) \end{cases} \tag{6.64}$$

$$\begin{cases} \Delta g_1(\boldsymbol{y}, t) = 0.2\sin(\pi y_1) \\ \Delta g_2(\boldsymbol{y}, t) = 0.1\sin(2\pi y_2) \\ \Delta g_3(\boldsymbol{y}, t) = 0.2\sin(\pi y_3) \\ \Delta g_4(\boldsymbol{y}, t) = 0.2\sin(2\pi y_4) \end{cases} \tag{6.65}$$

仿真结果如图 6.9 和图 6.10 所示. 对比图 6.9(a),(b) 可知, 在本节设计的鲁棒自适应滑模控制器的作用下, 超混沌驱动系统 (5.70) 和响应系统 (5.71) 很快实现了修正函数投影同步. 图 6.10(a)~(d) 为在控制器的作用下, 系统模型不确定性和外界扰动界值的估计值的变化轨迹, 即所有的未知参数 $\theta_1, \theta_2, \theta_3, \theta_4, \eta_1, \eta_2, \eta_3, \eta_4, \alpha_1, \alpha_2, \alpha_3, \alpha_4, \beta_1, \beta_2, \beta_3, \beta_4$ 都按照自适应律趋于常值. 对比图 6.9 和图 6.5 可知, 利用本节设计的控制策略 (6.34) 和 6.3 节设计的控制策略 (6.6) 均实现了四维超混

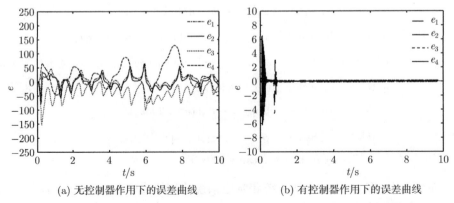

(a) 无控制器作用下的误差曲线　　(b) 有控制器作用下的误差曲线

图 6.9　扇区输入未知时, 系统 (5.70) 和系统 (5.71) 同步误差曲线

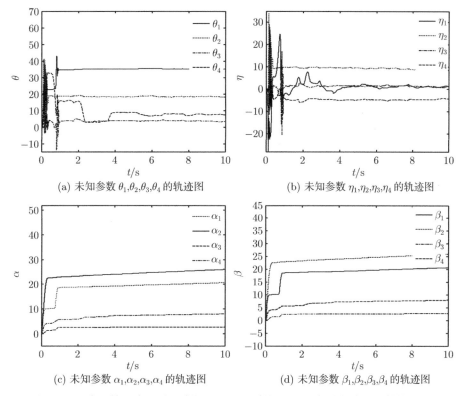

图 6.10　扇区输入未知时, 系统 (5.70) 和系统 (5.71) 自适应估计参数轨迹图

沌系统 (5.70) 和 LS 超混沌系统 (5.71) 的修正函数投影同步, 但是本节的控制器考虑了实际系统中非线性扇区输入的扇区未知因素, 更具有实际工程价值.

6.5　结　　论

本章研究了具有扇区非线性输入和模型不确定以及外界干扰的混沌系统的修正函数投影同步问题. 首先讨论了扇区范围已知的情形. 基于 Lyapunov 稳定性理论和滑模控制方法, 选择具有积分环节的滑模面, 设计了滑模控制器和参数自适应律, 使得驱动–响应系统的状态变量分别按照相应的函数比例因子实现同步. 其次, 考虑了非线性扇区输入的扇区范围未知时控制器的设计方法. 通过不等式变换, 控制器的设计不需要任何扇区非线性输入函数的先验信息, 且不受系统未建模动态或未知结构等不确定性以及外界干扰的影响. 相比于已有的控制方法, 本章设计的同步控制方法考虑了控制输入的非线性, 更接近于工程实际, 且对系统没有强加限制条件, 可适用于任意混沌系统, 具有普适性. 最后, 通过对典型混沌系统的同步数值仿真, 证实了该方法的有效性和正确性.

第7章 混沌系统组合函数投影同步

7.1 引　言

组合同步是指多个主系统和单个或多个从系统之间的广义同步. 组合同步增加了同步系统的复杂性, 将其应用于保密通信中, 可以将传输信号进行分割后调制到不同的驱动系统, 或分时采用不同的驱动系统进行信号传输, 从而提高混沌保密通信的安全性和灵活性. 最近几年, 已有多位学者对混沌系统的组合同步进行了研究, 并取得了一定的研究成果[93–113].

本章在已有研究基础上, 针对一类含有外界干扰的混沌系统, 分别研究了由三个混沌驱动系统和一个混沌响应系统组成的驱动–响应系统的组合函数投影同步以及由四个混沌驱动系统和两个混沌响应系统组成的双重组合函数投影同步. 首先给出组合函数投影同步和双重组合函数投影同步的定义, 将驱动–响应系统的同步问题转化为误差系统零解的稳定性问题, 然后基于 Lyapunov 稳定性理论和状态反馈控制方法, 设计非线性反馈控制器及参数自适应律, 使得混沌驱动–响应系统按照相应的函数比例因子矩阵实现组合和双重组合函数投影同步.

7.2 受扰混沌系统组合函数投影同步

7.2.1 问题描述

组合同步系统由三个混沌驱动系统和一个混沌响应系统组成, 混沌驱动系统如下所示:

$$\dot{x}(t) = f(x) + \Delta f(x,t) \tag{7.1}$$

$$\dot{y}(t) = g(y) + \Delta g(y,t) \tag{7.2}$$

$$\dot{z}(t) = h(z) + \Delta h(z,t) \tag{7.3}$$

其中 $x,y,z \in R^n$ 为驱动系统 (7.1)~(7.3) 的状态向量; $f,g,h : R^n \to R^n$ 为包含非线性项的连续函数向量, $\Delta f = [\Delta f_1, \Delta f_2, \cdots, \Delta f_n]^T \in R^n$, $\Delta g = [\Delta g_1, \Delta g_2, \cdots, \Delta g_n]^T \in R^n$, $\Delta h = [\Delta h_1, \Delta h_2, \cdots, \Delta h_n]^T \in R^n$ 为驱动系统 (7.1)~(7.3) 的外界扰动.

将混沌系统 (7.1)~(7.3) 作为驱动系统, 混沌响应系统如下所示:

$$\dot{w}(t) = l(w) + \Delta l(w,t) + u(t) \tag{7.4}$$

其中 $\boldsymbol{w} \in R^n$ 为响应系统状态向量, $\boldsymbol{l}: R^n \to R^n$ 为包含非线性项的连续函数向量, $\Delta \boldsymbol{l} = [\Delta l_1, \Delta l_2, \cdots, \Delta l_n]^T \in R^n$ 为响应系统的外界扰动, $\boldsymbol{u}(t)(\boldsymbol{u} \in R^n)$ 为待设计的控制器。

定义 7.1 对于驱动系统 (7.1)~(7.3), 响应系统 (7.4), 取任意初始值, 若存在函数矩阵 $\boldsymbol{M}_i(t) = \text{diag}(m_{i1}(t), m_{i2}(t), \cdots, m_{in}(t))$, $i = 1, 2, 3$, 使得

$$\lim_{t \to \infty} \|\boldsymbol{e}\| = \lim_{t \to \infty} \|\boldsymbol{w} - \boldsymbol{M}_1 \boldsymbol{x} - \boldsymbol{M}_2 \boldsymbol{y} - \boldsymbol{M}_3 \boldsymbol{z}\| = 0 \tag{7.5}$$

则称系统 (7.1)~(7.3) 和系统 (7.4) 实现组合函数投影同步, 其中, $\boldsymbol{e}(t) \in R^n$ 为误差向量, $\boldsymbol{M}_i(t) = \text{diag}(m_{i1}(t), m_{i2}(t), \cdots, m_{in}(t)), i = 1, 2, 3$ 为函数比例因子矩阵, $m_i(t)$ 为连续可微的有界比例函数, 不全为零.

由定义 7.1 及式 (7.1)~(7.4) 可得误差动力系统方程为

$$\begin{aligned} \dot{\boldsymbol{e}}(t) &= \dot{\boldsymbol{w}}(t) - \dot{\boldsymbol{M}}_1(t)\boldsymbol{x}(t) - \boldsymbol{M}_1(t)\dot{\boldsymbol{x}}(t) - \dot{\boldsymbol{M}}_2(t)\boldsymbol{y}(t) \\ &\quad - \boldsymbol{M}_2(t)\dot{\boldsymbol{y}}(t) - \dot{\boldsymbol{M}}_3(t)\boldsymbol{z}(t) - \boldsymbol{M}_3(t)\dot{\boldsymbol{z}}(t) \\ &= \boldsymbol{l}(\boldsymbol{w}) + \Delta\boldsymbol{l}(\boldsymbol{w},t) + \boldsymbol{u}(t) - \dot{\boldsymbol{M}}_1(t)\boldsymbol{x}(t) - \boldsymbol{M}_1(t)\boldsymbol{f}(\boldsymbol{x}) \\ &\quad - \boldsymbol{M}_1(t)\Delta\boldsymbol{f}(\boldsymbol{x},t) - \dot{\boldsymbol{M}}_2(t)\boldsymbol{y}(t) - \boldsymbol{M}_2(t)\boldsymbol{g}(\boldsymbol{y}) \\ &\quad - \boldsymbol{M}_2(t)\Delta\boldsymbol{g}(\boldsymbol{y},t) - \dot{\boldsymbol{M}}_3(t)\boldsymbol{z}(t) - \boldsymbol{M}_3(t)\boldsymbol{h}(\boldsymbol{z}) - \boldsymbol{M}_3(t)\Delta\boldsymbol{h}(\boldsymbol{z},t) \end{aligned} \tag{7.6}$$

本章的目标是设计合适的自适应控制器 $\boldsymbol{u}(t)$, 使得误差系统 (7.6) 满足

$$\lim_{t \to \infty} \|\boldsymbol{e}(t)\| = 0$$

假设 7.1 假定外界干扰 $\Delta\boldsymbol{f}(\boldsymbol{x},t), \Delta\boldsymbol{g}(\boldsymbol{y},t), \Delta\boldsymbol{h}(\boldsymbol{z},t), \Delta\boldsymbol{l}(\boldsymbol{w},t)$ 是有界的, 即存在正常量 α_i, $i = 1, 2, 3, 4$, 使得 $\|\Delta\boldsymbol{f}(\boldsymbol{x},t)\| \leqslant \alpha_1, \|\Delta\boldsymbol{g}(\boldsymbol{y},t)\| \leqslant \alpha_2, \|\Delta\boldsymbol{h}(\boldsymbol{z},t)\| \leqslant \alpha_3, \|\Delta\boldsymbol{l}(\boldsymbol{w},t)\| \leqslant \alpha_4$, 由于比例因子 $m_i(t)$ 为连续可微的有界函数, 进一步可得一定存在正常数 α, 使得

$$\|\Delta\boldsymbol{l}(\boldsymbol{w},t) - \boldsymbol{M}_1\Delta\boldsymbol{f}(\boldsymbol{x},t) - \boldsymbol{M}_2\Delta\boldsymbol{g}(\boldsymbol{y},t) - \boldsymbol{M}_3\Delta\boldsymbol{h}(\boldsymbol{z},t)\| \leqslant \alpha \tag{7.7}$$

7.2.2 自适应状态反馈控制器设计

为了实现上述控制目标, 可设计如下非线性状态反馈控制器

$$\begin{aligned} \boldsymbol{u}(t) &= -\boldsymbol{l}(\boldsymbol{w}) + \dot{\boldsymbol{M}}_1(t)\boldsymbol{x}(t) + \boldsymbol{M}_1(t)\boldsymbol{f}(x) + \dot{\boldsymbol{M}}_2(t)\boldsymbol{y}(t) + \boldsymbol{M}_2(t)\boldsymbol{g}(y) \\ &\quad + \dot{\boldsymbol{M}}_3(t)\boldsymbol{z}(t) + \boldsymbol{M}_3(t)\boldsymbol{h}(z) - \hat{\alpha}\,\boldsymbol{e} - k\boldsymbol{e} \end{aligned} \tag{7.8}$$

相应的参数自适应律:

$$\dot{\hat{\alpha}} = \|\boldsymbol{e}\| \tag{7.9}$$

其中 $k \in R(k>0)$ 为反馈控制增益；$\hat{a} \in R$ 为不确定界值参数 α 的估计值.

定理 7.1 对于由系统 (7.1)~(7.3) 和系统 (7.4) 构成的混沌驱动–响应系统，若选取响应系统的控制器为 (7.8)，参数自适应律为 (7.9)，则对给定的函数比例因子矩阵 $\boldsymbol{M}_i(t), i=1,2,3$ 和任意初始条件 $\boldsymbol{x}(0), \boldsymbol{y}(0), \boldsymbol{z}(0), \boldsymbol{w}(0)$，系统 (7.1)~(7.3) 和系统 (7.4) 可按照误差式 (7.5) 实现组合函数投影同步.

证明 选择的 Lyapunov 函数为 $V(t) = \dfrac{1}{2}\boldsymbol{e}^{\mathrm{T}}\boldsymbol{e} + \dfrac{1}{2}(\hat{\alpha}-\alpha)^2$，求导可得

$$\dot{V}(t) = \boldsymbol{e}^{\mathrm{T}}\dot{\boldsymbol{e}} + (\hat{\alpha}-\alpha)\dot{\hat{\alpha}} \tag{7.10}$$

将误差动力系统方程 (7.6) 代入上式可得

$$\begin{aligned}\dot{V}(t) = {}& \boldsymbol{e}^{\mathrm{T}}[\boldsymbol{l}(\boldsymbol{w}) + \Delta\boldsymbol{l}(\boldsymbol{w},t) + \boldsymbol{u}(t) - \dot{\boldsymbol{M}}_1(t)\boldsymbol{x}(t) \\ & - \boldsymbol{M}_1(t)\boldsymbol{f}(\boldsymbol{x}) - \boldsymbol{M}_1(t)\Delta\boldsymbol{f}(\boldsymbol{x},t) - \dot{\boldsymbol{M}}_2(t)\boldsymbol{y}(t) \\ & - \boldsymbol{M}_2(t)\boldsymbol{g}(\boldsymbol{y}) - \boldsymbol{M}_2(t)\Delta\boldsymbol{g}(\boldsymbol{y},t) - \dot{\boldsymbol{M}}_3(t)\boldsymbol{z}(t) - \boldsymbol{M}_3(t)\boldsymbol{h}(\boldsymbol{z}) \\ & - \boldsymbol{M}_3(t)\Delta\boldsymbol{h}(\boldsymbol{z},t)] + (\hat{\alpha}-\alpha)\dot{\hat{\alpha}} \end{aligned} \tag{7.11}$$

将控制器 (7.8) 及参数自适应律 (7.9) 代入式 (7.11) 可得

$$\begin{aligned}\dot{V}(t) = {}& \boldsymbol{e}^{\mathrm{T}}[\Delta\boldsymbol{l}(\boldsymbol{w},t) - \boldsymbol{M}_1(t)\Delta\boldsymbol{f}(\boldsymbol{x},t) - \boldsymbol{M}_2(t)\Delta\boldsymbol{g}(\boldsymbol{y},t) - \boldsymbol{M}_3(t)\Delta\boldsymbol{h}(\boldsymbol{z},t)] \\ & - \hat{\alpha}\boldsymbol{e}^{\mathrm{T}}\boldsymbol{e} - k\boldsymbol{e}^{\mathrm{T}}\boldsymbol{e} + (\hat{\alpha}-\alpha)\|\boldsymbol{e}\| \end{aligned} \tag{7.12}$$

由于

$$\begin{aligned}& \boldsymbol{e}^{\mathrm{T}}[\Delta\boldsymbol{l}(\boldsymbol{w},t) - \boldsymbol{M}_1(t)\Delta\boldsymbol{f}(\boldsymbol{x},t) - \boldsymbol{M}_2(t)\Delta\boldsymbol{g}(\boldsymbol{y},t) - \boldsymbol{M}_3(t)\Delta\boldsymbol{h}(\boldsymbol{z},t)] \\ & \leqslant \|\boldsymbol{e}^{\mathrm{T}}\|\,\|\Delta\boldsymbol{l}(\boldsymbol{w},t) - \boldsymbol{M}_1(t)\Delta\boldsymbol{f}(\boldsymbol{x},t) - \boldsymbol{M}_2(t)\Delta\boldsymbol{g}(\boldsymbol{y},t) - \boldsymbol{M}_3(t)\Delta\boldsymbol{h}(\boldsymbol{z},t)\|\end{aligned}$$

所以

$$\begin{aligned}\dot{V}(t) \leqslant {}& \|\boldsymbol{e}^{\mathrm{T}}\|\,\|\Delta\boldsymbol{l}(\boldsymbol{w},t) - \boldsymbol{M}_1(t)\Delta\boldsymbol{f}(\boldsymbol{x},t) - \boldsymbol{M}_2(t)\Delta\boldsymbol{g}(\boldsymbol{y},t) - \boldsymbol{M}_3(t)\Delta\boldsymbol{h}(\boldsymbol{z},t)\| \\ & - \hat{\alpha}\boldsymbol{e}^{\mathrm{T}}\boldsymbol{e} - k\boldsymbol{e}^{\mathrm{T}}\boldsymbol{e} + (\hat{\alpha}-\alpha)\|\boldsymbol{e}\|\end{aligned} \tag{7.13}$$

由假设 7.1 可得

$$\dot{V}(t) \leqslant \alpha\|\boldsymbol{e}^{\mathrm{T}}\| - \hat{\alpha}\boldsymbol{e}^{\mathrm{T}}\boldsymbol{e} - k\boldsymbol{e}^{\mathrm{T}}\boldsymbol{e} + (\hat{\alpha}-\alpha)\|\boldsymbol{e}\| \tag{7.14}$$

由于 $\hat{\alpha}\boldsymbol{e}^{\mathrm{T}}\boldsymbol{e} \geqslant \hat{\alpha}\|\boldsymbol{e}\| \geqslant 0$，$\hat{\alpha}\boldsymbol{e}^{\mathrm{T}}\boldsymbol{e} = \hat{\alpha}\|\boldsymbol{e}\|$，上式可简化为

$$\dot{V}(t) \leqslant -k\|\boldsymbol{e}\|^2 \tag{7.15}$$

7.2 受扰混沌系统组合函数投影同步

因为 $k \in R(k > 0)$，则 $\dot{V}(t) \leqslant 0$，当且仅当 $e = 0$ 时，等号成立. 由 Lyapunov 稳定性理论可知，当 $t \to \infty$ 时，误差 e 渐近稳定于零点，即 $\lim\limits_{t \to \infty} \|e\| = 0$. 定理证毕.

注 7.1 当 $M_1 = M_2 = M_3 = 0$ 时，本节所述的组合同步问题转化为响应系统的混沌控制问题.

注 7.2 当 M_1, M_2, M_3 中有一个为零矩阵，则本节所述的组合同步问题转化为两个驱动系统和一个响应系统的组合函数投影同步问题.

注 7.3 当 M_1, M_2, M_3 中有两个为零矩阵，则本节所述的组合同步问题转化为单驱动单响应系统的函数投影同步问题.

注 7.4 当 M_1, M_2, M_3 为常数矩阵时，则本节所述的组合同步问题转化为驱动–响应系统的组合投影同步问题. 特别地，当 $M_1 = M_2 = M_3 = I$ (I 为单位对角阵) 时，本节所述问题转化为驱动–响应系统的组合完全同步问题.

7.2.3 数值仿真

为了验证上述方案的有效性，以 Lorenz 混沌系统、Chen 混沌系统、三阶 Lü 混沌系统作为驱动系统，以 Rössler 混沌系统作为响应系统进行仿真实验.

Lorenz 混沌系统的微分方程为

$$\begin{cases} \dot{x}_1 = a_1(x_2 - x_1) + \Delta f_1(\boldsymbol{x}, t) \\ \dot{x}_2 = a_2 x_1 - x_1 x_3 - x_2 + \Delta f_2(\boldsymbol{x}, t) \\ \dot{x}_3 = x_1 x_2 - a_3 x_3 + \Delta f_3(\boldsymbol{x}, t) \end{cases} \tag{7.16}$$

其中 x_1, x_2, x_3 为状态变量，当参数 $a_1 = 10, a_2 = 28, a_3 = 8/3$ 时，系统 (7.16) 处于混沌状态. $\Delta \boldsymbol{f} = [\Delta f_1, \Delta f_2, \Delta f_3]^\mathrm{T}$ 为驱动系统 (7.16) 的外界扰动.

Chen 混沌系统的微分方程为

$$\begin{cases} \dot{y}_1 = b_1(y_2 - y_1) + \Delta g_1(\boldsymbol{y}, t) \\ \dot{y}_2 = (b_3 - b_1)y_1 + b_3 y_2 - y_1 y_3 + \Delta g_2(\boldsymbol{y}, t) \\ \dot{y}_3 = y_1 y_2 - b_2 y_3 + \Delta g_3(\boldsymbol{y}, t) \end{cases} \tag{7.17}$$

其中 y_1, y_2, y_3 为状态变量，当参数 $b_1 = 35, b_2 = 3, b_3 = 25$ 时，系统 (17) 处于混沌状态. $\Delta \boldsymbol{g} = [\Delta g_1, \Delta g_2, \Delta g_3]^\mathrm{T}$ 为驱动系统 (7.17) 的外界扰动.

Lü 混沌系统的微分方程为

$$\begin{cases} \dot{z}_1 = c_1(z_2 - z_1) + \Delta h_1(\boldsymbol{z}, t) \\ \dot{z}_2 = c_3 z_2 - z_1 z_3 + \Delta h_2(\boldsymbol{z}, t) \\ \dot{z}_3 = z_1 z_2 - c_2 z_3 + \Delta h_3(\boldsymbol{z}, t) \end{cases} \tag{7.18}$$

其中 z_1, z_2, z_3 为状态变量, 当 $c_1 = 36, c_2 = 3, c_3 = 20$ 时, 系统 (7.18) 处于混沌状态. $\Delta \boldsymbol{h} = [\Delta h_1, \Delta h_2, \Delta h_3]^T$ 为驱动系统 (7.18) 的外界扰动.

Rössler 混沌系统的微分方程为

$$\begin{cases} \dot{w}_1 = -w_2 - w_3 + \Delta l_1(\boldsymbol{w}, t) \\ \dot{w}_2 = w_1 + d_1 w_2 + \Delta l_2(\boldsymbol{w}, t) \\ \dot{w}_3 = w_1 w_3 - d_2 w_3 + 0.2 + \Delta l_3(\boldsymbol{w}, t) \end{cases} \quad (7.19)$$

其中 w_1, w_2, w_3 为状态变量, 当 $d_1 = 0.2, d_2 = 5.7$ 时, 系统 (7.19) 处于混沌状态. $\Delta \boldsymbol{l} = [\Delta l_1, \Delta l_2, \Delta l_3]^T$ 为响应系统 (7.19) 的外界扰动.

由组合函数投影同步定义, 可得误差系统为

$$\begin{cases} e_1 = w_1 - m_{11} x_1 - m_{21} y_1 - m_{31} z_1 \\ e_2 = w_2 - m_{12} x_2 - m_{22} y_2 - m_{32} z_2 \\ e_3 = w_3 - m_{13} x_3 - m_{23} y_3 - m_{33} z_3 \end{cases} \quad (7.20)$$

其中 $\boldsymbol{M}_1(t) = \text{diag}(m_{11}(t), m_{12}(t), m_{13}(t))$, $\boldsymbol{M}_2(t) = \text{diag}(m_{21}(t), m_{22}(t), m_{23}(t))$, $\boldsymbol{M}_3(t) = \text{diag}(m_{31}(t), m_{32}(t), m_{33}(t))$, 根据本节的控制方法, 可设计控制器为

$$\begin{cases} u_1 = w_2 + w_3 + \dot{m}_{11} x_1 + m_{11} a_1 (x_2 - x_1) + \dot{m}_{21} y_1 + m_{21} b_1 (y_2 - y_1) \\ \quad + \dot{m}_{31} z_1 + m_{31} c_1 (z_2 - z_1) - k e_1 - \hat{\alpha} e_1 \\ u_2 = w_1 + d_1 w_2 + \dot{m}_{12} x_2 + m_{12}(a_2 x_1 - x_1 x_3 - x_2) + \dot{m}_{22} y_2 \\ \quad + m_{22}[(b_3 - b_1) y_1 + b_3 y_2 - y_1 y_3] + \dot{m}_{32} z_2 \\ \quad + m_{32}(c_3 z_2 - z_1 z_3) - k e_2 - \hat{\alpha}\, e_2 \\ u_3 = w_1 w_3 - d_2 w_3 + 0.2 + \dot{m}_{13} x_3 + m_{13}(x_1 x_2 - a_3 x_3) \\ \quad + \dot{m}_{23} y_3 + m_{23}(y_1 y_2 - b_2 y_3) + \dot{m}_{33} z_3 \\ \quad + m_{33}(z_1 z_2 - c_2 z_3) - k e_3 - \hat{\alpha} e_3 \end{cases} \quad (7.21)$$

自适应律为

$$\dot{\hat{\alpha}} = \|\boldsymbol{e}\| \quad (7.22)$$

运用 MATLAB 进行数值仿真, 取驱动系统的初始值分别为 $\boldsymbol{x}(0) = (0.5, 0.4, 0.6), \boldsymbol{y}(0) = (2, 3, 1), \boldsymbol{z}(0) = (-3, 2, 1)$, 响应系统的初始值为 $\boldsymbol{w}(0) = (0.5, 0.2, 0.4)$, 外界干扰界值 α 的初始值 $\alpha_0 = 1$, 取比例因子为 $\boldsymbol{M}_i(t) = \text{diag}(0.2 + \cos(2t), 1 + \sin(2t), 0.5 + \cos(t)), i = 1, 2, 3$, 系统的外界扰动分别为 $\Delta f_1(\boldsymbol{x}, t) = 0.2 \sin(2\pi x_1)$, $\Delta f_2(\boldsymbol{x}, t) = 0.1 \sin(\pi x_2)$, $\Delta f_3(\boldsymbol{x}, t) = 0.2 \sin(3 x_3)$, $\Delta g_1(\boldsymbol{y}, t) = 0.2 \sin(\pi y_1)$, $\Delta g_2(\boldsymbol{y}, t) = 0.1 \sin(2\pi y_2)$, $\Delta g_3(\boldsymbol{y}, t) = 0.2 \sin(\pi y_3)$, $\Delta h_1(\boldsymbol{z}, t) = 0.1 \sin(\pi z_1)$, $\Delta h_2(\boldsymbol{z}, t) = 0.2 \sin(\pi z_2)$, $\Delta h_3(\boldsymbol{z}, t) = 0.3 \sin(3 z_3)$, $\Delta l_1(\boldsymbol{w}, t) = 0.2 \sin(\pi w_1)$, $\Delta l_2(\boldsymbol{w}, t) =$

7.2 受扰混沌系统组合函数投影同步

$0.3\sin(\pi w_2)$, $\Delta l_3(\boldsymbol{w},t) = 0.1\sin(2\pi z_3)$. 反馈控制增益理论上可以选为任意大于零的常量，这里选取 $k = 5$. 仿真结果如图 7.1 和图 7.2 所示. 图 7.1 为同步状态曲线，图 7.2 为同步误差曲线. 由仿真结果可知，经过短暂的振荡后，驱动系统和响应系统按照相应的函数比例因子实现了组合同步.

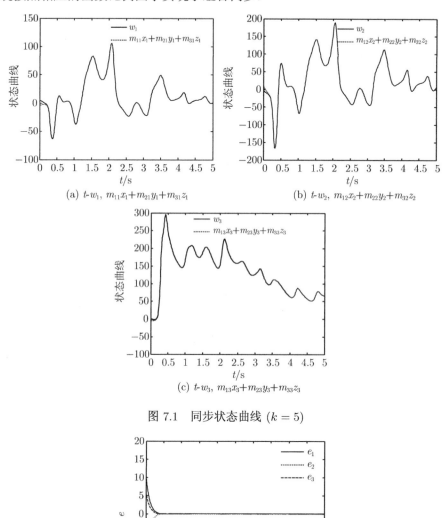

图 7.1 同步状态曲线 $(k = 5)$

图 7.2 同步误差曲线 $(k = 5)$

为证明本方案的鲁棒性和实用性,再取比例因子矩阵为 $\boldsymbol{M}_1(t) = \text{diag}(1 + e^{-t}, 0.2 + \cos(t), 2 + 0.5\sin(2t))$, $M_2(t) = \text{diag}(1 + \sin(2t), 2 + \cos(0.5t), 2 + 0.5\sin(t))$ $\boldsymbol{M}_3(t) = \text{diag}(2 + \cos(2t), 1 + 0.2\sin(2t) + 0.1\cos(5t), 1 + 0.5\sin(t))$, 系统的外界扰动在原有扰动基础上增加均值为 0, 方差为 1 的随机扰动; 反馈控制增益 $k = 10$. 仿真结果如图 7.3 和图 7.4 所示. 图 7.3 为同步状态曲线, 图 7.4 为同步误差曲线. 由仿真结果可知, 增加随机扰动后, 驱动系统和响应系统仍能够按照相应的函数比例因子矩阵实现组合函数投影同步.

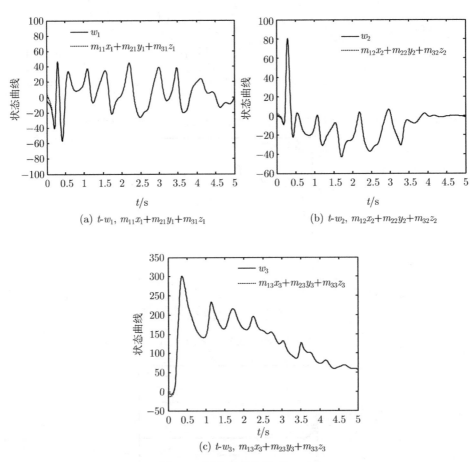

图 7.3　同步状态曲线 ($k = 10$)

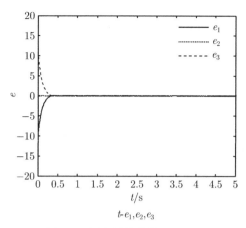

图 7.4 同步误差曲线 $(k = 10)$

7.3 受扰混沌系统双重组合函数投影同步

7.3.1 问题描述

双重组合同步混沌系统由四个驱动系统和两个响应系统组成. 第一组驱动系统如下所示:

$$\dot{\boldsymbol{x}}_1(t) = \boldsymbol{f}_1(\boldsymbol{x}_1) + \Delta \boldsymbol{f}_1(\boldsymbol{x}_1, t) \quad (7.23)$$

$$\dot{\boldsymbol{x}}_2(t) = \boldsymbol{f}_2(\boldsymbol{x}_2) + \Delta \boldsymbol{f}_2(\boldsymbol{x}_2, t) \quad (7.24)$$

其中 $\boldsymbol{x}_1(t) = [x_{11}, x_{12}, \cdots, x_{1n}]^{\mathrm{T}}$, $\boldsymbol{x}_2(t) = [x_{21}, x_{22}, \cdots, x_{2n}]^{\mathrm{T}}$ 是状态向量, $\boldsymbol{f}_1, \boldsymbol{f}_2 : R^n \to R^n$ 为连续函数向量, $\Delta \boldsymbol{f}_1(\boldsymbol{x}_1, t) = [\Delta f_{11}(\boldsymbol{x}_1, t), \Delta f_{12}(\boldsymbol{x}_1, t), \cdots, \Delta f_{1n}(\boldsymbol{x}_1, t)]^{\mathrm{T}}$, $\Delta \boldsymbol{f}_2(\boldsymbol{x}_2, t) = [\Delta f_{21}(\boldsymbol{x}_2, t), \Delta f_{22}(\boldsymbol{x}_2, t), \cdots, \Delta f_{2n}(\boldsymbol{x}_2, t)]^{\mathrm{T}}$ 为驱动系统 (7.23)(7.24) 的外界干扰.

驱动系统 (7.23)(7.24) 的组合信号形式可表示如下:

$$\begin{aligned} \boldsymbol{S}_1 &= [a_{11}x_{11}, a_{12}x_{12}, \cdots, a_{1n}x_{1n}, a_{21}x_{21}, a_{22}x_{22}, \cdots, a_{2n}x_{2n}]^{\mathrm{T}} \\ &= \begin{bmatrix} \boldsymbol{A}_1 & 0 \\ 0 & \boldsymbol{A}_2 \end{bmatrix} \begin{bmatrix} \boldsymbol{x}_1 \\ \boldsymbol{x}_2 \end{bmatrix} = \boldsymbol{A}\boldsymbol{x} \end{aligned} \quad (7.25)$$

其中 $\boldsymbol{A}_1 = \mathrm{diag}(a_{11}, a_{12}, \cdots, a_{1n})$, $\boldsymbol{A}_2 = \mathrm{diag}(a_{21}, a_{22}, \cdots, a_{2n})$ 是已知的函数比例因子矩阵, $a_{im}(t)$, $i = 1, 2$, $m = 1, 2, \cdots, n$ 为连续可微的有界比例函数, $a_{im}(t)$ 不全为零.

第二组驱动系统如下所示:

$$\dot{\boldsymbol{y}}_1(t) = \boldsymbol{g}_1(\boldsymbol{y}_1) + \Delta \boldsymbol{g}_1(\boldsymbol{y}_1, t) \quad (7.26)$$

$$\dot{\boldsymbol{y}}_2(t) = \boldsymbol{g}_2(\boldsymbol{y}_2) + \Delta \boldsymbol{g}_2(\boldsymbol{y}_2, t) \tag{7.27}$$

其中 $\boldsymbol{y}_1(t) = [y_{11}, y_{12}, \cdots, y_{1n}]^{\mathrm{T}}$, $\boldsymbol{y}_2(t) = [y_{21}, y_{22}, \cdots, y_{2n}]^{\mathrm{T}}$ 为状态向量, $\boldsymbol{g}_1, \boldsymbol{g}_2 : R^n \to R^n$ 为连续函数向量, $\Delta \boldsymbol{g}_1(\boldsymbol{y}_1, t) = [\Delta g_{11}(\boldsymbol{y}_1, t), \Delta g_{12}(\boldsymbol{y}_1, t), \cdots, \Delta g_{1n}(\boldsymbol{y}_1, t)]^{\mathrm{T}}$, $\Delta \boldsymbol{g}_2(\boldsymbol{y}_2, t) = [\Delta g_{21}(\boldsymbol{y}_2, t), \Delta g_{22}(\boldsymbol{y}_2, t), \cdots, \Delta g_{2n}(\boldsymbol{y}_2, t)]^{\mathrm{T}}$ 为驱动系统 (7.26)(7.27) 的外界干扰.

驱动系统 (7.26)(7.27) 的组合信号形式可表示如下:

$$\begin{aligned} \boldsymbol{S}_2 &= [b_{11}y_{11}, b_{12}y_{12}, \cdots, b_{1n}y_{1n}, b_{21}y_{21}, b_{22}y_{22}, \cdots, b_{2n}y_{2n}]^{\mathrm{T}} \\ &= \begin{bmatrix} \boldsymbol{B}_1 & 0 \\ 0 & \boldsymbol{B}_2 \end{bmatrix} \begin{bmatrix} \boldsymbol{y}_1 \\ \boldsymbol{y}_2 \end{bmatrix} = \boldsymbol{B}\boldsymbol{y} \end{aligned} \tag{7.28}$$

其中 $\boldsymbol{B}_1 = \mathrm{diag}(b_{11}, b_{12}, \cdots, b_{1n})$, $\boldsymbol{B}_2 = \mathrm{diag}(b_{21}, b_{22}, \cdots, b_{2n})$ 是已知的函数比例因子矩阵, $b_{im}(t), i = 1, 2, m = 1, 2, \cdots, n$ 为连续可微的有界比例函数, $b_{im}(t)$ 不全为零.

响应系统如下所示:

$$\dot{\boldsymbol{z}}_1(t) = \boldsymbol{h}_1(\boldsymbol{z}_1) + \Delta \boldsymbol{h}_1(\boldsymbol{z}_1, t) + \boldsymbol{u}_1(t) \tag{7.29}$$

$$\dot{\boldsymbol{z}}_2(t) = \boldsymbol{h}_2(\boldsymbol{z}_2) + \Delta \boldsymbol{h}_2(\boldsymbol{z}_2, t) + \boldsymbol{u}_2(t) \tag{7.30}$$

其中 $\boldsymbol{z}_1(t) = [z_{11}, z_{12}, \cdots, z_{1n}]^{\mathrm{T}}$, $\boldsymbol{z}_2(t) = [z_{21}, z_{22}, \cdots, z_{2n}]^{\mathrm{T}}$ 是状态向量, $\boldsymbol{h}_1, \boldsymbol{h}_2 : R^n \to R^n$ 为连续函数向量, $\Delta \boldsymbol{h}_1(\boldsymbol{z}_1, t) = [\Delta h_{11}(\boldsymbol{z}_1, t), \Delta h_{12}(\boldsymbol{z}_1, t), \cdots, \Delta h_{1n}(\boldsymbol{z}_1, t)]^{\mathrm{T}}$, $\Delta \boldsymbol{h}_2(\boldsymbol{z}_2, t) = [\Delta h_{21}(\boldsymbol{z}_2, t), \Delta h_{22}(\boldsymbol{z}_2, t), \cdots, \Delta h_{2n}(\boldsymbol{z}_2, t)]^{\mathrm{T}}$ 为响应系统 (7.29)(7.30) 的外界干扰. $\boldsymbol{u}_1(t) = [u_{11}, u_{12}, \cdots, u_{1n}]^{\mathrm{T}}$, $\boldsymbol{u}_2(t) = [u_{21}, u_{22}, \cdots, u_{2n}]^{\mathrm{T}}$ 为待设计的控制向量.

响应系统 (7.29)(7.30) 的组合信号形式可表示如下:

$$\begin{aligned} \boldsymbol{S}_3 &= [c_{11}z_{11}, c_{12}z_{12}, \cdots, c_{1n}z_{1n}, c_{21}z_{21}, c_{22}z_{22}, \cdots, c_{2n}z_{2n}]^{\mathrm{T}} \\ &= \begin{bmatrix} \boldsymbol{C}_1 & 0 \\ 0 & \boldsymbol{C}_2 \end{bmatrix} \begin{bmatrix} \boldsymbol{z}_1 \\ \boldsymbol{z}_2 \end{bmatrix} = \boldsymbol{C}\boldsymbol{z} \end{aligned} \tag{7.31}$$

其中 $\boldsymbol{C}_1 = \mathrm{diag}(c_{11}, c_{12}, \cdots, c_{1n})$, $\boldsymbol{C}_2 = \mathrm{diag}(c_{21}, a_{22}, \cdots, c_{2n})$ 是已知的函数比例因子矩阵, $c_{im}(t), i = 1, 2, m = 1, 2, \cdots, n$ 为连续可微的有界比例函数, $c_{im}(t)$ 不全为零.

双重组合函数投影同步误差可描述为

$$\begin{aligned} e &= \boldsymbol{S}_1 + \boldsymbol{S}_2 - \boldsymbol{S}_3 = \boldsymbol{A}\boldsymbol{x} + \boldsymbol{B}\boldsymbol{y} - \boldsymbol{C}\boldsymbol{z} \\ &= \begin{bmatrix} e_1 \\ e_2 \end{bmatrix} = \begin{bmatrix} \boldsymbol{A}_1 & 0 \\ 0 & \boldsymbol{A}_2 \end{bmatrix} \begin{bmatrix} \boldsymbol{x}_1 \\ \boldsymbol{x}_2 \end{bmatrix} + \begin{bmatrix} \boldsymbol{B}_1 & 0 \\ 0 & \boldsymbol{B}_2 \end{bmatrix} \begin{bmatrix} \boldsymbol{y}_1 \\ \boldsymbol{y}_2 \end{bmatrix} - \begin{bmatrix} \boldsymbol{C}_1 & 0 \\ 0 & \boldsymbol{C}_2 \end{bmatrix} \begin{bmatrix} \boldsymbol{z}_1 \\ \boldsymbol{z}_2 \end{bmatrix} \end{aligned}$$

7.3 受扰混沌系统双重组合函数投影同步

$$= \begin{bmatrix} A_1x_1 + B_1y_1 - C_1z_1 \\ A_2x_2 + B_2y_2 - C_2z_2 \end{bmatrix} \tag{7.32}$$

定义 7.2 对于两组混沌驱动系统 (7.23)(7.24), (7.26)(7.27) 和响应系统 (7.29)(7.30), 取任意初始值, 若存在函数矩阵 $A, B, C \in R^{2n \times 2n}, A, B, C \neq 0$, 使得

$$\lim_{t \to \infty} \|e\| = \lim_{t \to \infty} \|Ax + By - Cz\| = 0 \tag{7.33}$$

则称驱动系统 (7.23)(7.24), (7.26)(7.27) 和响应系统 (7.29)(7.30) 实现了双重组合函数投影同步.

注 7.5 定义 7.2 中的双重组合函数投影同步定义式 $\lim_{t \to \infty} \|e\| = \lim_{t \to \infty} \|Ax + By - Cz\| = 0$ 可分解描述如下:

$$\lim_{t \to \infty} \|e_1\| = \lim_{t \to \infty} \|A_1x_1 + B_1y_1 - C_1z_1\| = 0 \tag{7.34}$$

$$\lim_{t \to \infty} \|e_2\| = \lim_{t \to \infty} \|A_2x_2 + B_2y_2 - C_2z_2\| = 0 \tag{7.35}$$

注 7.6 如果函数比例矩阵 $A_1 = B_1 = C_1 = 0$ 或 $A_2 = B_2 = C_2 = 0$, 则定义 7.2 中的双重组合函数投影同步问题转化为组合函数投影同步问题.

注 7.7 在定义 7.2 中, $e_i = A_ix_i + B_iy_i - C_iz_i, i = 1, 2$, 驱动系统和响应系统的下标是一致的. 实际上, 在将定义 7.2 中的双重组合同步应用于实际的保密通信系统中时, 驱动系统和响应系统并不一定要按照原有的对应关系, 即可设 $e_i = A_ix_i + B_jy_j - C_lz_l, i, j, l = 1, 2, \ i \neq j \neq l$.

定义 7.3 对于两组混沌驱动系统 (7.23)(7.24), (7.26)(7.27) 和响应系统 (7.29)(7.30), 取任意初始值, 若存在函数矩阵 $A, B, C \in R^{2n \times 2n}, A, B, C \neq 0$, 使得

$$\lim_{t \to \infty} \|e_i\| = \lim_{t \to \infty} \|A_ix_i + B_jy_j - C_lz_l\| = 0, \quad i, j, l = 1, 2 \tag{7.36}$$

则称驱动系统 (7.23)(7.24), (7.26)(7.27) 和响应系统 (7.29)(7.30) 实现了扩展双重组合函数投影同步.

注 7.8 对比定义 7.2 和定义 7.3 可知, 定义 7.2 中的双重组合函数投影同步是定义 7.3 中扩展双重组合函数投影同步的一种情况, 定义 7.3 更具有广义性.

注 7.9 如果函数比例矩阵 $A_i, B_i, C_i, i = 1, 2$ 中的比例因子 $a_{im}, b_{im}, c_{im}, i = 1, 2, \ m = 1, 2, \cdots, n$ 为常数, 则定义 7.2 和定义 7.3 中的双重组合函数投影同步问题转化为双重组合投影同步问题. 特别地, 当比例因子 $a_{im}, b_{im}, c_{im} = 1, i = 1, 2, \ m = 1, 2, \cdots, n$ 时, 定义 7.2 和定义 7.3 中的双重组合函数投影同步问题转化为双重组合同步问题.

注 7.10 定义 7.2 和定义 7.3 中共包含两组混沌驱动系统和一组响应系统共六个系统, 这六个混沌系统可以为阶数相同, 结构互不相同的系统.

注 7.11 双重组合同步共包含四个混沌驱动系统和两个混沌响应系统,其组合同步方式可任意选择,增加了同步系统的复杂性,将其应用于保密通信中,可以将传输信号进行分割后调制到不同的驱动系统,或分时采用不同的驱动系统进行信号传输,从而提高混沌保密通信的安全性和灵活性.

假设 7.2 假定外界干扰 $\Delta \boldsymbol{f}_i(\boldsymbol{x},t), \Delta \boldsymbol{g}_i(\boldsymbol{y},t), \Delta \boldsymbol{h}_i(\boldsymbol{z},t), i=1,2$ 是有界的,即存在正常量 $\alpha_i, \beta_i, \gamma_i, i=1,2$,使得 $\|\Delta \boldsymbol{f}_i(\boldsymbol{x},t)\| \leqslant \alpha_i, \|\Delta \boldsymbol{g}_i(\boldsymbol{y},t)\| \leqslant \beta_i, \|\Delta \boldsymbol{h}_i(\boldsymbol{z},t)\| \leqslant \gamma_i$,由函数比例因子 $a_{im}, b_{im}, c_{im}, i=1,2, m=1,2,\cdots,n$ 为连续可微的有界函数,进一步可得一定存在正常数 ω_i,使得

$$\|\boldsymbol{A}_i\Delta \boldsymbol{f}_i(\boldsymbol{x},t) + \boldsymbol{B}_j\Delta \boldsymbol{g}_j(\boldsymbol{y},t) - \boldsymbol{C}_l\Delta \boldsymbol{h}_l(\boldsymbol{z},t)\| \leqslant \varpi_i, \quad i,j,l=1,2 \tag{7.37}$$

7.3.2 自适应反馈控制器设计

相对于定义 7.2,定义 7.3 中的同步方式更具有广义性,因此本节的目标是设计合适的自适应控制器 $\boldsymbol{u}(t)$,使得误差系统 (7.36) 满足 $\lim\limits_{t\to\infty}\|\boldsymbol{e}_i\| = \lim\limits_{t\to\infty}\|\boldsymbol{A}_i\boldsymbol{x}_i + \boldsymbol{B}_j\boldsymbol{y}_j - \boldsymbol{C}_l\boldsymbol{z}_l\| = 0, i,j,l=1,2$.

由定义 7.3 及式 (7.23)~(7.36) 可得误差动力系统方程为

$$\begin{aligned}\dot{\boldsymbol{e}}_i(t) &= \dot{\boldsymbol{A}}_i(t)\boldsymbol{x}_i + \boldsymbol{A}_i(t)\dot{\boldsymbol{x}}_i + \dot{\boldsymbol{B}}_j(t)\boldsymbol{y}_j + \boldsymbol{B}_j(t)\dot{\boldsymbol{y}}_j - \dot{\boldsymbol{C}}_l(t)\boldsymbol{z}_l - \boldsymbol{C}_l(t)\dot{\boldsymbol{z}}_l \\ &= \dot{\boldsymbol{A}}_i(t)\boldsymbol{x}_i + \boldsymbol{A}_i(t)\boldsymbol{f}(x_i) + \boldsymbol{A}_i(t)\Delta\boldsymbol{f}(x) + \dot{\boldsymbol{B}}_j(t)\boldsymbol{y}_j + \boldsymbol{B}_j(t)\boldsymbol{g}(y) \\ &\quad + \boldsymbol{B}_j(t)\Delta\boldsymbol{g}(y) - \dot{\boldsymbol{C}}_l(t)\boldsymbol{z}_l - \boldsymbol{C}_l(t)\boldsymbol{h}(z_l) - \boldsymbol{C}_l(t)\Delta\boldsymbol{h}(z) - \boldsymbol{C}_l(t)\boldsymbol{u}_l(t)\end{aligned} \tag{7.38}$$

由此,可设计如下非线性状态反馈控制器:

$$\begin{aligned}\boldsymbol{U}_l(t) = \boldsymbol{C}_l(t)\boldsymbol{u}_l &= \dot{\boldsymbol{A}}_i(t)\boldsymbol{x}_i(t) + \boldsymbol{A}_i(t)\boldsymbol{f}_i(x) + \dot{\boldsymbol{B}}_j(t)\boldsymbol{y}_j(t) + \boldsymbol{B}_j(t)\boldsymbol{g}_j(y) \\ &\quad - \dot{\boldsymbol{C}}_l(t)\boldsymbol{z}_l(t) - \boldsymbol{C}_l(t)\boldsymbol{h}_l(z_l) + \hat{\varpi}_i\,\boldsymbol{e}_i + k_i\boldsymbol{e}_i, \quad i,j,l=1,2\end{aligned} \tag{7.39}$$

相应的参数自适应律:

$$\dot{\hat{\varpi}}_i = \|\boldsymbol{e}_i\| \tag{7.40}$$

其中 $\boldsymbol{e}_i \in R^n, k_i \in R(k_i > 0, i=1,2)$ 为反馈控制增益;$\hat{\varpi}_i \in R$ 为假设 7.2 中不确定界值参数 ϖ_i 的估计值.

定理 7.2 对于由两组混沌驱动系统 (7.23)(7.24),(7.26)(7.27) 和响应系统 (7.29)(7.30) 构成的混沌驱动–响应系统,若选取响应系统的控制器为 (7.39),参数自适应律为 (7.40),则对给定的函数比例因子矩阵 $\boldsymbol{A},\boldsymbol{B},\boldsymbol{C} \in R^{2n\times 2n}, \boldsymbol{A},\boldsymbol{B},\boldsymbol{C} \neq \boldsymbol{0}$ 和任意初始条件 $\boldsymbol{x}(0), \boldsymbol{y}(0), \boldsymbol{z}(0)$,驱动系统 (7.23)(7.24),(7.26)(7.27) 和响应系统 (7.29)(7.30) 可按照误差式 (7.36) 实现双重组合函数投影同步.

7.3 受扰混沌系统双重组合函数投影同步

证明 选择 Lyapunov 函数为 $V(t) = \sum_{i=1}^{2} \frac{1}{2} e_i^\mathrm{T} e_i + \sum_{i=1}^{2} \frac{1}{2} (\hat{\varpi}_i - \varpi_i)^2$,求导可得

$$\dot V(t) = \sum_{i=1}^{2} e_i^\mathrm{T} \dot e_i + \sum_{i=1}^{2} (\hat{\varpi}_i - \varpi_i) \dot{\hat{\varpi}}_i \tag{7.41}$$

将误差动力系统方程 (7.38) 代入上式可得

$$\begin{aligned}\dot V(t) = \sum_{i=1}^{2} e_i^\mathrm{T} [&\dot{\boldsymbol A}_i(t) \boldsymbol x_i + \boldsymbol A_i(t) \boldsymbol f(x_i) + \boldsymbol A_i(t) \Delta \boldsymbol f(x) \\ &+ \dot{\boldsymbol B}_j(t) \boldsymbol y_j + \boldsymbol B_j(t) \boldsymbol g(y) + \boldsymbol B_j(t) \Delta \boldsymbol g(y) - \dot{\boldsymbol C}_l(t) \boldsymbol z_l - \boldsymbol C_l(t) \boldsymbol h(z_l) \\ &- \boldsymbol C_l(t) \Delta \boldsymbol h(z) - \boldsymbol C_l(t) \boldsymbol u_l(t)] + \sum_{i=1}^{2} (\hat{\varpi}_i - \varpi_i) \dot{\hat{\varpi}}_i \end{aligned} \tag{7.42}$$

将控制器 (7.39) 及参数自适应律 (7.40) 代入式 (7.42) 可得

$$\begin{aligned}\dot V(t) = &\sum_{i=1}^{2} e_i^\mathrm{T} [\boldsymbol A_i(t) \Delta \boldsymbol f(x) + \boldsymbol B_j(t) \Delta \boldsymbol g(y) - \boldsymbol C_l(t) \Delta \boldsymbol h(z) - \dot{\hat{\varpi}}_i\, e_i - k_i e_i] \\ &+ \sum_{i=1}^{2} (\hat{\varpi}_i - \varpi_i) \|e_i\| \end{aligned} \tag{7.43}$$

由于 $e_i^\mathrm{T}[\boldsymbol A_i(t)\Delta\boldsymbol f(x) + \boldsymbol B_j(t)\Delta\boldsymbol g(y) - \boldsymbol C_l(t)\Delta\boldsymbol h(z)] \leqslant \|e_i^\mathrm{T}\| \|[\boldsymbol A_i(t)\Delta\boldsymbol f(x) + \boldsymbol B_j(t)\Delta\boldsymbol g(y) - \boldsymbol C_l(t)\Delta\boldsymbol h(z)\|$,所以

$$\begin{aligned}\dot V(t) \leqslant \sum_{i=1}^{2} \Big[&\|e_i^\mathrm{T}\| \|\boldsymbol A_i(t)\Delta\boldsymbol f(x) + \boldsymbol B_j(t)\Delta\boldsymbol g(y) - \boldsymbol C_l(t)\Delta\boldsymbol h(z)\| \\ &- \dot{\hat{\varpi}}_i e_i^\mathrm{T} e_i - k_i e_i^\mathrm{T} e_i \Big] + \sum_{i=1}^{2} (\hat{\varpi}_i - \varpi_i) \|e_i\| \end{aligned} \tag{7.44}$$

由假设 7.2 $\|\boldsymbol A_i\Delta\boldsymbol f_i(x,t) - \boldsymbol B_j\Delta\boldsymbol g_j(y,t) - \boldsymbol C_l\Delta\boldsymbol h_l(z,t)\| \leqslant \varpi_i$ 可得

$$\dot V(t) \leqslant \sum_{i=1}^{2} [\varpi_i \|e_i^\mathrm{T}\| - \dot{\hat{\varpi}}_i e_i^\mathrm{T} e_i - k_i e_i^\mathrm{T} e_i] + \sum_{i=1}^{2} (\hat{\varpi}_i - \varpi_i) \|e_i\| \tag{7.45}$$

由于 $\sum_{i=1}^{2} \hat{\varpi}_i e_i^\mathrm{T} e_i \geqslant \sum_{i=1}^{2} \hat{\varpi}_i \|e_i\| \geqslant 0, \sum_{i=1}^{2} \hat{\varpi}_i e_i^\mathrm{T} e_i = \sum_{i=1}^{2} \hat{\varpi}_i \|e_i\|$,上式可简化为

$$\dot V(t) \leqslant -\sum_{i=1}^{2} k_i \|e_i\|^2 \tag{7.46}$$

因为控制增益 $k_i \in R(k_i > 0)$,易得 $\dot V(t) \leqslant 0$,当且仅当 $e = \boldsymbol 0$ 时,等号成立.由 Lyapunov 稳定性理论可知,当 $t \to \infty$ 时,误差 e_i 渐近稳定于零点,即 $\lim_{t\to\infty} \|e_i\| = \lim_{t\to\infty} \|\boldsymbol A_i \boldsymbol x_i + \boldsymbol B_j \boldsymbol y_j - \boldsymbol C_l \boldsymbol z_l\| = 0$, $i,j,l = 1,2$. 定理证毕.

引理 7.1 当同步误差的表达式为定义 7.2 中式 (7.33) 时，即 $e_1 = A_1x_1 + B_1y_1 - C_1z_1$, $e_2 = A_2x_2 + B_2y_2 - C_2z_2$，实现同步的控制器表达式为

$$U_i(t) = C_i(t)u_i = \dot{A}_i(t)x_i(t) + A_i(t)f_i(x_i) + \dot{B}_i(t)y_i(t) + B_i(t)g_i(y_i)$$
$$- \dot{C}_i(t)z_i(t) - C_i(t)h_i(z_i) - \hat{\omega}_i \ e_i - k_ie_i, \quad i = 1,2 \quad (7.47)$$

相应的参数自适应律：

$$\dot{\hat{\omega}}_i = \|e_i\| \tag{7.48}$$

引理 7.2 如果函数比例因子矩阵 $A_i, B_i, C_i, i = 1,2$ 中的比例因子 $a_{im}, b_{im}, c_{im}, i=1,2, m=1,2,\cdots,n$ 为常数，则实现定义 7.3 中双重组合函数投影同步问题转化为双重组合投影同步问题，同步控制器可表示为

$$U_l(t) = C_l(t)u_l = A_i(t)f_i(x) + B_j(t)g_j(y) - C_l(t)h_l(z_l)$$
$$- \dot{\hat{\omega}}_i \ e_i - k_ie_i, \quad i,j,l = 1,2 \tag{7.49}$$

相应的参数自适应律：

$$\dot{\hat{\omega}}_i = \|e_i\| \tag{7.50}$$

7.3.3 数值仿真

为了验证上述方案的有效性，以 Lorenz 混沌系统、Chen 混沌系统为例进行仿真实验.

第一组驱动系统为

$$\begin{cases} \dot{x}_{11} = 10(x_{12} - x_{11}) + \Delta f_{11}(\boldsymbol{x}_1, t) \\ \dot{x}_{12} = 28x_{11} - x_{11}x_{13} - x_{12} + \Delta f_{12}(\boldsymbol{x}_1, t) \\ \dot{x}_{13} = x_{11}x_{12} - \dfrac{8}{3}x_{13} + \Delta f_{13}(\boldsymbol{x}_1, t) \end{cases} \tag{7.51}$$

$$\begin{cases} \dot{x}_{21} = 35(x_{22} - x_{21}) + \Delta f_{21}(\boldsymbol{x}_2, t) \\ \dot{x}_{22} = -10x_{21} + 25x_{22} - x_{21}x_{23} + \Delta f_{22}(\boldsymbol{x}_2, t) \\ \dot{x}_{23} = x_{21}x_{22} - 3x_{23} + \Delta f_{23}(\boldsymbol{x}_2, t) \end{cases} \tag{7.52}$$

第二组驱动系统为

$$\begin{cases} \dot{y}_{11} = 10(y_{12} - y_{11}) + \Delta g_{11}(\boldsymbol{y}_1, t) \\ \dot{y}_{12} = 28y_{11} - y_{11}y_{13} - y_{12} + \Delta g_{12}(\boldsymbol{y}_1, t) \\ \dot{y}_{13} = y_{11}y_{12} - \dfrac{8}{3}y_{13} + \Delta g_{13}(\boldsymbol{y}_1, t) \end{cases} \tag{7.53}$$

7.3 受扰混沌系统双重组合函数投影同步

$$\begin{cases} \dot{y}_{21} = 35(y_{22} - y_{21}) + \Delta g_{21}(\boldsymbol{y}_2, t) \\ \dot{y}_{22} = -10y_{21} + 25y_{22} - y_{21}y_{23} + \Delta g_{22}(\boldsymbol{y}_2, t) \\ \dot{y}_{23} = y_{21}y_{22} - 3y_{23} + \Delta g_{23}(\boldsymbol{y}_2, t) \end{cases} \tag{7.54}$$

响应系统为

$$\begin{cases} \dot{z}_{11} = 10(z_{12} - z_{11}) + \Delta h_{11}(\boldsymbol{z}_1, t) \\ \dot{z}_{12} = 28z_{11} - z_{11}z_{13} - z_{12} + \Delta h_{12}(\boldsymbol{z}_1, t) \\ \dot{z}_{13} = z_{11}z_{12} - \dfrac{8}{3}z_{13} + \Delta h_{13}(\boldsymbol{z}_1, t) \end{cases} \tag{7.55}$$

$$\begin{cases} \dot{z}_{21} = 35(z_{22} - z_{21}) + \Delta h_{21}(\boldsymbol{z}_2, t) \\ \dot{z}_{22} = -10z_{21} + 25z_{22} - z_{21}z_{23} + \Delta h_{22}(\boldsymbol{z}_2, t) \\ \dot{z}_{23} = z_{21}z_{22} - 3z_{23} + \Delta h_{23}(\boldsymbol{z}_2, t) \end{cases} \tag{7.56}$$

由扩展双重组合函数投影同步定义 7.3, 可设误差系统为

$$\begin{cases} \boldsymbol{e}_1 = \boldsymbol{A}_1\boldsymbol{x}_1 + \boldsymbol{B}_2\boldsymbol{y}_2 - \boldsymbol{C}_2\boldsymbol{z}_2 \\ \boldsymbol{e}_2 = \boldsymbol{A}_2\boldsymbol{x}_2 + \boldsymbol{B}_1\boldsymbol{y}_1 - \boldsymbol{C}_1\boldsymbol{z}_1 \end{cases} \tag{7.57}$$

其中 $\boldsymbol{A}_i(t) = \mathrm{diag}(a_{i1}(t), a_{i2}(t)), \boldsymbol{B}_i(t) = \mathrm{diag}(b_{i1}(t), b_{i2}(t)), \boldsymbol{C}_i(t) = \mathrm{diag}(c_{i1}(t), c_{i2}(t)), i = 1, 2$, 根据本节的控制方法, 可设计控制器为

$$\begin{cases} U_{11} = c_{11}u_{11} = \dot{a}_{21}x_{21} + \dot{b}_{11}y_{11} - \dot{c}_{11}z_{11} + 35a_{21}(x_{22} - x_{21}) + 10b_{11}(y_{12} - y_{11}) \\ \qquad - 10c_{11}(z_{12} - z_{11}) - \hat{\varpi}_1 e_{11} - k_1 e_{11} \\ U_{12} = c_{12}u_{12} = \dot{a}_{22}x_{22} + \dot{b}_{12}y_{12} - \dot{c}_{12}z_{12} + a_{22}(-10x_{21} + 25x_{22} - x_{21}x_{23}) \\ \qquad + b_{12}(28y_{11} - y_{11}y_{13} - y_{12}) \\ \qquad - c_{12}(28z_{11} - z_{11}z_{13} - z_{12}) - \hat{\varpi}_1\, e_{12} - k_1 e_{12} \\ U_{13} = c_{13}u_{13} = \dot{a}_{23}x_{23} + \dot{b}_{13}y_{13} - \dot{c}_{13}z_{13} + a_{23}(x_{21}x_{22} - 3x_{23}) \\ \qquad + b_{13}\left(y_{11}y_{12} - \dfrac{8}{3}y_{13}\right) - c_{13}\left(z_{11}z_{12} - \dfrac{8}{3}z_{13}\right) - \hat{\varpi}_1\, e_{13} - k_1 e_{13} \end{cases} \tag{7.58}$$

$$\begin{cases} U_{21} = c_{21}u_{21} = \dot{a}_{11}x_{11} + \dot{b}_{21}y_{21} - \dot{c}_{21}z_{21} + 10a_{11}(x_{12} - x_{11}) + 35b_{21}(y_{22} - y_{21}) \\ \qquad - 35c_{21}(z_{22} - z_{21}) - \hat{\varpi}_2 e_{21} - k_2 e_{21} \\ U_{22} = c_{22}u_{22} = \dot{a}_{12}x_{12} + \dot{b}_{22}y_{22} - \dot{c}_{22}z_{22} + a_{12}(28x_{11} - x_{11}x_{13} - x_{12}) \\ \qquad + b_{22}(-10y_{21} + 25y_{22} - y_{21}y_{23}) \\ \qquad - c_{22}(-10z_{21} + 25z_{22} - z_{21}z_{23}) - \hat{\varpi}_2 e_{22} - k_2 e_{22} \\ U_{23} = c_{23}u_{23} = \dot{a}_{13}x_{13} + \dot{b}_{23}y_{23} - \dot{c}_{23}z_{23} + a_{13}\left(x_{11}x_{12} - \dfrac{8}{3}x_{13}\right) \\ \qquad + b_{23}(y_{21}y_{22} - 3y_{23}) - c_{23}(z_{21}z_{22} - 3z_{23}) - \hat{\varpi}_2 e_{23} - k_2 e_{23} \end{cases} \tag{7.59}$$

自适应律为
$$\dot{\varpi}_1 = \|e_1\|, \quad \dot{\varpi}_2 = \|e_2\| \tag{7.60}$$

运用 MATLAB 进行数值仿真, 取驱动系统的初始值分别为 $x_1(0) = (0.3, 0.4, 0.6)$, $x_2(0) = (0.9, 0.5, 0.6)$, $y_1(0) = (0.2, 3, 0.1)$, $y_2(0) = (0.2, 0.3, 0.9)$, 响应系统的初始值为 $z_1(0) = (-3, 2, 1)$, $z_2(0) = (2, 1, 1)$, 外界干扰界值的初始值 $\varpi_1 = \varpi_2 = 0.3$, 取比例因子为 $A_i(t) = B_i(t) = C_i(t) = \mathrm{diag}(0.2 + \cos(2t), 1 + \sin(2t))$, $i = 1, 2$. 系统的外界扰动分别为 $\Delta f_{1i}(x, t) = 0.2\sin(2\pi x_{1i})$, $\Delta f_{2i}(x, t) = 0.1\sin(\pi x_{2i})$, $\Delta g_{1i}(y, t) = 0.2\sin(\pi y_{1i})$, $\Delta g_{2i}(y, t) = 0.1\sin(2\pi y_{2i})$, $\Delta h_{1i}(z, t) = 0.1\sin(\pi z_{1i})$, $\Delta h_{2i}(z, t) = 0.2\sin(\pi z_{2i})$, $i = 1, 2, 3$. 反馈控制增益理论上可以选为任意大于零的常量, 这里选取 $k_1 = k_2 = 5$, 仿真结果如图 7.5~ 图 7.7 所示. 图 7.5 和图 7.6 分别为 e_1, e_2 组合同步状态曲线, 图 7.7 为各同步误差曲线. 由仿真结果可知, 经过短暂的振荡后, 驱动系统和响应系统按照相应的函数比例因子实现了双重组合同步.

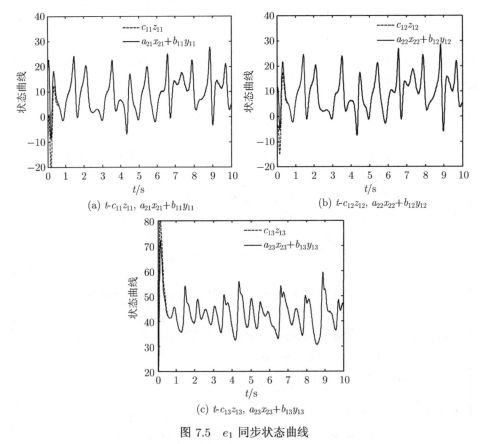

图 7.5 e_1 同步状态曲线

7.3 受扰混沌系统双重组合函数投影同步

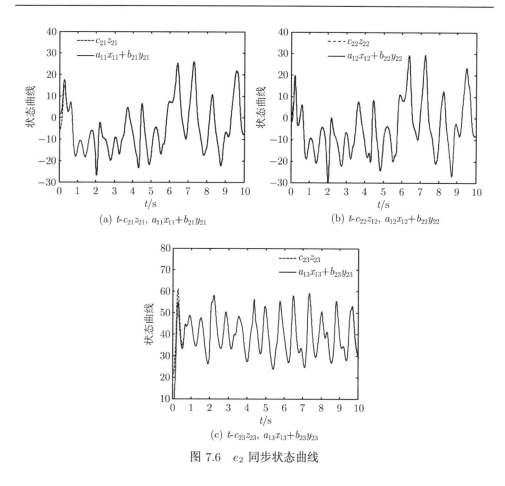

(a) t-$c_{21}z_{21}$, $a_{11}x_{11}+b_{21}y_{21}$

(b) t-$c_{22}z_{12}$, $a_{12}x_{12}+b_{22}y_{22}$

(c) t-$c_{23}z_{23}$, $a_{13}x_{13}+b_{23}y_{23}$

图 7.6 e_2 同步状态曲线

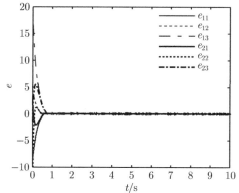

图 7.7 同步误差曲线 t-$e_{im}, i=1,2, m=1,2,3$

7.4 结 论

本章研究了受扰不确定混沌系统的组合函数投影同步问题. 在已有研究基础上, 主要取得如下研究成果: ①将函数投影同步和组合同步相结合, 研究了四个混沌系统的组合函数投影同步和六个混沌系统的双重组合函数投影同步; ②基于 Lyapunov 稳定性理论和自适应控制策略, 设计了非线性状态反馈控制器和参数更新律, 实现了混沌驱动–响应系统的 (双重) 组合函数投影同步, 同步的收敛速度可通过误差反馈增益调控; ③函数投影同步中函数比例因子的不可预测性和组合同步的复杂性能有效增强保密通信的安全性, 本章的研究结果为混沌同步应用于保密通信、信息传输等领域奠定了理论基础.

第8章 复杂网络的修正函数投影同步

8.1 引言

近年来,以互联网为代表的计算机和信息技术的迅速发展使人类迈入了网络时代. 自然界和人类社会中存在的大量复杂系统可以通过形形色色的复杂网络加以描述,如生物网络、信息网络、交通网络、社会网络等. 近年来,复杂网络研究已经渗透到数理学科、生命学科和社会学科等众多不同领域,对复杂网络的定量和定性特征的科学理解已经成为当今科学研究中一个极其重要的挑战性课题.

同步现象是一类非常普遍而重要的非线性现象,复杂网络的同步研究是复杂网络研究中最重要的研究方向之一[114-116]. 到目前为止,已有多种复杂网络同步现象的报道,如完全同步[117,118]、投影同步[119,120]、滞后同步[121]、滞后投影同步[122]、有界同步[123]、簇同步[124]、全局同步[125] 等. 修正函数投影同步是一种广义的同步方法,它意味着驱动和响应系统可以同步到一个尺度函数矩阵. 现有的与修正函数投影同步相关的研究主要涉及两个混沌系统,关于复杂网络的修正函数投影同步研究相对较少[126-130].

考虑到实际网络可能存在多时滞耦合,即复杂网络中两个节点之间存在多个耦合延迟. 多时滞耦合复杂网络普遍存在于现实世界中,例如,常见的人际关系网络、交通网络、通信网络等. 多时滞耦合复杂网络可以通过不同的耦合时滞分解成若干子网络. 例如,根据不同的耦合时滞,将关系网络分成三个子网络,如图 8.1 所示. 单时滞耦合复杂网络是多时滞耦合复杂网络的特例,多时滞耦合复杂网络的同步研究更具有现实性和代表性[131,132].

基于以上讨论,本章基于 Lyapunov 稳定性理论和不等式变换理论,设计简单的鲁棒自适应控制器,研究具有外界干扰及单时变时滞耦合的复杂动态网络的修正函数投影同步. 然后在此基础上,进一步研究具有多时滞耦合的复杂网络的修正函数投影同步问题. 实现同步的目标函数可以是一个平衡点、周期吸引子或者混沌轨道. 该方法能有效地克服未知有界干扰和时变时滞的影响,控制器中的反馈控制增益可随自适应律自行调节,不需要人为设定,数值仿真验证了该方法的正确性和有效性.

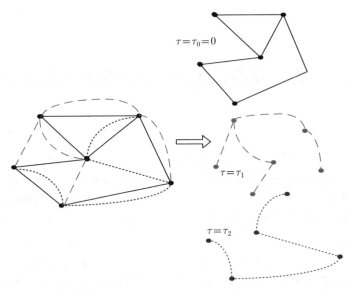

图 8.1 关系网络及其子网络 (根据不同的耦合时滞, 将关系网络划分为三个子网络)

8.2 变时滞耦合复杂网络修正函数投影同步

8.2.1 问题描述

考虑由 N 个节点构成的复杂网络, 其中每个节点是一个 n 维动力系统. 具有时变时滞耦合的复杂动态网络模型描述如下:

$$\dot{\boldsymbol{x}}_i(t) = \boldsymbol{f}_i(\boldsymbol{x}_i(t)) + c\sum_{j=1}^{N} a_{ij}\boldsymbol{\Gamma}_1\boldsymbol{x}_j(t) + c\sum_{j=1}^{N} b_{ij}\boldsymbol{\Gamma}_2\boldsymbol{x}_j(t-\tau(t))$$
$$+ \boldsymbol{\Delta}_i(t) + \boldsymbol{u}_i(t), \quad i=1,2,\cdots,N \tag{8.1}$$

其中 $\boldsymbol{x}_i(t) = (x_{i1}(t), x_{i2}(t), \cdots, x_{in}(t))^{\mathrm{T}} \in R^n$ 是第 i 个节点的状态变量; $\boldsymbol{f}_i : R^n \to R^n$ 是向量函数; $\tau(t) \geqslant 0$ 是未知的时变耦合时滞; $\boldsymbol{\Delta}_i(t) \in R^n$ 是外界干扰; $\boldsymbol{u}_i(t) \in R^n$ 是控制输入; c 表示耦合强度; $\boldsymbol{\Gamma}_1 = \mathrm{diag}(r_1, r_2, \cdots, r_n)$ 和 $\boldsymbol{\Gamma}_2 = \mathrm{diag}(\varsigma_1, \varsigma_2, \cdots, \varsigma_n)$ 是内耦合矩阵, 其中 $r_i = 1$ 和 $\varsigma_i = 1$ 表示第 i 个状态, 意味着两个节点是通过第 i 个状态变量耦合的; $\boldsymbol{A} = (a_{ij})_{N \times N}$ 和 $\boldsymbol{B} = (b_{ij})_{N \times N}$ 是外耦合矩阵, 表示网络的拓扑结构, 如果节点 i 和节点 $j(j \neq i)$ 之间有连接, 则 $a_{ij} \neq 0, b_{ij} \neq 0$; 否则 $a_{ij} = b_{ij} = 0(j \neq i)$.

定义矩阵 $\boldsymbol{A}, \boldsymbol{B}$ 对角线上的元素满足

$$a_{ii} = -\sum_{j=1,j\neq i}^{N} a_{ij}, \quad b_{ii} = -\sum_{j=1,j\neq i}^{N} b_{ij}, \quad i=1,2,\cdots,N \tag{8.2}$$

8.2 变时滞耦合复杂网络修正函数投影同步

定义 8.1 对具有模型不确定、外界干扰和时变时滞耦合的复杂动力系统 (8.1), 如果存在连续可微的函数矩阵 $M(t)$, 使得系统 (8.1) 和目标函数 $s(t)$ 满足式 (8.3), 则称系统 (8.1) 和目标函数 $s(t)$ 实现了修正函数投影同步.

$$\lim_{t\to\infty} \|e_i(t)\| = \lim_{t\to\infty} \|x_i(t) - M(t)s(t)\| = 0, \quad i = 1, 2, \cdots, N \quad (8.3)$$

其中 $s(t) \in R^n$ 是目标函数, 满足 $\dot{s}(t) = g(s(t))$. $s(t)$ 可以是一个平衡点、周期吸引子或者混沌轨道, $M(t) = \mathrm{diag}(m_1, m_2, \cdots, m_n)$ 为函数比例因子矩阵.

假设 8.1 $\tau(t)$ 是可微函数, 且满足 $0 \leqslant \dot{\tau}(t) \leqslant 1$, 即要求时滞网络时变时滞波动较小, 是慢时变时滞系统.

假设 8.2 外界干扰 $\Delta_i(t)$ 是有界的, 即存在正常数 d_i, 使得 $\|\Delta_i\| \leqslant d_i$, $i = 1, 2, \cdots, N$.

引理 8.1 对于任意两个向量 $X, Y \in R^n$, 存在正定的矩阵 $Q \in R^{n \times n}$, 使得以下不等式成立: $2X^\mathrm{T} Q Y \leqslant X^\mathrm{T} Q Q^\mathrm{T} X + Y^\mathrm{T} Y$.

8.2.2 控制器设计

定理 8.1 对给定的函数比例因子矩阵 $M(t)$ 和任意的初始值 $s(0), x_i(0)$, 如果假设 8.1 和假设 8.2 成立, 则在控制器 (8.4) 和自适应律 (8.5)(8.6) 的作用下, 复杂网络动力系统 (8.1) 和目标函数 $s(t)$ 能实现修正函数投影同步.

$$u_i(t) = -f(x_i(t)) + \dot{M}(t)s(t) + M(t)\dot{s}(t) - \hat{d}_i \,\mathrm{sign}\,(e_i(t)) - \hat{q}_i e_i(t) \quad (i=1,2,\cdots,N) \quad (8.4)$$

自适应律

$$\dot{\hat{d}}_i = k_1 e_i^\mathrm{T}(t)\,\mathrm{sign}\,(e_i(t)) \quad (8.5)$$

$$\dot{\hat{q}}_i = k_2 e_i^\mathrm{T}(t) e_i(t) \quad (8.6)$$

其中 k_1, k_2, k_3 为任意的正常量; $\hat{d}_i$ 是参数 d_i 的估计值; $\hat{q}_i$ 是反馈增益; $\mathrm{sign}(\cdot)$ 是符号函数.

证明 定义误差向量

$$e_i(t) = x_i(t) - M(t)s(t) \quad (i = 1, 2, \cdots, N) \quad (8.7)$$

式 (8.7) 对时间求导可得

$$\dot{e}_i(t) = \dot{x}_i(t) - M(t)\dot{s}(t) - \dot{M}(t)s(t) \quad (i = 1, 2, \cdots, N) \quad (8.8)$$

将 (8.1) 和 (8.2) 代入 (8.8) 中, 可得

$$\dot{e}_i(t) = f(x_i(t)) + c\sum_{j=1}^{N} a_{ij} \Gamma_1 e_j(t) + c\sum_{j=1}^{N} b_{ij} \Gamma_2 e_j(t - \tau(t))$$

$$+ \Delta_i(t) + u_i(t) - M(t)\dot{s}(t) - \dot{M}(t)s(t) \tag{8.9}$$

将 (8.4) 代入 (8.9) 中, 可得

$$\dot{e}_i(t) = c\sum_{j=1}^N a_{ij}\Gamma_1 e_j(t) + c\sum_{j=1}^N b_{ij}\Gamma_2 e_j(t-\tau(t)) + \Delta_i(t) - \hat{d}_i \operatorname{sign} e_i - \hat{q}_i e_i(t) \tag{8.10}$$

选择如下的 Lyapunov 函数

$$V(t) = \frac{1}{2}\sum_{i=1}^N e_i(t)^{\mathrm{T}} e_i(t) + \frac{1}{2(1-\varepsilon)}\int_{t-\tau}^t \sum_{i=1}^N e_i^{\mathrm{T}}(\delta) e_i(\delta) d\delta$$

$$+ \frac{1}{2k_1}\sum_{i=1}^N \tilde{d}_i^2 + \frac{1}{2k_2}\sum_{i=1}^N (\hat{q}_i - q^*)^2 \tag{8.11}$$

其中 $\tilde{d}_i = \hat{d}_i - d_i, 0 < \varepsilon < 1, q^*$ 是合适的正常量.

对 $V(t)$ 求导可得

$$\dot{V}(t) = \sum_{i=1}^N e_i^{\mathrm{T}}(t)\dot{e}_i(t) + \frac{1}{2(1-\varepsilon)}\sum_{i=1}^N e_i^{\mathrm{T}}(t)e_i(t) - \frac{1-\dot{\tau}(t)}{2(1-\varepsilon)}\sum_{i=1}^N e_i^{\mathrm{T}}(t-\tau(t))e_i(t-\tau(t))$$

$$+ \frac{1}{k_1}\sum_{i=1}^N (\hat{d}_i - d_i)\dot{\hat{d}}_i + \frac{1}{k_2}\sum_{i=1}^N (\hat{q}_i - q^*)\dot{\hat{q}}_i \tag{8.12}$$

将控制器 (8.4) 代入 (8.12) 中, 可得

$$\dot{V}(t) = \sum_{i=1}^N e_i^{\mathrm{T}}(t)\left[c\sum_{j=1}^N a_{ij}\Gamma_1 e_j(t) + c\sum_{j=1}^N b_{ij}\Gamma_2 e_j(t-\tau(t)) + \Delta_i(t) - \hat{d}_i \operatorname{sign}(e_i(t))\right.$$

$$\left. - \hat{q}_i e_i(t)\right] + \frac{1}{2(1-\varepsilon)}\sum_{i=1}^N e_i^{\mathrm{T}}(t)e_i(t) - \frac{1-\dot{\tau}(t)}{2(1-\varepsilon)}\sum_{i=1}^N e_i^{\mathrm{T}}(t-\tau(t))e_i(t-\tau(t))$$

$$+ \frac{1}{k_1}\sum_{i=1}^N (\hat{d}_i - d_i)\dot{\hat{d}}_i + \frac{1}{k_2}\sum_{i=1}^N (\hat{q}_i - q^*)\dot{\hat{q}}_i \tag{8.13}$$

将自适应律 (8.5) (8.6) 代入上式可得

$$\dot{V}(t) = \sum_{i=1}^N e_i^{\mathrm{T}}(t)\left[c\sum_{j=1}^N a_{ij}\Gamma_1 e_j(t) + c\sum_{j=1}^N b_{ij}\Gamma_2 e_j(t-\tau(t)) + \Delta_i(t)\right]$$

$$+ \frac{1}{2(1-\varepsilon)}\sum_{i=1}^N e_i^{\mathrm{T}}(t)e_i(t) - \frac{1-\dot{\tau}(t)}{2(1-\varepsilon)}\sum_{i=1}^N e_i^{\mathrm{T}}(t-\tau(t))e_i(t-\tau(t))$$

$$- \sum_{i=1}^N d_i e_i^{\mathrm{T}}(t) \operatorname{sign}(e_i(t)) - q^* \sum_{i=1}^N e_i^{\mathrm{T}}(t)e_i(t) \tag{8.14}$$

8.2 变时滞耦合复杂网络修正函数投影同步

定义 $e(t) = (e_1^T(t), e_2^T(t), \cdots, e_N^T(t))^T \in R^{n \times N}$, $\boldsymbol{P} = (\boldsymbol{A} \otimes \boldsymbol{\Gamma}_1)$, $\boldsymbol{Q} = (\boldsymbol{B} \otimes \boldsymbol{\Gamma}_2)$, 其中 $\otimes$ 表示克罗内克积.

$$\dot{V}(t) = ce^T(t)\boldsymbol{P}e(t) + ce^T(t)\boldsymbol{Q}e(t-\tau(t)) + \sum_{i=1}^{N} e_i^T(t)\boldsymbol{\Delta}_i(t) + \frac{1}{2(1-\varepsilon)}e^T(t)e(t)$$
$$- \frac{1-\dot{\tau}(t)}{2(1-\varepsilon)}e^T(t-\tau(t))e(t-\tau(t)) - \sum_{i=1}^{N} d_i e_i^T(t) \operatorname{sign}(e_i(t)) - q^* \sum_{i=1}^{N} e^T(t)e(t) \tag{8.15}$$

由假设 8.1 和假设 8.2 可得 $\dfrac{1}{2} \leqslant \dfrac{1-\dot{\tau}(t)}{2(1-\varepsilon)}$, $e_i^T \boldsymbol{\Delta}_i(t) \leqslant d_i e_i^T(t) \operatorname{sign}(e_i(t))$, 因此

$$\dot{V}(t) \leqslant ce^T(t)\boldsymbol{P}e(t) + ce^T(t)\boldsymbol{Q}e(t-\tau(t)) + \frac{1}{2(1-\varepsilon)}e^T(t)e(t)$$
$$- \frac{1}{2}e^T(t-\tau(t))e(t-\tau(t)) - q^* e^T(t)e(t) \tag{8.16}$$

由引理 8.1 可得 $ce^T(t)\boldsymbol{Q}e(t-\tau(t)) \leqslant \dfrac{1}{2}c^2 e^T(t)\boldsymbol{Q}\boldsymbol{Q}^T e(t) + \dfrac{1}{2}e^T(t-\tau(t))e(t-\tau(t))$
于是, 有

$$\dot{V}(t) \leqslant ce^T(t)\boldsymbol{P}e(t) + \frac{1}{2}c^2 e^T(t)\boldsymbol{Q}^T \boldsymbol{Q}e(t) + \frac{1}{2(1-\varepsilon)}e^T(t)e(t) - q^* e^T(t)e(t)$$
$$\leqslant \left[\lambda_{\max}\left(\frac{1}{2}c^2 \boldsymbol{Q}^T \boldsymbol{Q} + c\boldsymbol{P} \right) + \frac{1}{2(1-\varepsilon)} - q^* \right] e^T(t)e(t) \tag{8.17}$$

其中 $\lambda_{\max}(\boldsymbol{H})$ 表示矩阵 $\boldsymbol{H}$ 的最大特征值.

由此, 可以通过选取适当的 q^*, 使

$$q^* \geqslant \lambda_{\max}\left(\frac{1}{2}c^2 \boldsymbol{Q}^T \boldsymbol{Q} + c\boldsymbol{P} \right) + \frac{1}{2(1-\varepsilon)} \tag{8.18}$$

即可得 $\dot{V}(t) \leqslant -e^T(t)e(t)$. 由 Lyapunov 稳定性定理可得当 $t \to \infty$ 时 $e_i(t) \to \boldsymbol{0}$, 即复杂网络动力系统 (8.1) 和目标函数 $s(t)$ 实现了修正函数投影同步, 定理证毕.

注 8.1 当 $\tau(t)$ 是常量时, 也满足 $0 \leqslant \dot{\tau}(t) \leqslant 1$, 所以定理 8.1 对具有常时滞耦合的复杂网络的修正函数投影同步也是适用的.

注 8.2 因为控制器 (8.4) 中不连续的符号函数 $\operatorname{sign}(e_i(t))$ 会产生不期望的抖振, 在实际中可用双曲正切函数 $\tanh(\xi e_i(t)), \xi > 0$ 代替符号函数来避免抖振现象. 不连续控制器可通过带自动积分限幅功能的控制元件实现. 最后的控制输入为

$$\boldsymbol{u}_i(t) = -\boldsymbol{f}(x_i(t)) + \dot{\boldsymbol{M}}(t)s(t) + \boldsymbol{M}(t)\dot{s}(t) - \hat{d}_i \tanh(\xi e_i(t))$$
$$- \hat{q}_i e_i(t) \quad (i = 1, 2, \cdots, N) \tag{8.19}$$

8.2.3 数值仿真

以 Chen 混沌系统为目标函数来证明所提方案的有效性. Chen 混沌系统描述如下:

$$\begin{cases} \dot{s}_1 = r_1 s_2 - r_1 s_1 \\ \dot{s}_2 = -s_1 s_3 + (r_3 - r_1) s_1 + r_3 s_2 \\ \dot{s}_3 = -r_2 s_3 + s_1 s_2 \end{cases} \quad (8.20)$$

其中 s_1, s_2, s_3 为状态变量, r_1, r_2, r_3 为系统参数. 当 $r_1 = 35, r_2 = 3, r_3 = 28$ 时, 该系统处于混沌状态.

复杂动态网络描述如下:

$$\begin{bmatrix} x_{i1}(t) \\ x_{i2}(t) \\ x_{i3}(t) \end{bmatrix} = \begin{bmatrix} -x_{i2}(t) - x_{i3}(t) \\ x_{i1}(t) + x_{i2}(t) \\ x_{i1}(t) x_{i3}(t) + 0.2 \end{bmatrix} + \begin{bmatrix} 0 & 0 \\ x_{i2}(t) & 0 \\ 0 & -x_{i3}(t) \end{bmatrix} \begin{bmatrix} \theta_{i1} \\ \theta_{i2} \end{bmatrix}$$

$$+ c \sum_{j=1}^{N} a_{ij} \boldsymbol{\Gamma}_1 \boldsymbol{x}_j(t) + c \sum_{j=1}^{N} b_{ij} \boldsymbol{\Gamma}_2 \boldsymbol{x}_j(t - \tau(t)) + \boldsymbol{\Delta}_i(t) + \boldsymbol{u}_i(t) \quad (8.21)$$

其中 $\tau(t)$ 是时变时滞耦合.

在数值仿真中, 设定 $c = 0.1, N = 5, \boldsymbol{\Gamma}_1 = \boldsymbol{\Gamma}_2 = \boldsymbol{I}_{3\times 3}$. 外耦合矩阵

$$\boldsymbol{A} = \boldsymbol{B} = \begin{pmatrix} -3 & 1 & 0 & 1 & 1 \\ 0 & -2 & 1 & 0 & 1 \\ 2 & 1 & -3 & 0 & 0 \\ 1 & 0 & 1 & -3 & 1 \\ 1 & 1 & 1 & 1 & -4 \end{pmatrix} \quad (8.22)$$

外界扰动 $\boldsymbol{\Delta}_d = (0.3\cos t, 0.2\sin t, 0.5\sin t)$, $\boldsymbol{M}(t) = \mathrm{diag}(2 + \sin(\pi t/5), 3 - \cos(\pi t), 3 + \sin(2\pi t/10))$ 为函数比例因子矩阵, $k_1 = 4, k_2 = 8$ 时变耦合时滞 $\tau(t) = \dfrac{e^t}{2 + e^t}$, 可得 $\dot{\tau}(t) = \dfrac{2e^t}{(2+e^t)^2} \in \left(0, \dfrac{1}{2}\right)$, 假设 8.1 满足. 仿真结果如图 8.2 和图 8.3 所示. 图 8.2 为同步误差曲线图. 图 8.3 为外界干扰的界值 d_i 和反馈增益 q_i 随时间变化曲线. 由仿真结果可知误差信号经过短时间的振荡后衰减到零, 即复杂动态网络和目标函数实现了修正函数投影同步.

8.2 变时滞耦合复杂网络修正函数投影同步

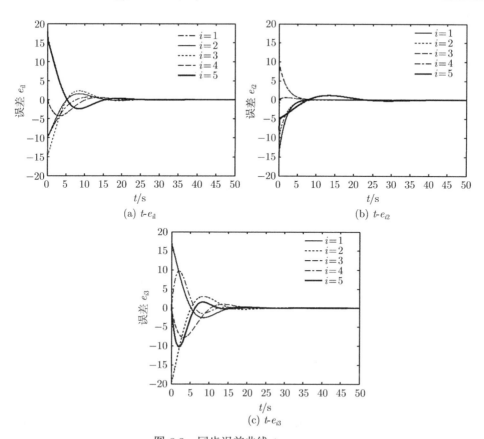

图 8.2 同步误差曲线 $t\text{-}e_{i1}, e_{i2}, e_{i3}$

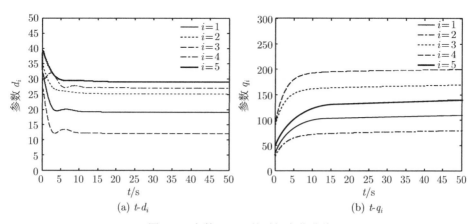

图 8.3 参数 d_i, q_i 的时间变化曲线

8.3 多时滞耦合复杂网络修正函数投影同步

8.3.1 问题描述

具有多时滞耦合的复杂动态网络模型描述如下：

$$\dot{\boldsymbol{x}}_i(t) = \boldsymbol{f}_i(\boldsymbol{x}_i(t)) + \boldsymbol{F}_i(\boldsymbol{x}_i(t))\boldsymbol{\theta}_i + c\sum_{l=0}^{m-1}\sum_{j=1}^{N} a_{ij}^l \boldsymbol{\Gamma}_l x_j(t - \tau_l(t)) + \boldsymbol{\Delta}_i(t) + \boldsymbol{u}_i(t)$$

$$= \boldsymbol{f}_i(\boldsymbol{x}_i(t)) + \boldsymbol{F}_i(\boldsymbol{x}_i(t))\boldsymbol{\theta}_i + c\sum_{j=1}^{N} a_{ij}^0 \boldsymbol{\Gamma}_0 x_j(t - \tau_0(t))$$

$$+ c\sum_{j=1}^{N} a_{ij}^1 \boldsymbol{\Gamma}_1 x_j(t - \tau_1(t)) + \cdots + c\sum_{j=1}^{N} a_{ij}^{m-1} \boldsymbol{\Gamma}_{m-1} x_j(t - \tau_{m-1}(t))$$

$$+ \boldsymbol{\Delta}_i(t) + \boldsymbol{u}_i(t) \quad (i = 1, 2, \cdots, N) \tag{8.23}$$

其中 $\boldsymbol{x}_i(t) = (x_{i1}(t), x_{i2}(t), \cdots, x_{in}(t))^{\mathrm{T}} \in R^n$ 是第 i 个节点的状态变量，$\boldsymbol{f}_i(\cdot): R^n \to R^n$，$\boldsymbol{F}_i(\cdot): R^n \to R^{n \times r_i}$ 是已知的连续非线性函数矩阵；$\boldsymbol{\theta}_i \in R^{r_i}$ 是 r_i 维的未知的参数向量，复杂网络通过不同的耦合延迟被分成 m 个子网；$\tau_l(t) \geqslant 0 (l = 0, 1, 2, \cdots, m-1)$ 是未知的时变耦合时滞 ($\tau_0(t) = 0$ 意味着耦合时滞为 0)；$\boldsymbol{\Delta}_i(t) \in R^n$ 是外界干扰；$\boldsymbol{u}_i(t) \in R^n$ 是控制输入；c 表示耦合强度；$\boldsymbol{\Gamma}_l$ 是内耦合矩阵；$\boldsymbol{A}_l = (a_{ij}^l)_{N \times N}, l = 0, 1, 2, \cdots, m-1$ 是外耦合矩阵，表示网络的拓扑结构，如果节点 i 和节点 $j(j \neq i)$ 之间有连接，则 $a_{ij} \neq 0, b_{ij} \neq 0$；否则 $a_{ij} = b_{ij} = 0 (j \neq i)$. 定义矩阵 $\boldsymbol{A}, \boldsymbol{B}$ 对角线上的元素满足

$$a_{ii}^l = -\sum_{j=1, j \neq i}^{N} a_{ij}^l, \quad i = 1, 2, \cdots, N \tag{8.24}$$

定义 8.2 对于具有多时滞耦合和外部干扰的不确定复杂动态网络模型 (8.23)，如果存在连续可微的函数矩阵 $\boldsymbol{H}(t) = \mathrm{diag}(h_1(t), h_2(t), \cdots, h_n(t))$，使得系统 (8.23) 和目标函数 $s(t)$ 满足式 (8.25)，则称系统 (8.23) 和目标函数 $s(t)$ 实现了修正函数投影同步.

$$\lim_{t \to \infty} \|e_i(t)\| = \lim_{t \to \infty} \|\boldsymbol{x}_i(t) - \boldsymbol{H}(t)s(t)\| = 0, \quad i = 1, 2, \cdots, N \tag{8.25}$$

其中 $\|\cdot\|$ 表示矢量的欧几里得范数，$s(t) \in R^n$ 是目标函数，满足 $\dot{s}(t) = g(s(t))$. $s(t)$ 可以是周期轨道、平衡点或混沌吸引子.

8.3.2 同步控制器设计

定理 8.2 对于给定的函数尺度矩阵 $\boldsymbol{H}(t)$ 和任意初始条件 $\boldsymbol{x}_i(0)$, $\boldsymbol{s}(0)$, 如果假设 8.1 和假设 8.2 成立, 则在控制器 (8.26) 和自适应律 (8.27)~(8.29) 的作用下, 不确定复杂动态网络模型 (8.23) 和目标函数 $\boldsymbol{s}(t)$ 将实现修正函数投影同步.

$$\begin{aligned}\boldsymbol{u}_i(t) = &-\boldsymbol{f}_i(\boldsymbol{x}_i(t)) + \dot{\boldsymbol{H}}(t)\boldsymbol{s}(t) + \boldsymbol{H}(t)\dot{\boldsymbol{s}}(t) - \boldsymbol{F}_i(\boldsymbol{x}_i(t))\hat{\boldsymbol{\theta}}_i \\ &- \hat{d}_i \operatorname{sign}\left(\boldsymbol{e}_i(t)\right) - \hat{q}_i\boldsymbol{e}_i(t) \quad (i=1,2,\cdots,N)\end{aligned} \qquad (8.26)$$

$$\dot{\hat{\boldsymbol{\theta}}}_i = k_1 \boldsymbol{F}_i^{\mathrm{T}}(\boldsymbol{x}_i(t))\boldsymbol{e}_i(t) \qquad (8.27)$$

$$\dot{\hat{d}}_i = k_2 \boldsymbol{e}_i^{\mathrm{T}}(t)\operatorname{sign}(\boldsymbol{e}_i(t)) \qquad (8.28)$$

$$\dot{\hat{q}}_i = k_3 \boldsymbol{e}_i^{\mathrm{T}}(t)\boldsymbol{e}_i(t) \qquad (8.29)$$

其中 $k_i > 0, i = 1, 2, 3$ 是三个任意的正常量; $\hat{\boldsymbol{\theta}}_i$ 是参数 $\boldsymbol{\theta}_i$ 的估计值; $\hat{d}_i$ 是参数 d_i 的估计值; $\hat{q}_i$ 是自适应反馈控制增益; $\operatorname{sign}(\cdot)$ 是符号函数.

证明 定义误差向量

$$\boldsymbol{e}_i(t) = \boldsymbol{x}_i(t) - \boldsymbol{H}(t)\boldsymbol{s}(t) \quad (i=1,2,\cdots,N) \qquad (8.30)$$

对式 (8.30) 求导可得

$$\dot{\boldsymbol{e}}_i(t) = \dot{\boldsymbol{x}}_i(t) - \boldsymbol{H}(t)\dot{\boldsymbol{s}}(t) - \dot{\boldsymbol{H}}(t)\boldsymbol{s}(t) \quad (i=1,2,\cdots,N) \qquad (8.31)$$

将 (8.23) 代入 (8.31) 可得

$$\begin{aligned}\dot{\boldsymbol{e}}_i(t) = &\boldsymbol{f}_i(\boldsymbol{x}_i(t)) + \boldsymbol{F}_i(\boldsymbol{x}_i(t))\boldsymbol{\theta}_i + c\sum_{l=0}^{m-1}\sum_{j=1}^{N}a_{ij}^l\boldsymbol{\Gamma}_l\boldsymbol{x}_j(t-\tau_l(t)) \\ &+ \boldsymbol{\Delta}_i(t) + \boldsymbol{u}_i(t) - \boldsymbol{H}(t)\dot{\boldsymbol{s}}(t) - \dot{\boldsymbol{H}}(t)\boldsymbol{s}(t) \\ = &\boldsymbol{f}_i(\boldsymbol{x}_i(t)) + \boldsymbol{F}_i(\boldsymbol{x}_i(t))\boldsymbol{\theta}_i + c\sum_{j=1}^{N}a_{ij}^0\boldsymbol{\Gamma}_0\boldsymbol{x}_j(t) + c\sum_{l=1}^{m-1}\sum_{j=1}^{N}a_{ij}^l\boldsymbol{\Gamma}_l\boldsymbol{x}_j(t-\tau_l(t)) \\ &+ \boldsymbol{\Delta}_i(t) + \boldsymbol{u}_i(t) - \boldsymbol{H}(t)\dot{\boldsymbol{s}}(t) - \dot{\boldsymbol{H}}(t)\boldsymbol{s}(t) \end{aligned} \qquad (8.32)$$

将控制器 (8.26) 代入 (8.32) 可得

$$\begin{aligned}\dot{\boldsymbol{e}}_i(t) = &\boldsymbol{F}_i(\boldsymbol{x}_i(t))(\boldsymbol{\theta}_i - \hat{\boldsymbol{\theta}}_i) + c\sum_{j=1}^{N}a_{ij}^0\boldsymbol{\Gamma}_0\boldsymbol{x}_j(t) + c\sum_{l=1}^{m-1}\sum_{j=1}^{N}a_{ij}^l\boldsymbol{\Gamma}_l\boldsymbol{x}_j(t-\tau_l(t)) \\ &+ \boldsymbol{\Delta}_i(t) - \hat{d}_i\operatorname{sign}\left(\boldsymbol{e}_i(t)\right) - \hat{q}_i\boldsymbol{e}_i(t) \end{aligned} \qquad (8.33)$$

选择如下的 Lyapunov 函数:

$$V(t) = \frac{1}{2}\sum_{i=1}^{N} e_i(t)^{\mathrm{T}} e_i(t) + \frac{1}{2(1-\varepsilon)} \int_{t-\tau_l(t)}^{t} \sum_{l=1}^{m-1}\sum_{i=1}^{N} e_i^{\mathrm{T}}(\delta) e_i(\delta) d\delta$$

$$+ \frac{1}{2k_1}\sum_{i=1}^{N} \tilde{\boldsymbol{\theta}}_i^{\mathrm{T}} \tilde{\boldsymbol{\theta}}_i + \frac{1}{2k_2}\sum_{i=1}^{N} \tilde{d}_i^2 + \frac{1}{2k_3}\sum_{i=1}^{N} (\hat{q}_i - q^*)^2 \tag{8.34}$$

其中 $\tilde{\theta}_i = \hat{\boldsymbol{\theta}}_i - \boldsymbol{\theta}_i$, $\tilde{d}_i = \hat{d}_i - d_i$, $0 < \varepsilon < 1$, q^* 是合适的正常量.

对 $V(t)$ 求导可得

$$\dot{V}(t) = \sum_{i=1}^{N} e_i^{\mathrm{T}}(t)\dot{e}_i(t) + \frac{1}{2(1-\varepsilon)}\sum_{l=1}^{m-1}\sum_{i=1}^{N} e_i^{\mathrm{T}}(t) e_i(t)$$

$$- \frac{1-\dot{\tau}_l(t)}{2(1-\varepsilon)}\sum_{l=1}^{m-1}\sum_{i=1}^{N} e_i^{\mathrm{T}}(t-\tau_l(t)) e_i(t-\tau_l(t))$$

$$+ \frac{1}{k_1}\sum_{i=1}^{N} \dot{\hat{\boldsymbol{\theta}}}_i^{\mathrm{T}} \tilde{\boldsymbol{\theta}}_i + \frac{1}{k_2}\sum_{i=1}^{N} (\hat{d}_i - d_i)\dot{\hat{d}}_i + \frac{1}{k_3}\sum_{i=1}^{N} (\hat{q}_i - q^*)\dot{\hat{q}}_i \tag{8.35}$$

将 (8.33) 代入 (8.35), 可得

$$\dot{V}(t) = \sum_{i=1}^{N} e_i^{\mathrm{T}}(t)\left[-\boldsymbol{F}_i(x_i(t))\tilde{\boldsymbol{\theta}}_i + c\sum_{j=1}^{N} a_{ij}^0 \boldsymbol{\Gamma}_0 e_j(t) + c\sum_{l=1}^{m-1}\sum_{j=1}^{N} a_{ij}^l \boldsymbol{\Gamma}_l e_j(t-\tau_l(t)) \right.$$

$$\left. + \boldsymbol{\Delta}_i(t) - \hat{d}_i \,\mathrm{sign}\,(e_i(t)) - \hat{q}_i e_i(t) \right] + \frac{1}{2(1-\varepsilon)}\sum_{l=1}^{m-1}\sum_{i=1}^{N} e_i^{\mathrm{T}}(t) e_i(t)$$

$$- \frac{1-\dot{\tau}_l(t)}{2(1-\varepsilon)}\sum_{l=1}^{m-1}\sum_{i=1}^{N} e_i^{\mathrm{T}}(t-\tau_l(t)) e_i(t-\tau_l(t))$$

$$+ \frac{1}{k_1}\sum_{i=1}^{N} \dot{\hat{\boldsymbol{\theta}}}_i^{\mathrm{T}} \tilde{\boldsymbol{\theta}}_i + \frac{1}{k_2}\sum_{i=1}^{N} (\hat{d}_i - d_i)\dot{\hat{d}}_i + \frac{1}{k_3}\sum_{i=1}^{N} (\hat{q}_i - q^*)\dot{\hat{q}}_i \tag{8.36}$$

将自适应律 (8.27)~(8.29) 代入 (8.36), 可得

$$\dot{V}(t) = \sum_{i=1}^{N} e_i^{\mathrm{T}}(t)\left[c\sum_{j=1}^{N} a_{ij}^0 \boldsymbol{\Gamma}_0 e_j(t) + c\sum_{l=1}^{m-1}\sum_{j=1}^{N} a_{ij}^l \boldsymbol{\Gamma}_l e_j(t-\tau_l(t)) + \boldsymbol{\Delta}_i(t) \right]$$

$$+ \frac{1}{2(1-\varepsilon)}\sum_{l=1}^{m-1}\sum_{i=1}^{N} e_i^{\mathrm{T}}(t) e_i(t) - \frac{1-\dot{\tau}_l(t)}{2(1-\varepsilon)}\sum_{l=1}^{m-1}\sum_{i=1}^{N} e_i^{\mathrm{T}}(t-\tau_l(t)) e_i(t-\tau_l(t))$$

8.3 多时滞耦合复杂网络修正函数投影同步

$$-\sum_{i=1}^{N} d_i \boldsymbol{e}_i^{\mathrm{T}}(t)\,\mathrm{sign}\,(\boldsymbol{e}_i(t)) - \sum_{i=1}^{N} q^* \boldsymbol{e}_i^{\mathrm{T}}(t)\boldsymbol{e}_i(t) \tag{8.37}$$

定义 $\boldsymbol{e}(t) = (\boldsymbol{e}_1^{\mathrm{T}}(t), \boldsymbol{e}_2^{\mathrm{T}}(t), \cdots, \boldsymbol{e}_N^{\mathrm{T}}(t))^{\mathrm{T}} \in R^{n \times N}$, $\boldsymbol{P} = (\boldsymbol{A} \otimes \boldsymbol{\Gamma}_1)$, $\boldsymbol{Q} = (\boldsymbol{B} \otimes \boldsymbol{\Gamma}_2)$, 其中 $\otimes$ 表示克罗内克积.

$$\begin{aligned}\dot{V}(t) =\ & c\boldsymbol{e}^{\mathrm{T}}(t)\boldsymbol{P}_0\boldsymbol{e}(t) + c\sum_{l=1}^{m-1} \boldsymbol{e}^{\mathrm{T}}(t)\boldsymbol{P}_l\boldsymbol{e}(t - \tau_l(t)) + \frac{1}{2(1-\varepsilon)}\sum_{l=1}^{m-1} \boldsymbol{e}^{\mathrm{T}}(t)\boldsymbol{e}(t) \\ & - \frac{1 - \dot{\tau}_l(t)}{2(1-\varepsilon)}\sum_{l=1}^{m-1} \boldsymbol{e}^{\mathrm{T}}(t-\tau(t))\boldsymbol{e}(t-\tau(t)) + \sum_{i=1}^{N}\boldsymbol{e}_i^{\mathrm{T}}(t)\Delta_i(t) \\ & - \sum_{i=1}^{N} d_i \boldsymbol{e}_i^{\mathrm{T}}(t)\mathrm{sign}(\boldsymbol{e}_i(t)) - q^* \boldsymbol{e}^{\mathrm{T}}(t)\boldsymbol{e}(t) \end{aligned} \tag{8.38}$$

由假设 8.1 和假设 8.2 可得 $\dfrac{1}{2} \leqslant \dfrac{1-\dot{\tau}(t)}{2(1-\varepsilon)}$, $\boldsymbol{e}_i^{\mathrm{T}}(t)\Delta_i(t) \leqslant d_i \boldsymbol{e}_i^{\mathrm{T}}(t)\,\mathrm{sign}\,(\boldsymbol{e}_i(t))$, 因此

$$\begin{aligned}\dot{V}(t) \leqslant\ & c\boldsymbol{e}^{\mathrm{T}}(t)\boldsymbol{P}_0\boldsymbol{e}(t) + c\sum_{l=1}^{m-1} \boldsymbol{e}^{\mathrm{T}}(t)\boldsymbol{P}_l\boldsymbol{e}(t-\tau_l(t)) + \frac{1}{2(1-\varepsilon)}\sum_{l=1}^{m-1}\boldsymbol{e}^{\mathrm{T}}(t)\boldsymbol{e}(t) \\ & - \frac{1}{2}\sum_{l=1}^{m-1}\boldsymbol{e}^{\mathrm{T}}(t-\tau(t))\boldsymbol{e}(t-\tau(t)) - q^*\boldsymbol{e}^{\mathrm{T}}(t)\boldsymbol{e}(t) \end{aligned} \tag{8.39}$$

由引理 8.1 可得 $c\boldsymbol{e}^{\mathrm{T}}(t)\boldsymbol{P}_l\boldsymbol{e}(t-\tau_l(t)) \leqslant \dfrac{1}{2}c^2\boldsymbol{e}^{\mathrm{T}}(t)\boldsymbol{P}_l\boldsymbol{P}_l^{\mathrm{T}}\boldsymbol{e}(t) + \dfrac{1}{2}\boldsymbol{e}^{\mathrm{T}}(t-\tau(t))\boldsymbol{e}(t-\tau(t))$, 于是

$$\begin{aligned}\dot{V}(t) \leqslant\ & \boldsymbol{e}^{\mathrm{T}}(t)\left[c\boldsymbol{P}_0 + \frac{1}{2}c^2\sum_{l=1}^{m-1}\boldsymbol{P}_l\boldsymbol{P}_l^{\mathrm{T}}\right]\boldsymbol{e}(t) + \sum_{l=1}^{m-1}\frac{1}{2(1-\varepsilon)}\boldsymbol{e}^{\mathrm{T}}(t)\boldsymbol{e}(t) - q^*\boldsymbol{e}^{\mathrm{T}}(t)\boldsymbol{e}(t) \\ \leqslant\ & \left[\lambda_{\max}\left(c\boldsymbol{P}_0 + \frac{1}{2}\sum_{l=1}^{m-1}c^2\boldsymbol{P}_l\boldsymbol{P}_l^{\mathrm{T}}\right) + \frac{m-1}{2(1-\varepsilon)} - q^*\right]\boldsymbol{e}^{\mathrm{T}}(t)\boldsymbol{e}(t) \end{aligned} \tag{8.40}$$

其中 $\lambda_{\max}(\boldsymbol{Q})$ 表示矩阵 $\boldsymbol{Q}$ 的最大特征值. 由此, 可以通过选取适当的 q^*, 使

$$q^* \geqslant \lambda_{\max}\left(c\boldsymbol{P}_0 + \frac{1}{2}\sum_{l=1}^{m-1}c^2\boldsymbol{P}_l\boldsymbol{P}_l^{\mathrm{T}}\right) + \frac{m-1}{2(1-\varepsilon)} \tag{8.41}$$

由式 (8.40), (8.41) 可以得到 $\dot{V}(t) \leqslant 0$. 由 Lyapunov 稳定性定理可得, 当 $t \to \infty$ 时, $e_i(t) \to 0$. 即复杂网络动力系统 (8.23) 和目标函数 $s(t)$ 实现了修正函数投影同步.

注 8.3 耦合时滞 $\tau_l(t) > 0 (l = 0, 1, 2, \cdots, m-1)$ 可以是常数或时变的. 当时滞 $\tau_l(t)$ 是常数, 也就是说 $\dot{\tau}_l(t) = 0$ 时, 同样满足假设 8.1, 所以本节设计的控制器 (8.26) 和自适应律 (8.27)~(8.29) 对常时滞耦合和时变时滞耦合都是可行的.

注 8.4 如果参数 $\boldsymbol{\theta}_i, i = 1, 2, \cdots, n$ 是已知的, 则对给定的尺度函数矩阵 $\boldsymbol{H}(t)$, 复杂网络动力系统 (8.23) 和目标函数 $s(t)$ 可以通过以下控制器和自适应律实现修正函数投影同步.

$$\begin{cases} \boldsymbol{u}_i(t) = -\boldsymbol{f}_i(\boldsymbol{x}_i(t)) + \dot{\boldsymbol{H}}(t)\boldsymbol{s}(t) + \boldsymbol{H}(t)\dot{\boldsymbol{s}}(t) - \boldsymbol{F}_i(\boldsymbol{x}_i(t))\boldsymbol{\theta}_i - \hat{d}_i \, \text{sign}\,(\boldsymbol{e}_i) - \hat{q}_i \boldsymbol{e}_i(t) \\ \dot{\hat{d}}_i = k_2 \boldsymbol{e}_i^{\text{T}}(t)\,\text{sign}\,(\boldsymbol{e}_i(t)) \\ \dot{\hat{q}}_i = k_3 \boldsymbol{e}_i^{\text{T}}(t)\boldsymbol{e}_i(t) \end{cases}$$
(8.42)

注 8.5 假设 $m_1(t) = m_2(t) = \cdots = m_n(t) = m(t)$ 或者 $m_1(t) = m_2(t) = \cdots = m_n(t) = m$, 本节的修正函数投影同步问题就转化为函数投影同步问题或投影同步问题.

注 8.6 在许多关于复杂网络同步的研究中, 控制器总是包含时间延迟 $\tau(t)$. 然而, 在实际控制系统中, 时延项特别是时变延迟项的测量和执行是很困难的. 本节设计的控制器不包括 $\tau(t)$, 所以该控制方法具有一定的可行性和实际意义.

8.3.3 数值仿真

以 Lü 混沌系统为目标函数, 验证该方法的有效性. Lü 混沌系统的描述如下:

$$\begin{aligned} \dot{s}_1 &= a(s_2 - s_1) \\ \dot{s}_2 &= bs_2 - s_1 s_3 \\ \dot{s}_3 &= s_1 s_2 - cs_3 \end{aligned}$$

其中 s_1, s_2, s_3 是系统状态变量, a, b, c 是系统参数. 当 $a = 36, b = 20, c = 3$ 时, 该系统处在混沌状态. Lü 混沌系统的相图如图 8.4 所示.

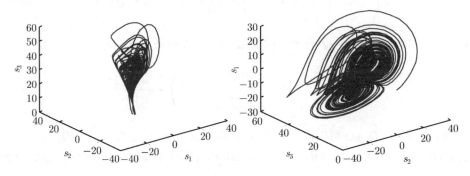

8.3 多时滞耦合复杂网络修正函数投影同步

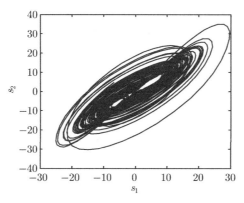

图 8.4 Lü 混沌系统的相图

例 1 考虑一个由 6 个 Lorenz 混沌系统组成的复杂动态网络,该网络具有两个不同的常时滞耦合,即 $N=6, m=3$. 网络拓扑结构矩阵 $\boldsymbol{A}_0, \boldsymbol{A}_1, \boldsymbol{A}_2$ 如下所示:

$$\boldsymbol{A}_0 = \begin{pmatrix} -3 & 1 & 0 & 1 & 1 & 0 \\ 1 & -2 & 0 & 0 & 1 & 1 \\ 0 & 0 & -3 & 0 & 0 & 1 \\ 1 & 0 & 0 & -2 & 0 & 0 \\ 1 & 1 & 0 & 0 & -4 & 1 \\ 0 & 1 & 1 & 0 & 1 & -1 \end{pmatrix}, \quad \boldsymbol{A}_1 = \begin{pmatrix} -1 & 1 & 0 & 0 & 0 & 1 \\ 1 & -2 & 1 & 0 & 0 & 0 \\ 0 & 1 & -1 & 0 & 1 & 0 \\ 0 & 0 & 0 & -3 & 1 & 1 \\ 0 & 0 & 1 & 1 & -2 & 1 \\ 1 & 0 & 0 & 1 & 1 & -2 \end{pmatrix}$$

$$\boldsymbol{A}_2 = \begin{pmatrix} -3 & 0 & 0 & 1 & 1 & 0 \\ 0 & -1 & 1 & 0 & 1 & 1 \\ 0 & 1 & -2 & 0 & 0 & 0 \\ 1 & 0 & 0 & -3 & 0 & 0 \\ 1 & 1 & 0 & 0 & -1 & 1 \\ 0 & 1 & 0 & 0 & 1 & -2 \end{pmatrix}$$

通过以上分析,网络模型可描述如下:

$$\begin{bmatrix} x_{i1}(t) \\ x_{i2}(t) \\ x_{i3}(t) \end{bmatrix} = \begin{bmatrix} 0 \\ -x_{i1}(t)x_{i3}(t) - x_{i2}(t) \\ x_{i1}(t)x_{i2}(t) \end{bmatrix} + \begin{bmatrix} x_{i2}(t) - x_{i1}(t) & 0 & 0 \\ 0 & x_{i1}(t) & 0 \\ 0 & 0 & -x_{i3} \end{bmatrix} \begin{bmatrix} \theta_{i1} \\ \theta_{i2} \\ \theta_{i3} \end{bmatrix} + c \sum_{j=1}^{6} a_{ij}^0 \boldsymbol{\Gamma}_0 \boldsymbol{x}_j(t)$$

$$+ c \sum_{j=1}^{6} a_{ij}^1 \mathbf{\Gamma}_1 \boldsymbol{x}_j(t-\tau_1) + c \sum_{j=1}^{6} a_{ij}^2 \mathbf{\Gamma}_2 \boldsymbol{x}_j(t-\tau_2) + \boldsymbol{\Delta}_i(t) + \boldsymbol{u}_i(t) \quad (8.43)$$

其中 $i = 1, 2, \cdots, 5, 6$, τ_1, τ_2 表示系统有不同的常耦合时滞. 系统参数 $\boldsymbol{\theta}_i = (\theta_{i1}, \theta_{i2}, \theta_{i2})^{\mathrm{T}} = \left(10, 28, \dfrac{8}{3}\right)^{\mathrm{T}}$.

在数值仿真中, 设 $c = 3$, $\tau_1 = 0.05\text{s}$, $\tau_2 = 0.1\text{s}$, 网络内部耦合矩阵 $\boldsymbol{\Gamma}_0 = \boldsymbol{\Gamma}_1 = \boldsymbol{\Gamma}_2 = \boldsymbol{I}_{3\times 3}$. 外部干扰 $\boldsymbol{\Delta}_d = (0.3\cos(t), 0.2\sin(t), 0.5\sin(t))$, 函数尺度矩阵 $\boldsymbol{H}(t) = \text{diag}(2 + \sin(\pi t/5), 3 - \cos(\pi t), 3 + \sin(2\pi t/10))$, $k_1 = 4$, $k_2 = 8$, $k_3 = 5$. 仿真结果如图 8.5~ 图 8.8 所示. 图 8.5 表示同步误差随时间变化曲线. 图 8.6 表示参数 $\theta_{i1}, \theta_{i2}, \theta_{i3}$ 的估计值随时间变化曲线. 图 8.7 为外界干扰的界值 d_i 随时间变化曲线. 图 8.8 为反馈增益 q_i 随时间变化曲线. 仿真结果表明, 复杂动态网络和目标函数 $\boldsymbol{s}(t)$ 实现了修正函数投影同步和参数辨识.

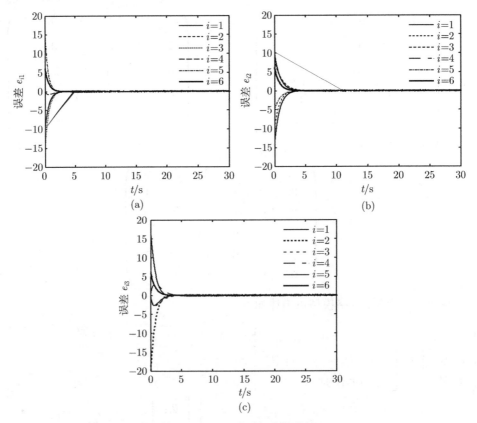

图 8.5 同步误差 e_{i1}, e_{i2}, e_{i3} 随时间变化曲线 $(N = 6, m = 3)$

8.3 多时滞耦合复杂网络修正函数投影同步

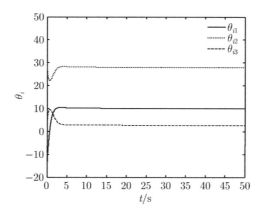

图 8.6 参数 $\theta_{i1}, \theta_{i2}, \theta_{i3}$ 的估计值随时间变化曲线 ($N=6, m=3$)

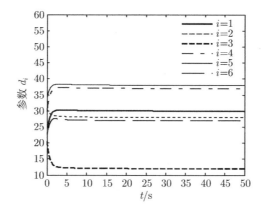

图 8.7 外界干扰界值 d_i 随时间变化曲线 ($N=6, m=3$)

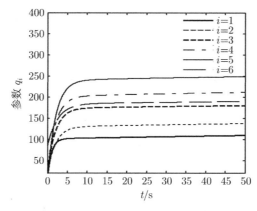

图 8.8 反馈增益 q_i 随时间变化曲线 ($N=6, m=3$)

例 2 考虑由四个节点构成的复杂动态网络,该网络具有两个不同的时变时

滞耦合, 即 $N=4, m=3$. 复杂动态网络描述如下:

$$\begin{bmatrix} x_{i1}(t) \\ x_{i2}(t) \\ x_{i3}(t) \end{bmatrix} = \begin{bmatrix} 0 \\ -x_{i1}(t)x_{i3}(t) - x_{i2}(t) \\ x_{i1}(t)x_{i2}(t) \end{bmatrix}$$

$$+ \begin{bmatrix} x_{i2}(t) - x_{i1}(t) & 0 & 0 \\ 0 & x_{i1}(t) & 0 \\ 0 & 0 & -x_{i3} \end{bmatrix} \begin{bmatrix} \theta_{i1} \\ \theta_{i2} \\ \theta_{i3} \end{bmatrix} + c \sum_{j=1}^{6} a_{ij}^{0} \boldsymbol{\Gamma}_0 \boldsymbol{x}_j(t)$$

$$+ c \sum_{j=1}^{6} a_{ij}^{1} \boldsymbol{\Gamma}_1 \boldsymbol{x}_j(t - \tau_1) + c \sum_{j=1}^{6} a_{ij}^{2} \boldsymbol{\Gamma}_2 \boldsymbol{x}_j(t - \tau_2) + \boldsymbol{\Delta}_i(t) + \boldsymbol{u}_i(t) \quad (8.44)$$

其中 $i = 1, 2, 3, 4$, $\tau_1(t) = 0.6\text{s}$ 为常时滞耦合, $\dot{\tau}_2(t) = \dfrac{2e^t}{(2+e^t)^2} \in \left(0, \dfrac{1}{2}\right]$ 是时变时滞耦合. 网络拓扑结构矩阵 $\boldsymbol{A}_0, \boldsymbol{A}_1, \boldsymbol{A}_2$ 如下所示:

$$\boldsymbol{A}_0 = \begin{pmatrix} -1 & 1 & 0 & 0 \\ 1 & 0 & 1 & 0 \\ 0 & 1 & -1 & 0 \\ 0 & 0 & 0 & -2 \end{pmatrix}, \quad \boldsymbol{A}_1 = \begin{pmatrix} -2 & 1 & 1 & 0 \\ 1 & -3 & 1 & 0 \\ 1 & 1 & -4 & 1 \\ 0 & 0 & 1 & -1 \end{pmatrix}$$

$$\boldsymbol{A}_2 = \begin{pmatrix} -2 & 0 & 0 & 0 \\ 0 & -3 & 1 & 1 \\ 0 & 1 & 0 & 0 \\ 0 & 1 & 0 & -2 \end{pmatrix} \quad (8.45)$$

仿真结果如图 8.9~ 图 8.12 所示, 由仿真结果可以看出本节设计的控制器可实现具有变时滞多时滞耦合复杂网络的函数投影同步.

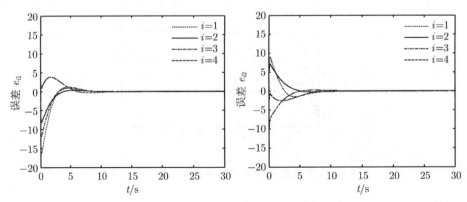

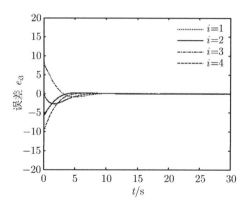

图 8.9 同步误差 e_{i1}, e_{i2}, e_{i3} 随时间变化曲线 $(N=4, m=3)$

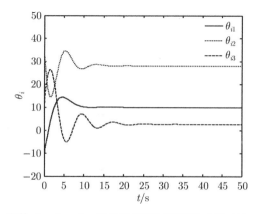

图 8.10 参数 $\theta_{i1}, \theta_{i2}, \theta_{i3}$ 的估计值随时间变化曲线 $(N=4, m=3)$

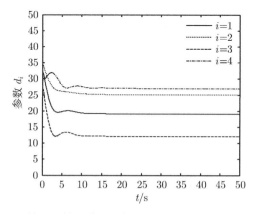

图 8.11 外界干扰界值 d_i 随时间变化曲线 $(N=4, m=3)$

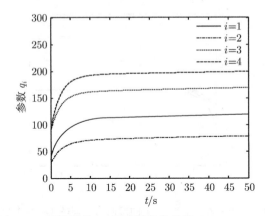

图 8.12 反馈增益 q_i 随时间变化曲线 $(N=4, m=3)$

8.4 结 论

本章研究了具有外界干扰及时变时滞耦合的复杂动态网络的修正函数投影同步问题, 通过构造合适的 Lyapunov 函数, 证明了同步误差系统的稳定性. 该同步控制方法能有效地克服未知有界干扰和时滞耦合的影响, 对具有常时滞耦合和时变时滞耦合的复杂动态网络均适用. 与已有的研究相比, 本章主要做了以下工作: 考虑了复杂网络的多时变时滞耦合的影响, 根据不同的耦合时滞将复杂网络分解为多个子网络, 单时变时滞耦合复杂网络是多时变时滞耦合复杂网络的特例. 复杂网络的同步参考节点可以是周期轨道、平衡点或混沌吸引子. 当参考节点为周期轨道或平衡点时, 本章提到的控制方法可以将复杂网络控制在一个稳定的状态; 当参考节点为混沌吸引子时, 可以将复杂网络同步到混沌状态.

第9章 混沌修正函数投影同步在保密通信中的应用

9.1 引　　言

　　混沌是一种杂乱无章、混乱无序的状态. 20 世纪 80 年代, 人们普遍认为混沌系统是一类不利于人类发展、对社会经济科技有负面作用的系统, 但随着时间的推移, 人们渐渐发现了混沌与其他学科相互渗透的关系及其无可替代的作用. 混沌的非周期性、连续宽带频谱、类噪声等特性, 使其具有异常的图像、复杂的运动轨迹和不可预测性的方向. 同时, 混沌拥有其浑然天成的特性 —— 初始值敏感性, 这个特性在混沌理论发展初期就被关注并应用到加密技术中. 而混沌理论真正应用于保密通信则要追溯到 1990 年, 当时美国海军实验室的 Pecora 和 Carroll 运用电路实现了混沌同步技术, 并提出将混沌理论应用于保密通信. 混沌保密通信技术的诞生为保密通信的研究提供了一个新的发展方向. 目前, 混沌通信系统可以分为很多类型, 比如 Cuomo 和 Oppenteim 提出混沌掩蔽, Dedie 在 1993 年实现了混沌键控, Tiho 和 Hale 等实现了混沌调制方式的保密通信, 以及 Chen 利用瞬时相位同步进行的混沌密码系统, 另外还有一些相干通信方式, 如混沌扩频通信等. 混沌在保密通信中的应用优势大致有如下三点: ①混沌信号的宽频谱、不可预测性、隐蔽性及高度复杂性等都特别适用于保密通信; ②在混沌同步保密通信中密钥不是唯一的, 这就提高了抗破译性能; ③与传统的加密方式不同, 混沌加密是一种动态加密, 这更提高了保密性. 修正函数投影同步具有不可预测的函数比例因子, 能更有效地提高保密通信的安全性, 因此它在保密通信中有着非常诱人的应用前景[133,134].

　　本章基于混沌修正函数投影同步, 提出了两种保密通信方案. 第一种是将混沌修正函数投影同步和参数调制相结合, 在发送端将信息信号经过函数变换后, 调制在混沌系统的某个参数中, 通过设计参数自适应律与非线性控制器, 混沌驱动系统和响应系统按照期望的函数比例因子矩阵实现同步并实现对未知参数的准确估计, 在接收端通过参数辨识和反函数变换, 信息信号得以恢复. 该保密通信方案对信息信号的幅值没有限制, 但要求信息信号为连续可微有界函数. 第二种是在修正函数投影同步的基础上定义了一种错位修正函数投影同步, 即要求驱动系统和响应系统中的所有状态变量, 至少有一对不是按照原有的对应关系成函数比例同步, 而是按照向量的错位关系实现函数投影同步[135-138]. 与以往的同步控制方法相比, 错位修正函数投影同步控制具有不可预测的函数缩放系数, 且能实现驱动系统和响应系统的多种不同状态变量组合之间的函数投影同步, 能更有效地加强保密通信的安全性. 将此方法用于混沌保密通信中, 信息信号经过函数转换后被驱动系统状态变量遮掩并作为驱动信号传送到接收端, 在接收端通过消除函数比例因子和反函数变换对信息信号进行恢复. 第二种保密通信方案可适用于任意信息信号, 但要求信息信号的幅值足够小, 否则会破坏混沌系统的修正函数投影同步, 进而影响信息信号的准确恢复.

9.2 基于修正函数投影同步和参数调制的混沌保密通信

9.2.1 系统描述及保密通信原理

以第 2 章构造的 Fang 超混沌系统为模型进行分析, 其动力学方程为

$$\begin{aligned}
\dot{x}_1 &= a(y_1 - x_1) + 3.5w_1 \\
\dot{y}_1 &= dx_1 - cy_1 - x_1 z_1^2 + 3.5w_1 \\
\dot{z}_1 &= -bz_1 + (x_1 + y_1)x_1 \\
\dot{w}_1 &= rw_1 - \frac{1}{3}(x_1 + y_1)z_1
\end{aligned} \tag{9.1}$$

当参数 $a = 17.5, b = 1.5, c = 5, d = 43, r = 0.5$ 时, 系统存在一典型的混沌吸引子, 由第 6 章的分析可知, 该系统的状态将会随着系统参数的改变而发生变化. 固定参数 $a = 17.5, b = 1.5, c = 5, d = 43$, 改变参数 r. 当 $r \in (0,1)$ 时, 系统是超混沌的; $r \in (1, 2.3)$ 时, 系统是周期的; $r \in (2.3, 4)$ 时, 系统是混沌的.

混沌参数调制是混沌应用于保密通信中的热点方法之一. 其基本原理是将混沌信号调制在系统参数中, 然后在接收端通过参数辨识恢复出信息信号. 基于修正函数投影同步和参数调制的混沌保密通信原理图如图 9.1 所示.

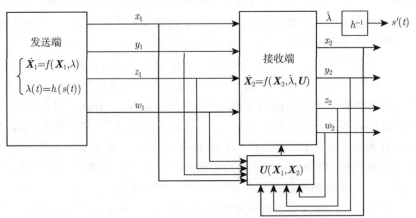

图 9.1 基于修正函数投影同步和参数调制的混沌保密通信原理图

9.2 基于修正函数投影同步和参数调制的混沌保密通信

令 $s(t)$ 为原始信息信号, 通过调制技术, 使信息信号调制在 Fang 超混沌系统的未知参数 r 中. 在此, 可选取变换函数

$$h(s(t)) = 0.5 + 0.3\frac{s(t) - m}{M - m} \tag{9.2}$$

令 $\lambda(t) = h(s(t))$ 为调制之后的参数传输信号. 于是, 得到新的系统为

$$\begin{aligned}\dot{x}_1 &= a(y_1 - x_1) + 3.5w_1 \\ \dot{y}_1 &= dx_1 - cy_1 - x_1 z_1^2 + 3.5w_1 \\ \dot{z}_1 &= -bz_1 + (x_1 + y_1)x_1 \\ \dot{w}_1 &= \lambda(t)w_1 - \frac{1}{3}(x_1 + y_1)z_1\end{aligned} \tag{9.3}$$

实际应用中的信息信号总是有界的, 假定信息信号满足 $m \leqslant s(t) \leqslant M$, 其中 m, M 为已知的常量. 显然, 由式 (9.2) 易知新的参数 $\lambda(t)$ 满足 $\lambda(t) \in [0.5, 0.8]$, 由 $[0.5, 0.8] \subset [0, 1]$ 可知, 当 $\lambda(t) \in [0.5, 0.8]$ 时, 系统 (9.3) 仍然处于超混沌区域. 于是, 通过变换函数 (9.2) 就可以将任意取值范围内的信息信号调制到系统 (9.1) 的参数 r 中, 并确保 Fang 系统仍然是超混沌的.

以系统 (9.3) 作为驱动系统. 在接收端, 构建响应系统为

$$\begin{aligned}\dot{x}_2 &= a(y_2 - x_2) + 3.5w_2 + u_1(t) \\ \dot{y}_2 &= dx_2 - cy_2 - x_2 z_2^2 + 3.5w_2 + u_2(t) \\ \dot{z}_2 &= -bz_2 + (x_2 + y_2)x_2 + u_3(t) \\ \dot{w}_2 &= \hat{\lambda}(t)w_2 - \frac{1}{3}(x_2 + y_2)z_2 + u_4(t)\end{aligned} \tag{9.4}$$

其中 $\hat{\lambda}(t)$ 为未知参数 $\lambda(t)$ 的估计值, $u_i(t), i = 1, 2, 3, 4$ 为控制器.

在接收端, 如果驱动系统 (9.3) 和响应系统 (9.4) 实现了修正函数投影同步并辨识出系统 (9.4) 的不确定参数, 即可通过对变换函数 (9.2) 进行反函数变换解调出初始有用信号

$$s'(t) = \frac{10}{3}(\hat{\lambda}(t) - 0.5)(M - m) + m \tag{9.5}$$

其中 $s'(t)$ 为恢复信号.

9.2.2 非线性状态反馈控制器设计

根据修正函数投影同步概念, 定义误差信号为 $e_1 = x_2 - a_1(t)x_1, e_2 = y_2 - a_2(t)y_1, e_3 = z_2 - a_3(t)z_1, e_4 = w_2 - a_4(t)w_1, e_\lambda = \hat{\lambda}(t) - \lambda(t)$, 由驱动系统 (9.3) 和响

应系统 (9.4) 可得误差动态方程为

$$\begin{cases} \dot{e}_1 = a(y_2 - x_2) + 3.5w_2 + u_1 - \dot{a}_1(t)x_1 - a_1(t)(a(y_1 - x_1) + 3.5w_1) \\ \dot{e}_2 = dx_2 - cy_2 - x_2 z_2^2 + 3.5w_2 + u_2 - \dot{a}_2(t)y_1 - a_2(t)(dx_1 - cy_1 - x_1 z_1^2 + 3.5w_1) \\ \dot{e}_3 = -bz_2 + (x_2 + y_2)x_2 + u_3 - \dot{a}_3(t)z_1 - a_3(t)[-bz_1 + (x_1 + y_1)x_1] \\ \dot{e}_4 = \hat{\lambda}(t)w_2 - \frac{1}{3}(x_2 + y_2)z_2 + u_4 - \dot{a}_4(t)w_1 - a_4(t)\left[\lambda(t)w_1 - \frac{1}{3}(x_1 + y_1)z_1\right] \\ \dot{e}_\lambda = \dot{\hat{\lambda}}(t) - 0.3\dfrac{\dot{s}(t)}{M - m} \end{cases} \tag{9.6}$$

其中 $a_i(t)(i = 1, 2, 3, 4)$ 为连续有界的函数比例因子, $e_\lambda = \hat{\lambda}(t) - \lambda(t)$ 为参数估计误差. 控制目标是设计合适的控制器 $u_i(t), i = 1, 2, 3, 4$, 使得从不同初始值出发的驱动系统 (9.3) 和响应系统 (9.4) 实现修正函数投影同步, 即实现 $\lim\limits_{t \to \infty} e_i = 0, i = 1, 2, 3, 4.$

基于 Lyapunov 稳定理论和主动控制方法, 设计非线性状态反馈同步控制器如下

$$\begin{aligned} u_1(t) &= -ay_2 - 3.5w_2 + \dot{a}_1(t)x_1 + 3.5a_1(t)w_1 + a_1(t)ay_1 - k_1 e_1 \\ u_2(t) &= -dx_2 + x_2 z_2^2 - 3.5w_2 + \dot{a}_2(t)y_1 + a_2(t)(dx_1 - x_1 z_1^2 + 3.5w_1) - k_2 e_2 \\ u_3(t) &= -(x_2 + y_2)x_2 + \dot{a}_3(t)z_1 + a_3(t)(x_1 + y_1)x_1 - k_3 e_3 \\ u_4(t) &= \frac{1}{3}(x_2 + y_2)z_2 - \hat{\lambda}(t)w_2 + \dot{a}_4(t)w_1 + a_4(t)\hat{\lambda}(t)w_1 - \frac{1}{3}a_4(t)(x_1 + y_1)z_1 - k_4 e_4 \end{aligned} \tag{9.7}$$

其中 $k_i \in R, i = 1, 2, 3, 4$ 为控制增益, 且满足 $k_1 > -a, k_2 > -c, k_3 > -b, k_4 > 0$. $\hat{\lambda}(t)$ 是对驱动系统未知参数 $\lambda(t)$ 的估计值, 其自适应律为

$$\dot{\hat{\lambda}}(t) = -a_4 e_4 w_1 + 0.3\dfrac{\dot{s}(t)}{M - m} \tag{9.8}$$

定理 9.1 对于任意给定的函数比例因子 $a_i(t)(i = 1, 2, 3, 4)$ 和初始条件, 驱动系统 (9.3) 和响应系统 (9.4) 在同步控制器 (9.7) 和参数自适应律 (9.8) 的作用下, 可实现修正函数投影同步, 并估计出未知参数 $\lambda(t)$ 的真值.

证明 构造系统 (9.6) 的 Lyapunov 函数为

$$V = \frac{1}{2}(e_1^2 + e_2^2 + e_3^2 + e_3^2 + e_\lambda^2) \tag{9.9}$$

将其沿误差式 (9.6) 求导, 可得

$$\dot{V} = e_1[a(y_2 - x_2) + 3.5w_2 + u_1 - \dot{a}_1(t)x_1 - a_1(t)(a(y_1 - x_1) + 3.5w_1)]$$

9.2 基于修正函数投影同步和参数调制的混沌保密通信

$$
\begin{aligned}
&+ e_2[dx_2 - cy_2 - x_2z_2^2 + 3.5w_2 + u_2 - \dot{a}_2(t)y_1 - a_2(t)(dx_1 - cy_1 - x_1z_1^2 + 3.5w_1)] \\
&+ e_3[-bz_2 + (x_2 + y_2)x_2 + u_3 - \dot{a}_3(t)z_1 - a_3(t)(-bz_1 + (x_1 + y_1)x_1)] \\
&+ e_4\Big[\hat{\lambda}(t)w_2 - \frac{1}{3}(x_2 + y_2)z_2 + u_4 - \dot{a}_4(t)w_1 - a_4(t)\Big[\lambda(t)w_1 \\
&- \frac{1}{3}(x_1 + y_1)z_1\Big]\Big] + e_\lambda\left(\dot{\hat{\lambda}}(t) - 0.3\frac{\dot{s}(t)}{M - m}\right)
\end{aligned} \quad (9.10)
$$

$$
\begin{aligned}
\dot{V} &= e_1[ay_2 - ae_1 + 3.5w_2 + u_1 - \dot{a}_1(t)x_1 - a_1(t)(ay_1 + 3.5w_1)] \\
&+ e_2[dx_2 - ce_2 - x_2z_2^2 + 3.5w_2 + u_2 - \dot{a}_2(t)y_1 - a_2(t)(dx_1 - x_1z_1^2 + 3.5w_1)] \\
&+ e_3[-be_3 + (x_2 + y_2)x_2 + u_3 - \dot{a}_3(t)z_1 - a_3(t)(x_1 + y_1)x_1] \\
&+ e_4\Big[\hat{\lambda}(t)w_2 - \frac{1}{3}(x_2 + y_2)z_2 + u_4 - \dot{a}_4(t)w_1 - a_4(t)\lambda(t)w_1 + \frac{1}{3}a_4(t)(x_1 + y_1)z_1\Big] \\
&+ e_\lambda\left(\dot{\hat{\lambda}}(t) - 0.3\frac{\dot{s}(t)}{M - m}\right)
\end{aligned} \quad (9.11)
$$

将控制器 (9.7) 代入, 可得

$$
\begin{aligned}
\dot{V} = {}& e_1(-ae_1 - k_1e_1) + e_2(-ce_2 - k_2e_2) + e_3(-be_3 - k_3e_3) \\
&+ e_4(a_4(t)w_1e_\lambda - k_4e_4) + e_\lambda\left(\dot{\hat{\lambda}}(t) - 0.3\frac{\dot{s}(t)}{M - m}\right)
\end{aligned} \quad (9.12)
$$

将自适应律 (9.8) 代入, 且由控制增益 $k_i \in R, i = 1, 2, 3, 4$ 满足 $k_1 \geqslant -a, k_2 \geqslant -c,$ $k_3 \geqslant -b, k_4 \geqslant 0$ 可得

$$
\dot{V} = -(a + k_1)e_1^2 - (k_2 + c)e_2^2 - (b + k_3)e_3^2 - k_4e_4^2 = -\boldsymbol{e}^\mathrm{T}\boldsymbol{P}\boldsymbol{e} \quad (9.13)
$$

其中 $\boldsymbol{e} = (e_1, e_2, e_3, e_4)^\mathrm{T}$, $\boldsymbol{P} = \begin{bmatrix} a + k_1 & 0 & 0 & 0 \\ 0 & k_2 + c & 0 & 0 \\ 0 & 0 & b + k_3 & 0 \\ 0 & 0 & 0 & k_4 \end{bmatrix}$.

因为 $k_1 > -a, k_2 > -c, k_3 > -b, k_4 > 0$, $\boldsymbol{P}$ 为正定对称矩阵, 则 $\dot{V} \leqslant 0$. $\dot{V} = 0$ 当且仅当 $\boldsymbol{e} = 0$ 时成立. 由 Lyapunov 稳定性理论可知, 误差系统稳定, 即当 $t \to \infty$ 时, $e_1, e_2, e_3, e_4, e_\lambda \to 0$, 即响应系统 (9.4) 与驱动系统 (9.3) 在控制器 (9.7) 和自适应律 (9.8) 的作用下实现了修正函数投影同步和对未知参数 $\lambda(t)$ 的估计. 定理证毕.

注 9.1 根据定理 9.1, 当实现修正函数投影同步时, 有 $\lim\limits_{t\to\infty}\hat{\lambda} = \lambda$, 于是由转换函数 (9.2) 的逆变换函数 (9.5) 可得, 当 $t \to \infty$ 时, 有

$$\lim_{t\to\infty} s'(t) = \frac{10}{3}(\hat{\lambda}(t) - 0.5)(M - m) + m$$
$$= \frac{10}{3}(\lambda(t) - 0.5)(M - m) + m = s(t) \tag{9.14}$$

即在接收端可成功恢复出原始信息信号.

9.2.3 数值仿真

在仿真中, 选取信息信号为 $s(t) = 2\sin(2t)$, 很明显 $-2 \leqslant s(t) \leqslant 2$, 即 $m = -2, M = 2$. 由转换函数 (9.2) 可定义调制后的参数 $h(s(t)) = 0.5 + 0.3\dfrac{s(t) - m}{M - m}$, 易得 $\lambda(t) \in [0.5, 0.8]$. 由上章的分析可知, 当参数 r 由 $\lambda(t) \in [0.5, 0.8]$ 替代后, 驱动系统 (9.5) 仍是超混沌的, 且具有比系统 (9.1) 更为复杂的混沌行为, 其超混沌吸引子的相图如图 9.2 所示.

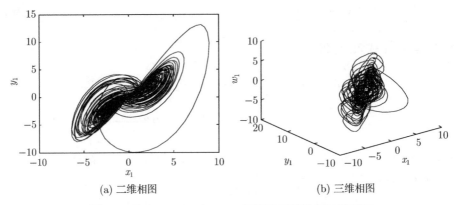

(a) 二维相图　　　　　(b) 三维相图

图 9.2　当 $r = \lambda(t)$ 时, Fang 超混沌系统的混沌吸引子

考虑到通信信道中的外界干扰, 假设通信通道中有方差为 1、均值为 0、强度为 0.1 的随机噪声. 选取驱动系统 (9.3) 和响应系统 (9.4) 的初始值分别为 $x_1(0) = 0.5, y_1(0) = 0.6, z_1(0) = 1, w_1(0) = 0.7, x_2(0) = 0.5, y_2(0) = 0.6, z_2(0) = 1, w_2(0) = 0.7$, 未知参数估计初始值为 $\hat{\lambda}(0) = 0.1$, 控制增益 $(k_1, k_2, k_3, k_4) = (5, 5, 5, 5)$, 函数比例因子选为 $a_1(t) = 2 + 0.1\sin^2(t), a_2(t) = -1 + 0.1\sin(t), a_3(t) = -1 + 0.2\sin(t), a_4(t) = 2 + 0.2\sin(t)$. 仿真结果如图 9.3 所示. 由图 9.3 可见, 驱动系统和响应系统的修正函数投影同步误差 e_1, e_2, e_3, e_4 在很短的时间就趋于零. 未知参数的估计值 $\hat{\lambda}(t)$ 在经过短时间的振荡后也和真实值 $\lambda(t)$ 趋于一致. 解调出的恢复信号 $s'(t)$ 经过短暂的状态过渡后和原始信息信号 $s(t)$ 重合, 即有用信号在接收端可以被快速、准确地恢复.

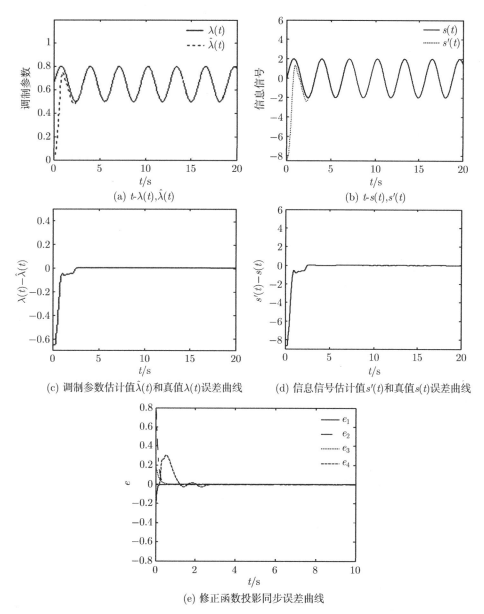

图 9.3 基于参数调制和修正函数投影同步的混沌保密通信仿真图

9.2.4 安全性分析

由上述理论分析和仿真结果可知,本节设计的基于修正函数投影同步和参数调制的混沌保密通信策略与传统的混沌保密通信方法相比有如下优点:

(1) 函数投影同步尺度因子 $a_i(t)$ 可灵活选取,具有不可预测性,攻击者很难通过普通的解密方法重构出实现同步的混沌信号,增强了保密通信的安全性.

(2) 在混沌参数调制保密通信中,信息信号 $s(t)$ 经过函数变换后调制在混沌参数中,调制后的混沌参数取值范围仍然处于混沌区域,即确保变换后的系统仍然是混沌的. 攻击者即使得到了变换后的有用信号 $h(s(t))$,也很难准确确定逆函数 $h^{-1}(\cdot)$,无法还原有用信号.

(3) 通过改变控制增益 (k_1,k_2,k_3,k_4),可使同步过渡时间加快,进而增加信息的传输速率,有效地减少信息在传输过程中产生的干扰,尽可能地使信息信号得到无失真的恢复.

9.3 错位修正函数投影同步及保密通信实现

9.3.1 问题描述

考虑如下的非线性混沌系统

$$\dot{x} = f(x) \tag{9.15}$$

$$\dot{y} = g(y) + u(x,y) \tag{9.16}$$

其中 x 为驱动系统的状态向量,$x = (x_1(t),x_2(t),\cdots,x_n(t))^{\mathrm{T}}$;$y$ 为响应系统的状态向量 $y = (y_1(t),y_2(t),\cdots,y_n(t))^{\mathrm{T}}$;$f,g \in R^n$ 为可微函数,$u(x,y)$ 为控制向量,$u(x,y) = (u_1(x,y),u_2(x,y),\cdots,u_n(x,y))^{\mathrm{T}}$,且满足 $u(0,0) = 0$.

对上述混沌驱动系统 (9.15) 和响应系统 (9.16),如果存在一个非零的函数比例因子矩阵 $M(t) \in R^{n \times n}$,该矩阵除每行每列同时有且仅有一个非零元素 $m_i(t)$ 外,其他 n^2-1 个元素都为零. 设驱动系统与响应系统的状态误差为 $e_i = y_i - m_i(t)x_j$ 或 $e_i = x_i - m_i(t)y_j (i,j = 1,2,\cdots,n,i \neq j, m_i(t)$ 为非零函数比例因子),使得从不同的初始值 x_0,y_0 出发的系统满足 $\lim\limits_{t \to \infty} \|e(t)\| = 0$(误差向量 $e(t) = (e_1,e_2,\cdots,e_n)^{\mathrm{T}}$),那么称驱动系统 (9.15) 和响应系统 (9.16) 实现了错位修正函数投影同步.

在误差 e_i 定义中,当 $i = j$ 时,同步方式为修正函数投影同步. 当 i 和 j 至少有一对值不相等时,就是本节所提出的新型的错位修正函数投影同步.

注 9.2 函数比例因子矩阵 $M(t)$ 的种类有 $n!$ 种. 当矩阵 $M(t)$ 为对角矩阵时,就是修正函数投影同步;当矩阵 $M(t)$ 不是对角矩阵时,就是错位函数投影同步,此时 $M(t)$ 的种类有 $n!-1$ 种,也就是错位函数投影同步方案有 $n!-1$ 种. 修正函数投影同步是错位函数投影同步的特例.

注 9.3 当系统 (9.15) 和 (9.16) 中的 $f = g$ 时,为同结构的错位修正函数投影同步;当 $f \neq g$ 时,为异结构的错位修正函数投影同步. 实际上,只要通过适当的线性坐标变换,异结构混沌系统的错位修正函数投影同步就转化为异结构混沌系统完全同步问题,因此对异结构混沌系统的错位修正函数投影同步不再有新的研究价值.

9.3.2 Fang 超混沌系统的错位修正函数投影同步实现

以第 2 章构建的 Fang 超混沌系统为研究对象,其状态方程为

$$\begin{aligned}
\dot{x} &= a(y-x) + 3.5w \\
\dot{y} &= dx - cy - xz^2 + 3.5w \\
\dot{z} &= -bz + (x+y)x \\
\dot{w} &= rw - \frac{1}{3}(x+y)z
\end{aligned} \tag{9.17}$$

式中 x, y, z, w 是状态变量,a, b, c, d, r 为系统参数,为实常数. 当参数 $a = 17.5, b = 1.5, c = 5, d = 43, r = 0.5$ 时,系统处于混沌状态.

设系统 (9.17) 为驱动系统,受扰响应系统如下

$$\begin{aligned}
\dot{x}_1 &= a_1(y_1 - x_1) + 3.5w_1 + \Delta f_1 + u_1 \\
\dot{y}_1 &= d_1 x_1 - c_1 y_1 - x_1 z_1^2 + 3.5w_1 + \Delta f_2 + u_2 \\
\dot{z}_1 &= -b_1 z_1 + (x_1 + y_1)x_1 + \Delta f_3 + u_3 \\
\dot{w}_1 &= r_1 w_1 - \frac{1}{3}(x_1 + y_1)z_1 + \Delta f_4 + u_4
\end{aligned} \tag{9.18}$$

其中 $u_i(i=1,2,3,4)$ 是鲁棒控制器,$\Delta f_i(i=1,2,3,4)$ 为系统外部扰动,a_1, b_1, c_1, d_1, r_1 是响应系统的未知参数.

假设 9.1 系统外部扰动 $\Delta f_i(i=1,2,3,4)$ 满足 $|\Delta f_i| \leqslant \rho_i(i=1,2,3,4)$,其中 $\rho_i \geqslant 0(i=1,2,3,4)$ 为已知的常值.

根据错位修正函数投影同步的定义,在选取误差向量时,驱动系统和响应系统中的所有状态变量至少有一对不是按照原有的对应关系. 该超混沌系统 (9.17) 是四维系统,驱动系统 (9.17) 和响应系统 (9.18) 的错位修正函数投影同步有 $4! - 1 = 23$ 种,设 $n_i, i = 1, 2, \cdots, 23$,利用数字 1, 2, 3 和 4 分别代表两个混沌系统的对应状态向量,由数学排列组合知识可知,有如下的 23 种状态向量错位组合,分别为

$$n_1(1, 1), (2, 2), (3, 4), (4, 3)$$

$$n_2(1, 1), (2, 3), (3, 2), (4, 4)$$

$$n_3(1, 1), (2, 3), (3, 4), (4, 2)$$

$$n_4(1, 1), (2, 4), (3, 2), (4, 3)$$

$$n_5(1, 1), (2, 4), (3, 3), (4, 2)$$

$n_6(1, 2), (2, 1), (3, 3), (4, 4)$

$n_7(1, 2), (2, 1), (3, 4), (4, 3)$

$n_8(1, 2), (2, 3), (3, 1), (4, 4)$

$n_9(1, 2), (2, 3), (3, 4), (4, 1)$

$n_{10}(1, 2), (2, 4), (3, 1), (4, 3)$

$n_{11}(1, 2), (2, 4), (3, 3), (4, 1)$

$n_{12}(1, 3), (2, 1), (3, 2), (4, 4)$

$n_{13}(1, 3), (2, 1), (3, 4), (4, 2)$

$n_{14}(1, 3), (2, 2), (3, 1), (4, 4)$

$n_{15}(1, 3), (2, 2), (3, 4), (4, 1)$

$n_{16}(1, 3), (2, 4), (3, 1), (4, 2)$

$n_{17}(1, 3), (2, 4), (3, 2), (4, 1)$

$n_{18}(1, 4), (2, 1), (3, 2), (4, 3)$

$n_{19}(1, 4), (2, 1), (3, 3), (4, 2)$

$n_{20}(1, 4), (2, 2), (3, 1), (4, 3)$

$n_{21}(1, 4), (2, 2), (3, 3), (4, 1)$

$n_{22}(1, 4), (2, 3), (3, 1), (4, 2)$

$n_{23}(1, 4), (2, 3), (3, 2), (4, 1)$

如果驱动系统 (9.17) 和响应系统 (9.18) 分别对应的状态向量组合为 $(1,1)$, $(2,2),(3,3),(4,4)$, 即为混沌系统的完全修正函数投影同步, 不能形成系统状态向量的错位. 可任意选取以上 23 种错位组合中的一种进行研究, 其余组合种类都可以用类似的方法进行分析. 这里随机选取第 13 种进行研究, 据此, 定义错位修正函数投影同步误差信号如下:

$$\begin{cases} e_1 = x_1 - m_1(t)z \\ e_2 = y_1 - m_2(t)x \\ e_3 = z_1 - m_3(t)w \\ e_4 = w_1 - m_4(t)y \end{cases} \quad (9.19)$$

9.3 错位修正函数投影同步及保密通信实现

其中 $m_i(t)(i=1,2,3,4)$ 为非零的函数比例因子, $m_i(t)$ 可以根据实际需要任意选取. 只要设计合适的控制器 $u_i(i=1,2,3,4)$, 使得 $\lim_{t\to\infty}\|e\|=0$, 其中 $\boldsymbol{e}=(e_1,e_2,e_3,e_4)^{\mathrm{T}}$, 则响应系统 (9.17) 和驱动系统 (9.18) 可实现错位修正函数投影同步.

由驱动系统 (9.17) 和响应系统 (9.18) 以及误差方程 (9.19) 可得误差动态方程为

$$\begin{cases} \dot{e}_1 = a_1(y_1-x_1)+3.5w_1+\Delta f_1+u_1-\dot{m}_1(t)z-m_1(t)(-bz+xy+x^2) \\ \dot{e}_2 = d_1x_1-c_1y_1-x_1z_1^2+3.5w_1+\Delta f_2+u_2-\dot{m}_2(t)x-m_2(t)[a(y-x)+3.5w] \\ \dot{e}_3 = -b_1z_1+x_1y_1+x_1^2+\Delta f_3+u_3-\dot{m}_3(t)w-m_3(t)\left[rw-\dfrac{1}{3}(x+y)z\right] \\ \dot{e}_4 = r_1w_1-\dfrac{1}{3}(x_1+y_1)z_1+\Delta f_4+u_4-\dot{m}_4(t)y-m_4(t)(dx-cy-xz^2+3.5w) \end{cases}$$

(9.20)

则系统 (9.17) 和系统 (9.18) 的错位修正函数投影同步问题转化为误差系统 (9.20) 式的稳定性问题. 基于 Lyapunov 稳定性理论和主动控制思想, 设计如下鲁棒自适应同步控制器:

$$\begin{cases} u_1 = -\hat{a}_1(y_1-x_1)-3.5w_1-\mathrm{sign}(e_1)\rho_1-k_1e_1+\dot{m}_1(t)z+m_1(t)(-bz+xy+x^2) \\ u_2 = -\hat{d}_1x_1+\hat{c}_1y_1+x_1z_1^2-3.5w_1-\mathrm{sign}(e_2)\rho_2-k_2e_2 \\ \qquad +\dot{m}_2(t)x+m_2(t)[a(y-x)+3.5w] \\ u_3 = \hat{b}_1z_1-x_1y_1-x_1^2-\mathrm{sign}(e_3)\rho_3-k_3e_3+\dot{m}_3(t)w+m_3(t)\left[rw-\dfrac{1}{3}(x+y)z\right] \\ u_4 = -\hat{r}_1w_1+\dfrac{1}{3}(x_1+y_1)z_1-\mathrm{sign}(e_4)\rho_4-k_4e_4+\dot{m}_4(t)y \\ \qquad +m_4(t)(dx-cy-xz^2+3.5w) \end{cases}$$

(9.21)

其中 k_1,k_2,k_3,k_4 是大于零的正常数, 为控制增益, $\hat{a}_1,\hat{b}_1,\hat{c}_1,\hat{d}_1,\hat{r}_1$ 是对响应系统未知参数 a_1,b_1,c_1,d_1,r_1 的估计值, 其自适应律为

$$\begin{cases} \dot{\hat{a}}_1 = e_1(y_1-x_1) \\ \dot{\hat{b}}_1 = -e_3z_1 \\ \dot{\hat{c}}_1 = -e_2y_1 \\ \dot{\hat{d}}_1 = e_2x_1 \\ \dot{\hat{r}}_1 = e_4w_1 \end{cases}$$

(9.22)

定理 9.2 考虑混沌驱动系统 (9.17) 和响应系统 (9.18), 在同步控制器 (9.21) 和参数自适应律 (9.22) 的作用下, 驱动系统 (9.17) 和响应系统 (9.18) 可按式 (9.19) 实现错位修正函数投影同步.

证明 令 $\tilde{a}_1 = \hat{a}_1 - a_1, \tilde{b}_1 = \hat{b}_1 - b_1, \tilde{c}_1 = \hat{c}_1 - c_1, \tilde{d}_1 = \hat{d}_1 - d_1, \tilde{r}_1 = \hat{r}_1 - r_1$, 选取系统 (9.20) 的 Lyapunov 函数为

$$V = \frac{1}{2}(e_1^2 + e_2^2 + e_3^2 + e_4^2 + \tilde{a}_1^2 + \tilde{b}_1^2 + \tilde{c}_1^2 + \tilde{d}_1^2 + \tilde{r}_1^2) \tag{9.23}$$

将其沿 (9.20) 式求导, 并将控制器 (9.21) 代入, 可得

$$\begin{aligned}\dot{V} &= e_1\dot{e}_1 + e_2\dot{e}_2 + e_3\dot{e}_3 + e_4\dot{e}_4 + \tilde{a}_1\dot{\hat{a}}_1 + \tilde{b}_1\dot{\hat{b}}_1 + \tilde{c}_1\dot{\hat{c}}_1 + \tilde{d}_1\dot{\hat{d}}_1\\ &= e_1[-\tilde{a}_1(y_1 - x_1) + \Delta f_1 - \text{sign}(e_1)\rho_1] - k_1 e_1^2 + e_2[-\tilde{d}_1 x_1 + \tilde{c}_1 y_1\\ &\quad + \Delta f_2 - \text{sign}(e_2)\rho_2] - k_2 e_2^2 + e_3[\tilde{b}_1 z_1 + \Delta f_3 - \text{sign}(e_3)\rho_3] - k_3 e_3^2\\ &\quad + e_4[-\tilde{r}_1 w_1 + \Delta f_4 - \text{sign}(e_4)\rho_4] - k_4 e_4^2 + \tilde{a}_1\dot{\hat{a}}_1 + \tilde{b}_1\dot{\hat{b}}_1 + \tilde{c}_1\dot{\hat{c}}_1\\ &\quad + \tilde{d}_1\dot{\hat{d}}_1 + \tilde{r}_1\dot{\hat{r}}_1\end{aligned} \tag{9.24}$$

将自适应律 (9.22) 代入式 (9.24) 可得

$$\begin{aligned}\dot{V} &= e_1\dot{e}_1 + e_2\dot{e}_2 + e_3\dot{e}_3 + e_4\dot{e}_4 + \tilde{a}_1\dot{\hat{a}}_1 + \tilde{b}_1\dot{\hat{b}}_1 + \tilde{c}_1\dot{\hat{c}}_1 + \tilde{d}_1\dot{\hat{d}}_1\\ &= e_1[\Delta f_1 - \text{sign}(e_1)\rho_1] - k_1 e_1^2 + e_2[\Delta f_2 - \text{sign}(e_2)\rho_2] - k_2 e_2^2\\ &\quad + e_3[\Delta f_3 - \text{sign}(e_3)\rho_3] - k_3 e_3^2 + e_4[\Delta f_4 - \text{sign}(e_4)\rho_4] - k_4 e_4^2\end{aligned} \tag{9.25}$$

即

$$\begin{aligned}\dot{V} &= -k_1 e_1^2 - k_2 e_2^2 - k_3 e_3^2 - k_4 e_4^2 + [e_1 \Delta f_1 - e_1 \text{sign}(e_1)\rho_1]\\ &\quad + [e_2 \Delta f_2 - e_2 \text{sign}(e_2)\rho_2] + [e_3 \Delta f_3 - e_3 \text{sign}(e_3)\rho_3]\\ &\quad + [e_4 \Delta f_4 - e_4 \text{sign}(e_4)\rho_4]\end{aligned} \tag{9.26}$$

由假设 9.1 中 $|\Delta f_i| \leqslant \rho_i (i = 1, 2, 3, 4)$(其中 $\rho_i \geqslant 0, i = 1, 2, 3, 4$ 为已知的正常数) 可知 $e_1 \Delta f_1 \leqslant e_1 \text{sign}(e_1)\rho_1, e_2 \Delta f_2 \leqslant e_2 \text{sign}(e_2)\rho_2, e_3 \Delta f_3 \leqslant e_3 \text{sign}(e_3)\rho_3, e_4 \Delta f_4 \leqslant e_4 \text{sign}(e_4)\rho_4$, 于是可得

$$\dot{V}(t) \leqslant -k\boldsymbol{e}^\mathrm{T}\boldsymbol{e} \leqslant 0 \tag{9.27}$$

由于 $\dot{V}$ 是半负定的, V 是正定的, 于是有 $\boldsymbol{e} \in L_\infty$, 由式 (9.20) 和式 (9.21) 可知 $\dot{\boldsymbol{e}} \in L_\infty$, 又由式 (9.27) 可得

$$\int_0^t \|\boldsymbol{e}\|^2 dt = \int_0^t \boldsymbol{e}^\mathrm{T}\boldsymbol{e}dt \leqslant -\frac{1}{k}\int_0^t \dot{V}dt = \frac{1}{k}[V(0) - V(t)] \leqslant \frac{1}{k}V(0) \tag{9.28}$$

因为 $V(0) \leqslant \infty, \boldsymbol{e} \in L_2$, 由 Lyapunov 稳定性定理可得 $\lim\limits_{t\to\infty}\|\boldsymbol{e}\| = 0$ 时, 这意味着系统 (9.19) 是渐近稳定的, 即驱动系统 (9.17) 与响应系统 (9.18) 实现了错位修正函数投影同步. 定理证毕.

9.3.3 数值仿真

采用四阶龙格–库塔法进行数值仿真,仿真步长取为 0.01. 驱动系统 (9.17) 和响应系统 (9.18) 的初始值分别选为 $(10, -15, -6, 10)$ 和 $(20, -15, 8, 10)$,选取参数 $a = 17.5, b = 1.5, c = 5, d = 43, r = 0.5$,控制增益为 $(k_1, k_2, k_3, k_4) = (3, 3, 3, 3)$,函数比例因子为 $m_1(t) = 2, m_2(t) = 3 + \cos(t), m_3(t) = 2 + 0.2\cos(t) + 0.1\cos^2(t), m_4(t) = 2 + \sin(t)$,响应系统未知参数估计值初始值为 $\hat{a}_1 = 0.1, \hat{b}_1 = 0.1, \hat{c}_1 = 0.1, \hat{d}_1 = 0.1, \hat{r}_1 = 0.1$. 图 9.4(a) 为驱动系统式 (9.17) 与响应系统式 (9.18) 的状态误差 e_1, e_2, e_3, e_4 随时间演化的曲线. 由图 9.4(a) 可见,驱动系统和响应系统的错位修正函数投影同步误差曲线迅速趋于零,即驱动系统和响应系统实现了错位修正函数投影同步. 图 9.4(b) 为响应系统未知参数 a_1, b_1, c_1, d_1, r_1 的估计值 $\hat{a}_1, \hat{b}_1, \hat{c}_1, \hat{d}_1, \hat{r}_1$ 随时间演化曲线. 由图 9.4(b) 可知,未知参数的估计值在自适应律的作用下很快达到真实值 $a_1 = 17.5, b_1 = 1.5, c_1 = 5, d_1 = 43, r_1 = 0.5$,即实现了响应系统未知参数的逼近.

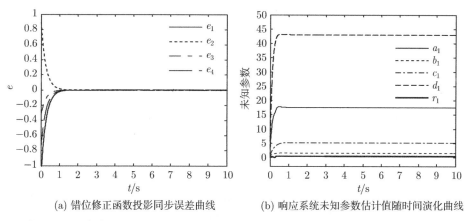

(a) 错位修正函数投影同步误差曲线　(b) 响应系统未知参数估计值随时间演化曲线

图 9.4 状态向量组合为 $(1,3),(2,1),(3,4),(4,2)$ 时,错位修正函数投影同步仿真图

为了更进一步说明错位修正函数投影同步的控制方法,再取以上 23 种错位组合中的第 9 种进行仿真实验,即驱动系统 (9.17) 和响应系统 (9.18) 对应的状态向量选取为 $(1,2),(2,3),(3,4),(4,1)$. 定义如下错位修正函数投影同步误差

$$\begin{cases} e_1 = x_1 - m_1(t)y \\ e_2 = y_1 - m_2(t)z \\ e_3 = z_1 - m_3(t)w \\ e_4 = w_1 - m_4(t)x \end{cases} \quad (9.29)$$

采用四阶龙格–库塔法进行数值仿真,仿真步长为 0.01. 仿真参数同上,仿真结果如图 9.5 所示. 由图 9.5 可知,当驱动系统 (9.17) 和响应系统 (9.18) 对应的状态

向量组合为 (1,2),(2,3),(3,4),(4,1) 时，同样实现了驱动系统和响应系统的错位修正函数投影同步，以及对未知参数的逼近.

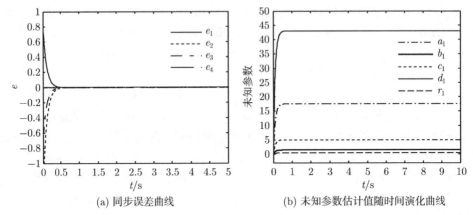

(a) 同步误差曲线　　　　　　　　(b) 未知参数估计值随时间演化曲线

图 9.5　状态向量组合为 (1,2),(2,3),(3,4)(4,1) 时，错位修正函数投影同步仿真图

9.3.4　混沌遮掩调制保密通信

9.3.4.1　保密通信原理分析

以前文所描述的状态向量组合为 (1,3),(2,1),(3,4),(4,2) 的错位修正函数投影同步为基础的混沌保密通信原理图如图 9.6 所示. 在发送端，信息信号 $s(t)$ 首先通过转换函数 $f(X, s(t))$ 进行调制，得到调制信号 $s_e(t) = f(X, s(t))$，其中函数 $f(\cdot)$ 为任意选取的连续可逆函数，只要保证系统仍然是稳定且混沌的，并且存在逆函数 $f^{-1}(\cdot)$ 即可. 然后将调制信号 $s_e(t)$ 注入驱动系统的任一状态变量，本节以调制信号 $s_e(t)$ 和状态变量 $x(t)$ 叠加为例进行分析，叠加后得到混合信号 $d = s_e(t) + x(t)$，混合信号 $d(t)$ 和状态变量 y, z, w 一起通过通信通道传送到接收端. 在接收端，当驱动系统和响应系统实现修正函数投影同步时，$e_2 = y_1 - m_2(t)x \to 0$，$m_2(t)$ 为预先设定的非零函数比例因子. 于是，调制信号 $s_e(t)$ 可通过式 $s'_e(t) = d - y_1/m_2(t)$ 得到恢复，进而可通过反函数变换恢复出信息信号 $s'(t) = f^{-1}(X, s'_e(t))$.

9.3.4.2　保密通信仿真实现

实际信道都存在一定的信道噪声，在仿真中，假设通信通道中有强度为 0.1，均值为 0，方差为 1 的随机噪声. 取信息信号为 $s(t) = \sin(2t)$，转换函数为 $f(x) = x^3 - 1$，则调制信号 $s_e(t) = s(t)^3 - 1$，调制信号 $s_e(t)$ 和混沌信号 $x(t)$ 叠加，混合信号为 $d(t) = s(t)^3 - 1 + x$.

在接收端，通过对响应系统施加控制器 $U = (u_1, u_2, u_3, u_4)$，得到对应同步误差信号为 $e_2 = y_1 - m_2(t)x$，调制信号 $s_e(t)$ 可通过式 $s'_e(t) = d - y_1/m_2(t)$ 得到恢复，

9.3 错位修正函数投影同步及保密通信实现

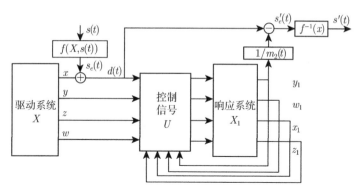

图 9.6 基于错位修正函数投影同步的保密通信原理图

进而可通过式 $s'(t) = (s'_e(t)+1)^{1/3} = (d-y_1/m_2(t)+1)^{1/3}$ 得到恢复信号. 仿真结果如图 9.7 所示. 由图 9.7 可知, 在保密通信传输中, 原始信息信号 $s(t)$ 被驱动系统状态变量 $x(t)$ 完全遮掩, 传输信号 $d(t)$ 为类噪声信号. 经过短暂的状态过渡后, 解调出的恢复信号 $s'(t)$ 和原始信息信号 $s(t)$ 的误差 $e(t) = s'(t) - s(t)$ 几乎为零, 即在接收端可快速、准确地恢复出信息信号.

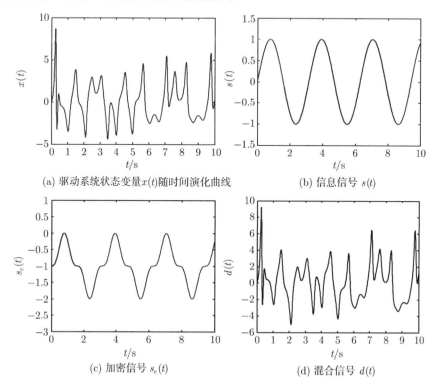

(a) 驱动系统状态变量 $x(t)$ 随时间演化曲线

(b) 信息信号 $s(t)$

(c) 加密信号 $s_e(t)$

(d) 混合信号 $d(t)$

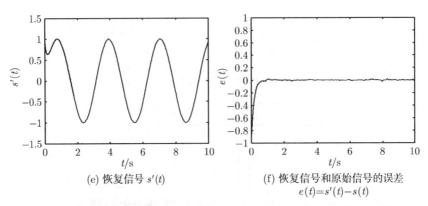

(e) 恢复信号 $s'(t)$

(f) 恢复信号和原始信号的误差 $e(t)=s'(t)-s(t)$

图 9.7　基于耦合修正函数投影同步的保密通信仿真图 (信息信号为正弦信号)

为了进一步验证该保密通信方案的有效性, 再取信息信号为如图 9.8(b) 所示的周期矩形波, 转换函数同上, 调制信号 $s_e(t)$ 和混沌信号 $y(t)$ 叠加, 其仿真结果如图 9.8 所示. 由图 9.8 可知, 当信息信号为矩形波时, 通过本节的保密通信方案, 同样可实现信息信号在接收端的快速、准确恢复.

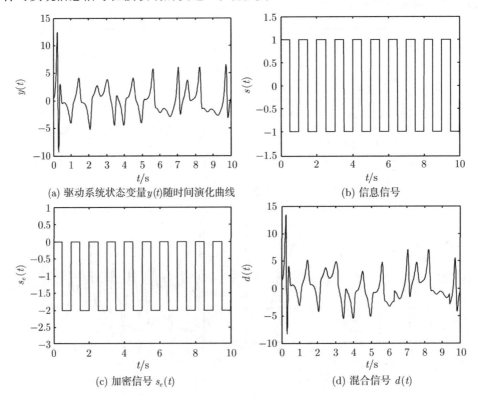

(a) 驱动系统状态变量 $y(t)$ 随时间演化曲线

(b) 信息信号

(c) 加密信号 $s_e(t)$

(d) 混合信号 $d(t)$

9.4 结 论

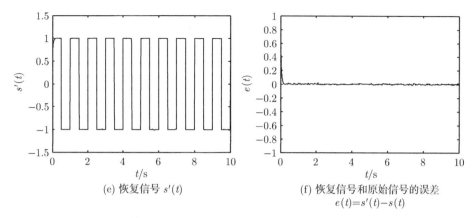

(e) 恢复信号 $s'(t)$
(f) 恢复信号和原始信号的误差 $e(t)=s'(t)-s(t)$

图 9.8 基于耦合修正函数投影同步的保密通信仿真图 (信息信号为方波信号)

9.3.5 安全性和实用性分析

由上述理论分析和仿真结果可知, 本节设计的基于错位修正函数投影同步和混沌遮掩调制的超混沌保密通信策略与传统的混沌保密通信方法相比有如下优点:

(1) 驱动系统和响应系统的同步状态变量误差可以任意搭配选取, 作为载波的驱动系统状态和对应接收端响应系统的状态可以有多种组合方式 (对于 n 阶系统, 就有 $(n!-1)$ 种组合方式), 加强了保密通信的抗破译能力.

(2) 在混沌遮掩调制保密通信中, 将有用信号 $s(t)$ 进行了适当的函数变换, 这样也增加了破译难度. 攻击者即使得到了变换后的有用信号 $f(s(t))$, 也很难准确找出逆函数 $f^{-1}(\cdot)$ 将有用信号重新还原, 提高了保密通信的安全性.

(3) 函数投影同步尺度因子 $m_i(t)$ 可灵活选取, 攻击者即使知道了变换函数和经函数变换后的有用信号 $s_d(t)$, 也无法通过消除函数比例因子得到原始的有用信号, 进一步增强了保密通信的保密程度.

(4) 通过改变控制增益 (k_1,k_2,k_3,k_4), 可加快同步过渡时间. 它可以极大地增加信息的传输速率, 有效地减少信息在传输过程中产生的干扰, 尽可能地使信息信号得到无失真的恢复.

9.4 结 论

本章基于混沌修正函数投影同步讨论了两种超混沌保密通信策略. 第一种保密通信策略将混沌修正函数投影同步和参数调制相结合, 信息信号通过函数变换被调制在驱动系统参数中, 而且确保参数调制之后的系统仍然是混沌的, 且具有比原系统更复杂的混沌行为. 然后基于 Lyapunov 稳定性理论设计合适的控制器和参数自适应律实现驱动–响应系统的修正函数投影同步并辨识出未知参数, 在接收端由参数估计值解调出信息信号. 第二种保密通信策略将混沌错位修正函数投影同步和混沌遮掩相结合, 在发送端, 信息信号经过函数转换后被驱动系统状态变量遮掩并和驱动信号一起传送到接收端, 在接收端通过消除函数比例因子和反函数变换恢复出信息信号. 与以往的同步控制方法相比, 错位修正函数投影同步控制具有不可预测的函数缩放系数, 且能实现驱动系统和响应系统的多种不同状态变量组合之间的函数投影同步, 能更有效地加强保密通信的安全性. 第一种保密通信方案对信息信号的幅值没有限制, 但要求信息信号为连续可微有界函数. 第二种保密通信方案可适用于任意信息信号, 但要求信息信号的幅值足够小, 否则会破坏混沌系统的修正函数投影同步, 进而影响信息信号的准确回复. 以 Fang 超混沌系统为例的数值仿真表明了上述两种保密通信方案的有效性. 由于修正函数投影同步问题是近几年刚刚提出的一种新的同步方式, 因此其应用于保密通信的研究工作还处于理论仿真阶段, 如何利用理论研究结果设计性能优越的保密通信系统, 实现理论和实践的结合将是今后重要的研究课题.

参 考 文 献

[1] 关新平. 混沌控制及其在保密通信中的应用. 北京：国防工业出版社, 2002.

[2] 任涛, 井元伟, 姜囡. 混沌同步控制方法及在保密通信中的应用. 北京：机械工业出版社, 2015.

[3] 孙克辉. 混沌保密通信原理与技术. 北京：清华大学出版社, 2015.

[4] 王兴元. 混沌系统的同步及在保密通信中的应用. 北京：科学出版社, 2012.

[5] 林达. 混沌系统自适应控制理论与方法. 北京：科学出版社, 2012.

[6] 于万波. 混沌的计算分析与探索. 北京：清华大学出版社, 2016.

[7] Pecora L M, Carroll T L. Driving systems with chaotic signals. Physical Review A, 1991, 44(4): 2374-2383.

[8] Xiao Y, Xu W, Tang S, et al. Adaptive complete synchronization of the noise-perturbed two bi-directionally coupled chaotic systems with time-delay and unknown parametric mismatch. Applied Mathematics and Computation, 2009, 213(2): 538-547.

[9] Choi Y P, Ha S Y, Yu S B. Complete synchronization of Kuramoto oscillators with finite inertia. Physica D: Nonlinear Phenomena, 2011, 240(1): 32-44.

[10] Li R. Exponential generalized synchronization of uncertain coupled chaotic systems by adaptive control. Communications in Nonlinear Science and Numerical Simulation, 2009, 14(6): 2757-2764.

[11] Zhang L, Jiang H. Impulsive generalized synchronization for a class of nonlinear discrete chaotic systems. Communications in Nonlinear Science and Numerical Simulation, 2011, 16(4): 2027-2032.

[12] 刘勇. 耦合系统的混沌相位同步. 物理学报, 2009, 58(2): 749-755.

[13] Taghvafard H, Erjaee G H. Phase and anti-phase synchronization of fractional order chaotic systems via active control. Communications in Nonlinear Science and Numerical Simulation, 2011, 16(10): 4079-4088.

[14] Song Q. Design of controller on synchronization of chaotic neural networks with mixed time-varying delays. Neurocomputing, 2009, 72(13-15): 3288-3295.

[15] Gu W. Lag synchronization of complex networks via pinning control. Nonlinear Analysis: Real World Applications, 2011, 12(5): 2579-2585.

[16] Mainieri R, Rehacek J. Projective synchronization in three-Dimensional chaotic systems. Physical Review Letter, 1999, 82(15): 3402-3045.

[17] Yan J, Li C. Generalized projective synchronization of a unified chaotic system. Chaos, Solitons and Fraetals, 2005, 26(4): 1119-1124.

[18] Li G H. Modified projective synchronization of chaotic system. Chaos, Solitons and Fractals, 2007, 32(5): 1786-1790.

[19] Grassi G, Miller D A. Dead-beat full state hybrid projective synchronization for chaotic maps using a scalar synchronizing signal. Communications in Nonlinear Science and Numerical Simulation, 2012, 17(4): 1824-1830.

[20] Wang X Y, Fan B. Generalized projective synchronization of a class of hyperchaotic systems based on state observer. Communications in Nonlinear Science and Numerical Simulation. 2012, 17(2): 953-963.

[21] Li C. Tracking control and generalized projective synchronization of a class of hyperchaotic system with unknown parameter and disturbance. Communications in Nonlinear Science and Numerical Simulation, 2012, 17(1): 405-413.

[22] Du H, Zeng Q, Wang C. Function projective synchronization of different chaotic systems with uncertain parameters. Physics Letters A, 2008, 372(3): 5402-5410.

[23] 杜洪越. 混沌系统函数投影同步的理论与应用研究. 哈尔滨: 哈尔滨工业大学, 2009.

[24] Du H, Zeng Q, Wang C, et al. Function projective synchronization in coupled chaotic systems. Nonlinear Analysis: Real World Applications, 2010, 11(2): 705-712.

[25] Zhang R, Yang Y, Xu Z, et al. Function projective synchronization in drive-response dynamical network. Physics Letters A, 2010, 374(30): 3025-3029.

[26] Yang W, Sun J. Function projective synchronization of two-cell quantum-CNN chaotic oscillators by nonlinear adaptive controller. Physics Letters A, 2010, 374(4): 557-561.

[27] Zhang R, Xu Z. Function projective synchronization in partially linear driveresponse chaotic systems. Chinese Physics B, 2010, 12(19): 120-125.

[28] Zhang F, Liu S. Adaptive complex function projective synchronization of uncertain complex chaotic systems. Journal of Computational and Nonlinear Dynamics, 2016, 11(1): S1-S36.

[29] Sudheer K S, Sabir M. Adaptive function projective synchronization of two-cell Quantum-CNN chaotic oscillators with uncertain parameters. Physics Letters A, 2009, 373(21): 1847-1851.

[30] Shen L, Liu W, Ma J. Robust function projective synchronization of a class of uncertain chaotic systems. Chaos, Solitons and Fractals, 2009, 42(2): 1092-1096.

[31] 孙克辉, 邱水生, 尹林子. 混沌系统的自适应函数投影同步与参数辨识. 信息与控制, 2010, 39(3): 326-331.

[32] 杨晓阔, 蔡理, 赵晓辉, 等. 参数不确定量子细胞神经网络与 Lorenz 超混沌系统的函数投影同步研究. 物理学报, 2010, 59(6): 3740-3746.

[33] Zhou P, Zhu W. Function projective synchronization for fractional-order chaotic systems. Nonlinear Analysis: Real World Applications, 2011, 12(2): 811-812.

[34] Luo R, Wei Z. Adaptive function projective synchronization of unified chaotic systems with uncertain parameters. Chaos, Solitons and Fractals, 2009, 42 (2): 1266-1272.

[35] Du H, Zeng Q, Wang C. Modified function projective synchronization of chaotic system. Chaos, Solitons and Fractals, 2009, 42(4): 2399-2404.

[36] Wang X, Wei N. Modified function projective lag synchronization of hyperchaotic complex systems with parameter perturbations and external perturbations. Journal of Vibration and Control, 2015, 21(16): 3266-3280.

[37] 李建芬, 李农. 一类混沌系统的修正函数投影同步. 物理学报, 2011, 60(8): 87-93.

[38] 王健安, 李壮举, 刘贺平. 四维混沌系统的自适应修正函数投影同步. 系统工程与电子技术, 2010, 32(8): 1745-1748.

[39] Tran X T, Kang H J. A novel observer-based finite-time control method for modified function projective synchronization of uncertain chaotic (hyperchaotic) systems. Nonlinear Dynamics, 2015, 80(1-2): 905-912.

[40] 王健安, 刘贺平. 不同超混沌系统的自适应修正函数投影同步. 物理学报, 2010, 59 (4): 2265-2270.

[41] Tirandaz H, Karmi-Mollaee A. Modified function projective feedback control for time-delay chaotic Liu system synchronization and its application to secure image transmission. Optik-International Journal for Light and Electron Optics, 2017, 147: 187-192.

[42] Zhang X, Zhao H. Adaptive modified function projective synchronization of different chaotic complex systems. Jounal of Chongqing Normal University, 2013, 30(02): 65-68.

[43] Zheng S, Dong G, Bi Q. Adaptive modified function projective synchronization of hyperchaotic systems with unknown parameters. Communications in Nonlinear Science and Numerical Simulation, 2010, 15(11): 3547-3552.

[44] Fu G. Robust adaptive modified function projective synchronization of different hyperchaotic systems subject to external disturbance. Communications in Nonlinear Science and Numerical Simulation, 2012, 17(6): 2602-2609.

[45] Liu J, Liu S, Sprott J C. Adaptive complex modified hybrid function projective synchronization of different dimensional complex chaos with uncertain complex parameters. Nonlinear Dynamics, 2016, 83(1-2): 1109-1121.

[46] 刘金琨. 滑模变结构控制 MATLAB 仿真. 北京: 清华大学出版社, 2005.

[47] 李辉. 混沌数字通信. 北京: 清华大学出版社, 2006.

[48] Wang G, Zhang X, Zheng Y, et al. A new modified hyperchaotic Lü system. Physica A: Statiscal Mechanics and its Applications, 2006, 371(2): 260-272.

[49] Pang S, Liu Y. A new hyperchaotic system from the Lü system and its control. Journal of Computational and Applied Mathematics, 2011, 235(8): 2775-2789.

[50] Qi G, Chen G, van Wyk M A, et al. A four-wing chaotic attractor generated from a new 3-D quadratic autonomous system. Chaos, Solitons and Fractals, 2008, 38(3): 705-721.

[51] Zheng S, Dong G, Bi Q. A new hyperchaotic system and its synchronization. Applied Mathematics and Computation, 2010, 215(9): 3192-3200.

[52] Qi G, Chen G, Zhang Y. On a new asymmetric chaotic system. Chaos, Solitons and Fractals, 2008, 37(2): 409-423.

[53] Qi G, van Wyk M A, van Wyk B J, et al. A new hyperchaotic system and its circuit implementation. Chaos, Solitons and Fractals, 2009, 40(5): 2544-2549.

[54] 王忠林, 王光义. 一个超混沌系统的设计与电路实现. 电机与控制学报, 2009, 13(1): 193-198.

[55] Fang J, Deng W, Wu Y, et al. A novel hyperchaotic system and its circuit implementation. Optik-International Journal for Light and Electron Optics, 2014, 125(20): 6305-6311.

[56] Deng W, Fang J, Wu Z. A dual-parameter hyperchaotic system with constant Lyapunov exponent and its circuit emulation. Optik-International Journal for Light and Electron Optics, 2015, 126(24): 5468-5472.

[57] Ho M C, Hung Y C, Liu Z Y, et al. Reduced-order synchronization of chaotic systems with parameters unknown. Physics Letters A, 2006, 348(3-6): 251-260.

[58] Kakmeni F M M, Bowong S, Tchawoua C. Reduced-order synchronization of uncertain chaotic systems via adaptive control. Communications in Nonlinear Science and Numerical Simulation, 2006, 11(7): 810-830.

[59] Lazzouni S A, Bowong S, Kakmeni F M M, et al. An adaptive feedback control for chaos synchronization of nonlinear systems with different order. Communications in Nonlinear Science and Numerical Simulation, 2007, 12(4): 568-583.

[60] Rodríguez A, León J De, Fridman L. Quasi-continuous high-order sliding-mode controllers for reduced-order chaos synchronization. International Journal of Non-Linear Mechanics, 2008, 43(9): 948-961.

[61] 苗清影, 唐漾, 钟恢凰, 等. 随机干扰下降阶时延混沌系统的自适应广义投影同步. 系统仿真学报, 2009, 21(1): 204-207.

[62] Vincent U E, Guo R. A simple adaptive control for full and reduced-order synchronization of uncertain time-varying chaotic systems. Communications in Nonlinear Science and Numerical Simulation, 2009, 14(11): 3925-3932.

[63] Al-sawalha M M, Noorani M S M. Chaos reduced-order anti-synchronization of chaotic systems with fully unknown parameters. Communications in Nonlinear Science and Numerical Simulation, 2012, 17(4): 1908-1920.

[64] 黄春, 吴艳敏, 方洁. 受扰不确定混沌系统的降阶修正函数投影同步. 数学的实践与认识, 2014, 44(2): 216-222.

[65] 王兴元, 任小丽, 张永雷. 参数未知神经元模型的全阶与降阶最优同步. 物理学报, 2012, 61(6): 88-94.

[66] 吕翎, 夏晓岚. 非线性耦合时空混沌系统的反同步研究. 物理学报, 2009, 58(2): 814-818.

[67] Ge Z M, Tsen P C. Chaos synchronization by variable strength linear coupling and Lyapunov function derivative in series form. Nonlinear Analysis, 2008, 69(12): 4604-

4613.

[68] Li R. Exponential generalized synchronization of uncertain coupled chaotic systems by adaptive control. Communication in Nonlinear Science and Numerical Simulation, 2009, 14 (6): 2757-2764.

[69] 吴淑花, 容旭巍, 屈双惠, 等. 超混沌耦合发电机系统的混沌同步及其电路实现. 四川大学学报 (自然科学版), 2013, 50(3): 515-521.

[70] 邓玮, 方洁, 吴振军, 等. 含有不确定项的混沌系统自适应修正函数投影同步. 物理学报, 2012, 61(14): 62-69.

[71] 方洁, 胡智宏, 江泳. 耦合混沌系统自适应修正函数投影同步. 信息与控制, 2013, 42(1): 39-45.

[72] 秦卫阳, 孙涛, 焦旭东, 等. 一类动力学系统通过函数耦合实现混沌同步. 物理学报, 2012, 61(9): 34-38.

[73] Chen X, Park J H, Cao J, et al. Adaptive synchronization of multiple uncertain coupled chaotic systems via sliding mode control. Neurocomputing, 2018, 273: 9-21.

[74] 高俊山, 宋歌, 邓立为. 具有未知参数的混沌系统的有限时间滑模同步控制. 控制与决策, 2017, 32(1): 149-156.

[75] Liu L, Pu J, Song X, et al. Adaptive sliding mode control of uncertain chaotic systems with input nonlinearity. Nonlinear Dynamics, 2014, 76(4): 1857-1865.

[76] Ni J K, Liu C X, Liu K, et al. Finite-time sliding mode synchronization of chaotic systems. Chinese Physics B, 2014, 23(10): 80-86.

[77] Aghababa M P, Feizi H. Design of a sliding mode controller for synchronizing chaotic systems with parameter and model uncertainties and external disturbances. Transactions of the Institute of Measurement and Control, 2012, 34(8): 990-997.

[78] Dadras S, Momeni H R. Adaptive sliding mode control of chaotic dynamical systems with application to synchronization. Mathematics and Computers in Simulation, 2010, 80(12): 2245-2258.

[79] Che Y Q, Wang J, Cui S G, et al. Chaos synchronization of coupled neurons via adaptive sliding mode control. Nonlinear Analysis: Real World Applications, 2011, 12(6): 3199-3202.

[80] 贺昱曜, 闫茂德. 非线性控制理论及应用. 西安: 西安电子科技大学出版社, 2007: 74-76.

[81] Hung M L, Yan J J, Liao T L. Generalized projective synchronization of chaotic nonlinear gyros coupled with dead-zone input. Chaos, Solitons and Fractals, 2008, 35(1): 181-188.

[82] Yau H T. Synchronization and anti-synchronization coexist in two-degree-of-freedom dissipative gyroscope with nonlinear inputs. Nonlinear Analysis: Real World Applications, 2008, 9(5): 2253-2261.

[83] 王兴元, 刘明. 用滑模控制方法实现具有扇区非线性输入的主从混沌系统同步. 物理学报, 2005, 54(6): 2584-2589.

[84] Yau H T, Yan J J. Design of sliding mode controller for Lorenz chaotic system with nonlinear input. Chaos Solitons and Fractals, 2004, 19(4): 891-899.

[85] Hu J, Zhang Q J. Adaptive synchronization of uncertain Liu system via nonlinear input. Chinese Physics B, 2008, 17(2): 503-502.

[86] Li W L, Chang K M. Robust synchronization of drive-response chaotic systems via adaptive sliding mode control. Chaos, Solitons and Fractals, 2009, 39(5): 2086-2092.

[87] Lin J S, Yan J J, Liao T L. Chaotic synchronization via adaptive sliding mode observers subject to input nonlinearity. Chaos, Solitons and Fractals, 2005, 24(1): 371-381.

[88] Yau H T, Yan J J. Chaos synchronization of different chaotic systems subjected to input nonlinearity. Applied Mathematics and Computation, 2008, 197(2): 775-789.

[89] Kebriaei H, Yazdanpanah M J. Robust adaptive synchronization of different uncertain chaotic systems subject to input nonlinearity. Communications in Nonlinear Science and Numerical Simulation, 2010, 15(2): 430-441.

[90] 王健安, 刘贺平. 具有未知扇区非线性输入混沌系统的自适应滑模投影同步. 北京科技大学学报, 2010, 32(6): 807-811.

[91] 方洁, 邓玮, 姜长生, 等. 具有扇区非线性输入的混沌系统函数投影同步. 系统工程与电子技术, 2012, 34(9): 1872-1877.

[92] 方洁, 江泳, 姜长生. 具有未知扇区非线性输入的混沌系统修正投影同步. 应用基础与工程科学学报, 2013, 21(2): 379-390.

[93] Luo R, Wang Y, Deng S. Combination synchronization of three classic chaotic systems using active backstepping design. Chaos: An Interdisciplinary Journal of Nonlinear Science, 2011, 21(4): 043114.

[94] Zhou X, Jiang M, Huang Y. Combination synchronization of three identical or different nonlinear complex hyperchaotic systems. Entropy, 2013, 15(9): 3746-3761.

[95] Luo R, Wang Y. Finite-time stochastic combination synchronization of three different chaotic systems and its application in secure communication. Chaos: An Interdisciplinary Journal of Nonlinear Science, 2012, 22(2): 023109.

[96] Sun J, Shen Y, Yin Q, et al. Compound synchronization of four memristor chaotic oscillator systems and secure communication. Chaos: An Interdisciplinary Journal of Nonlinear Science, 2013, 23(1): 013140.

[97] Sun J, Yin Q, Shen Y. Compound synchronization for four chaotic systems of integer order and fractional order. Europhysics Letters, 2014, 106(4): 40005.

[98] Jiang C, Liu S, Wang D. Generalized combination complex synchronization for fractional-order chaotic complex systems. Entropy, 2015, 17(8): 5199-5217.

[99] Sun J, Cui G, Wang Y, et al. Combination complex synchronization of three chaotic complex systems. Nonlinear Dynamics, 2015, 79(2): 953-965.

[100] Sun J, Fang J, Wang Y, et al. Function combination synchronization of three chaotic complex systems. Optik-International Journal for Light and Electron Optics, 2016,

127(20): 9504-9512.

[101] Xi H, Li Y, Huang X. Adaptive function projective combination synchronization of three different fractional-order chaotic systems. Optik-International Journal for Light and Electron Optics, 2015, 126(24): 5346-5349.

[102] Othman A A, Noorani M S M, Al-Sawalha M M. Adaptive dual synchronization of chaotic and hyperchaotic systems with fully uncertain parameters. Optik-International Journal for Light and Electron Optics, 2016, 127(19): 7852-7864.

[103] Othman A A, Noorani M S M, Al-sawalha M M. Adaptive dual anti-synchronization of chaotic systems with fully uncertain parameters. Optik-International Journal for Light and Electron Optics, 2016, 127(22): 10478-10489.

[104] Yadav V K, Srikanth N, Das S. Dual function projective synchronization of fractional order complex chaotic systems. Optik-International Journal for Light and Electron Optics, 2016, 127(22): 10527-10538.

[105] Sun J, Jiang S, Cui G, et al. Dual combination synchronization of six chaotic systems. Journal of Computational and Nonlinear Dynamics, 2016, 14(1): 47-53.

[106] Singh A K, Yadav V K, Das S. Dual combination synchronization of the fractional order complex chaotic systems. Journal of Computational and Nonlinear Dynamics, 2017, 12(1): 011017.

[107] Wu Z, Fu X. Combination synchronization of three different order nonlinear systems using active backstepping design. Nonlinear Dynamics, 2013, 73(3): 1863-1872.

[108] Sun J, Shen Y, Zhang G. Combination-combination synchronization among four identical or different chaotic systems. Nonlinear Dynamics, 2013, 73(3): 1211-1222.

[109] Ojo K S, Njah A N, Olusola O I. Generalized function projective combination-combination synchronization of chaos in third order chaotic systems. Chinese Journal of Physics, 2015, 53(3): 11-12.

[110] Sun J, Shen Y. Compound-combination anti-synchronization of five simplest memristor chaotic systems. Optik-International Journal for Light and Electron Optics, 2016, 127(20): 9192-9200.

[111] Yang C, Cai H, Zhou P. Compound generalized function projective synchronization for fractional-order chaotic systems. Discrete Dynamics in Nature and Society, 2016, 2016: 1-8.

[112] Zhang B, Deng F. Double-compound synchronization of six memristor-based Lorenz systems. Nonlinear Dynamics, 2014, 77(4): 1519-1530.

[113] Sun J, Wang Y, Wang Y, et al. Compound-combination synchronization of five chaotic systems via nonlinear control. Optik-International Journal for Light and Electron Optics, 2016, 127(8): 4136-4143.

[114] Lu J. Mathematical models and synchronization criterions of complex dynamical networks. Systems Engineering-Theory and Practice, 2004, 24(4): 17-22.

[115] Xu Y, Lu Y, Yan W, et al. Bounded synchronization of the general complex dynamical network with delay feedback controller. Nonlinear Dynamics, 2016, 84(2): 661-667.

[116] Xu Y, Zhou W, Fang J, et al. Finite-time synchronization of the complex dynamical network with non-derivative and derivative coupling. Neurocomputing, 2016, 374(15): 1673-1677.

[117] Zhao H, Li L, Peng H, et al. Impulsive control for synchronization and parameters identification of uncertain multi-links complex network. Nonlinear Dynamics, 2015, 83(3): 1437-1451.

[118] Sun J, Wang Y, Shen Y. Finite-time synchronization between two complex-variable chaotic systems with unknown parameters via nonsingular terminal sliding mode control. Nonlinear Dynamics, 2016, 85(2): 1105-1117.

[119] Wu Z, Leng H. Complex hybrid projective synchronization of complex-variable dynamical networks via open-plus-closed-loop control. Journal of the Franklin Institute, 2018, 354(2): 689-701.

[120] Wu X, Xu C, Feng J. Complex projective synchronization in drive-response stochastic coupled networks with complex-variable systems and coupling time delays. Communications in Nonlinear Science and Numerical Simulation, 2015, 20(3): 1004-1014.

[121] Ji D H, Jeong S C, Park J H, et al. Adaptive lag synchronization for uncertain complex dynamical network with delayed coupling. Applied Mathematics and Computation, 2012, 18(9): 4872-4880.

[122] Lü L, Li C, Chen L, et al. Lag projective synchronization of a class of complex network constituted nodes with chaotic behavior. Communications in Nonlinear Science and Numerical Simulation, 2014, 19(8): 2843-2849.

[123] Xu Y, Lu Y, Yan W, et al. Bounded synchronization of the general complex dynamical network with delay feedback controller. Nonlinear Dynamics, 2016, 84(2): 661-667.

[124] Wang F, Yang Y, Hu M, et al. Projective cluster synchronization of fractional-order coupled-delay complex network via adaptive pinning control. Physica A: Statistical Mechanics and Its Applications, 2015, 434: 134-143.

[125] Guo W, Austin F, Chen S, et al. Global synchronization of nonlinear coupled complex dynamical networks with information exchanges at discrete-time. Neurocomputing, 2015, 15(6): 1631-1639.

[126] Du H. Function projective synchronization in complex dynamical networks with or without external disturbances via error feedback control. Neurocomputing, 2016, 173: 1443-1449.

[127] Wu X, Lu H. Generalized function projective (lag, anticipated and complete) synchronization between two different complex networks with nonidentical nodes. Communications in Nonlinear Science and Numerical Simulation, 2012, 17(7): 3005-3021.

[128] Wang G, Zheng S. Adaptive function projective synchronization of uncertain complex dynamical networks with disturbance. Chinese Physics B, 2013, 22(7): 84-88.

[129] Wang S, Zheng S, Zhang B. et al. Modified function projective lag synchronization of uncertain complex networks with time-varying coupling strength. International Journal for Light and Electron Optics, 2016, 127(11): 4716-4725.

[130] Du H, Shi P, Lü N. Function projective synchronization in complex dynamical networks with time delay via hybrid feedback control. Nonlinear Analysis: Real World Applications, 2013, 14(2): 1182-1190.

[131] Liang Y, Wang X Y. Chaotic synchronization in complex networks with delay nodes by non-delay and delay couplings. Acta Physica Sinica, 2013, 62(1): 709-712.

[132] Fang J, Liu N, Sun J. Adaptive modified function projective synchronization of uncertain complex dynamical networks with multiple time-delay couplings and disturbances. Mathematical Problems in Engineering, 2018, 2018: 1-11.

[133] 方洁, 姜长生, 邓玮. 混沌修正函数投影同步研究及其在保密通信中的应用. 郑州大学学报 (工学版), 2011, 32(5): 61-65.

[134] Wu X J, Wang H, Lu H T. Hyperchaotic secure communication via generalized function projective synchronization. Nonlinear Analysis: Real World Applications, 2011, 12(2): 1288-1299.

[135] 胡满峰, 徐振源. Lorenz 混沌系统的非线性反馈错位同步控制. 系统工程与电子技术, 2007, 29(8): 1346-1349.

[136] 闵富红, 王恩荣. 超混沌 Qi 系统的错位投影同步及其在保密通信中的应用. 物理学报, 2010, 59(11): 7657-7662.

[137] Sudheer K S, Sabir M. Switched modified function projective synchronization of hyperchaotic Qi system with uncertain parameters. Communications in Nonlinear Science and Numerical Simulation, 2010, 15(12): 4058-4064.

[138] 方洁, 姜长生. 错位修正混沌函数投影同步及在保密通信中的应用. 四川大学学报 (工程科学版), 2011, 43(2): 136-141, 149.

彩 图

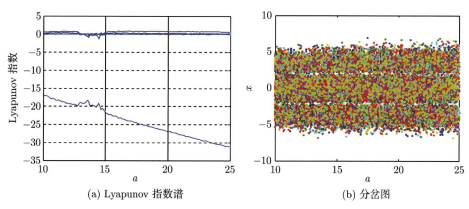

(a) Lyapunov 指数谱 (b) 分岔图

图 2.4 $a \in (10, 25)$, Fang 系统的 Lyapunov 指数谱和分岔图

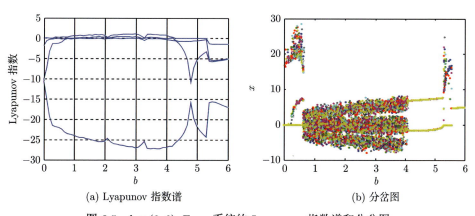

(a) Lyapunov 指数谱 (b) 分岔图

图 2.5 $b \in (0, 6)$, Fang 系统的 Lyapunov 指数谱和分岔图

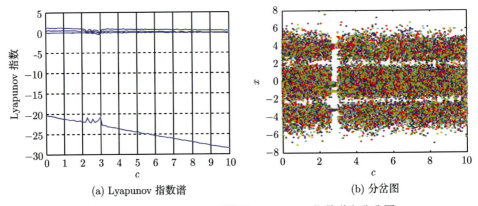

图 2.6　$c \in (0, 10)$，Fang 系统的 Lyapunov 指数谱和分岔图

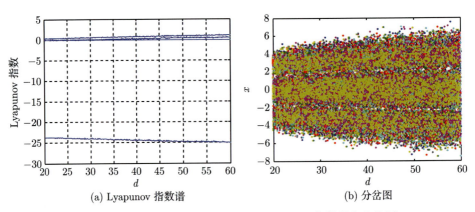

图 2.7　$d \in (20, 60)$，Fang 系统的 Lyapunov 指数谱和分岔图

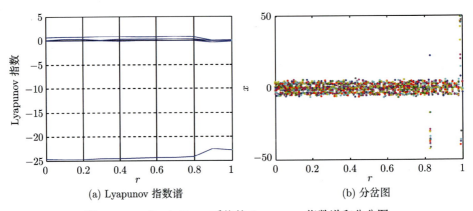

图 2.8　$r \in (0, 1)$，Fang 系统的 Lyapunov 指数谱和分岔图